复合骨水泥

Composite Bone Cement

汤玉斐 陈 磊 吴子祥 等著

化学工业出版社
·北京·

内容简介

聚甲基丙烯酸甲酯（PMMA）骨水泥目前已在医学等领域得到了广泛应用，然而其在临床使用中存在一些缺点和问题。针对以上问题，本书围绕 PMMA 复合骨水泥的改性研究，通过运用物理共混及化学接枝等方法对 PMMA 骨水泥进行改性，得到的 PMMA 复合骨水泥能够为未来骨修复过程中的不同临床需求提供重要的技术支撑，主要内容包括：物理共混 PMMA/PAAS 复合骨水泥；化学接枝 P(MMA-AA）复合骨水泥；双吸水通路 PMMA 基复合骨水泥；明胶/PMMA 复合载药骨水泥；载药明胶微球/PMMA 复合骨水泥；载药 P（MMA-AA）吸水膨胀复合骨水泥。

全书结合作者研究成果，具有一定的独创价值，系统性、理论性和实用性较强，可供广大生物材料和新材料以及临床医学（骨科）等领域的科研人员、技术人员阅读或参考，也可作为相关专业师生的教学参考书。

图书在版编目（CIP）数据

复合骨水泥 / 汤玉斐等著. -- 北京 ：化学工业出版社，2024. 11. -- ISBN 978-7-122-24255-6

Ⅰ. O632. 52

中国国家版本馆 CIP 数据核字第 2024FZ2510 号

责任编辑：朱 彤　　文字编辑：姚子丽　师明远
责任校对：宋 玮　　装帧设计：刘丽华

出版发行：化学工业出版社
（北京市东城区青年湖南街 13 号　邮政编码 100011）
印　　装：北京天宇星印刷厂
710mm×1000mm　1/16　印张 10　字数 196 千字
2026 年 1 月北京第 1 版第 1 次印刷

购书咨询：010-64518888　　售后服务：010-64518899
网　　址：http：//www. cip. com. cn
凡购买本书，如有缺损质量问题，本社销售中心负责调换。

定　　价：**98. 00 元**

前言

骨质疏松症和关节炎是影响老年人生活质量的常见疾病，给老年人的生活带来极大不方便，严重影响患者的生活质量。目前，在全球范围内，临床中广泛使用易于注射、快速成形、可塑性较好的聚甲基丙烯酸甲酯（PMMA）骨水泥对患者进行治疗。此外，由于关节炎、骨折、骨质疏松等老年高发性骨疾病呈逐年上升趋势，人工关节置换术、椎体成形术以及椎体后凸成形术的年手术量增长迅猛。因此，如何改善骨水泥在临床使用中存在的各种缺陷，逐步成为目前急需解决的问题。

本书简要介绍了骨水泥分类，由于目前临床上将有机类 PMMA 骨水泥作为“黄金标准”填充骨缺损，因此重点对其发展历史、固液组成、聚合反应过程、理化参数、力学特性、生物性能等方面进行详细叙述，介绍了目前 PMMA 骨水泥及其复合骨水泥在临床使用过程中存在的主要问题以及相关研究进展。

全书基于 PMMA 骨水泥存在的体积收缩、释药率低、释药周期短、聚合反应温度高、力学性能与人骨不匹配以及生物活性差等问题，通过溶液聚合法制备了不同羟基含量及交联密度的聚合物，加入 PMMA 复合骨水泥以形成吸水通路，从而探究羟基含量及交联密度对骨水泥吸水膨胀性能的影响，并阐明了水分子在骨水泥内的扩散机制。此外，为了进一步改善骨水泥的药物释放能力，本书还通过乳液聚合法和溶液浸渍法制备载药单元，探究其对复合骨水泥吸水膨胀性能的影响，重点对药物释放动力学进行了深入研究，并对复合骨水泥的力学性能、抗菌能力、体外细胞活性和体内生物活性进行了全面评价，内容基本涵盖了材料科学、化学、生物学及临床医学等学科。由于目前国内全面介绍复合骨水泥材料的专业书籍尚不多见，导致骨科医生以及生物材料等相关研究人员对有机类骨水泥的理解还不是很充分。本书的编写旨在为骨科医生及生物材料等相关研究人员对有机类骨水泥的深入理解提供指导；同时，作者也期望能为今后的产品创新及技术改进提供基础理论和必要参考。

本书由西安理工大学材料科学与工程学院汤玉斐、理学院陈磊，中国人民解放军空军军医大学西京医院吴子祥等撰写。书中主要内容来源于作者承担的国家自然科学基金和省科技厅科技项目，在编写过程中也参考了相关领域的文献资料。此外，还要衷心感谢西安理工大学赵康教授、空军军医大学雷伟教授以及其他教师和研究生对本书撰写和出版投入的热情与辛勤工作。

由于作者时间和水平有限，书中难免有疏漏和不足之处，恳请广大读者批评、指正。

著者

2025 年 2 月

前言

目录

第1章 绪论

1.1 骨水泥分类

随着人类寿命的延长及医疗水平的提高，人口老龄化问题日益加重，老年人的骨骼疾病已成为一种主要疾病，骨质疏松症和关节炎患者人数众多。骨质疏松症是由多种原因导致的骨密度和骨质量下降的全身性骨病。轻微的骨质疏松会使患者腰背或周身酸痛，而严重的骨质疏松则会造成脊柱变形以及轻微外伤带来的脆性骨折，影响患者的生活质量。虽然通过调整生活方式和药物干预能够缓解骨质疏松带来的并发症，但是对于较为严重的情况，则必须通过手术进行填充治疗。此外，在各种类型的关节置换术中需要将植入物与周围的骨组织进行固定，治疗骨肿瘤时也需要对缺损部位进行填充或占位。

目前临床上治疗骨缺损的方法主要有自体骨移植、异体骨移植和人工骨修复。自体骨移植虽然骨诱导性强，但是取骨需另行切口，增加了创伤，术后取骨区可能长期疼痛。另外，其来源较少，不能满足大量骨移植。异体骨移植虽然来源较为广泛，但是成骨活性以及组织相容性都较差，容易造成免疫排异反应，导致移植失败。人工骨修复材料由于具有良好的生物相容性和骨传导性，因此有广阔的应用前景。

骨水泥作为一种重要的人工骨修复材料已经用于临床长达半个世纪。临床上通常选用骨水泥填补缺损和固定假体。骨水泥在发展过程中形成了两大体系：有机类的聚甲基丙烯酸甲酯（polymethylmethacrylate，PMMA）骨水泥和无机类骨水泥。其中，有机类PMMA骨水泥由于其主要成分是PMMA，其他成分稍有不同，所以通常将含有PMMA的骨水泥称为丙烯酸类骨水泥，或简称为丙烯酸骨水泥。无机类骨水泥通常包括磷酸钙（骨）水泥（calcium phosphate cement，CPC），以及其他如磷酸镁（骨）水泥（magnesium phosphate cement，MPC）和硫酸钙（骨）水泥（calcium sulfate cement，CSC）等。虽然无机类骨水泥具有良好的生物相容性，但是其固化时间长、黏结性能差，抗水性能及抗溃散性能差，崩解的块体容易造成血管堵塞，力学性能难以与人体正常骨匹配，造成使用领域局限性大。因此，目前全球临床中仍将易于注射、快速成形、可塑性较好、对医生技术和骨质情况允许有一定偏差容限的PMMA骨水泥作为“黄金标准”对患者进行治疗。

除非特别说明，以下本书中所提到的骨水泥、复合骨水泥、丙烯酸（类）骨水泥均指PMMA骨水泥或PMMA复合骨水泥。

1.2 PMMA骨水泥的发展历史

PMMA最早由德国化学家奥托·罗姆于1901年合成。1943年，Kulzer（库尔泽）与Degussa（德固赛）公司将其进一步加工成面团状的形式，发展形成了在室温下固化的PMMA骨水泥。在最早的应用中，PMMA主要用于牙科领域。20世纪40年代，随着Jean和Judet等研制出使用PMMA的股骨头，PMMA开始在骨科领域引起广泛的兴趣。1958年，John Charnley（约翰·查恩雷）在全髋关节置换术中利用PMMA对股骨和髋臼组件进行安全固定，并发现金属假体和弹性骨表面之间的界面作用相对较弱，随着时间的推移会松动；PMMA骨水泥在假体和骨之间提供了良好的界面结合，能够增加减震效果、使接触力分布更为均匀并提供牢固的刚性固定。此外，约翰·查恩雷还指出，骨水泥面团需通过拇指按压的方式被精准地填充至骨骼间隙中。实际上，骨水泥的作用更接近于水泥浆，而非传统意义上的胶水。骨水泥于1969年被应用于颅骨成形术中。1971年，Simplex®骨水泥被美国食品药品监督管理局（FDA）批准应用于全髋关节置换术中，并于1973年被批准应用于全膝关节置换术中。1975年，欧洲市场出现了一种含有抗生素的骨水泥，该骨水泥的粉体中含有红霉素和黏菌素。1976年，PMMA骨水泥被允许应用于病理性骨折以及一般情况下的假体固定中。20世纪90年代末，含有庆大霉素和万古霉素的商用PMMA骨水泥（Palacos®）被允许应用到外科手术中。随后新研发的抗生素骨水泥则是含有妥布霉素的Antibiotic Simplex®骨水泥，它于2000年在欧洲市场上开始销售，并于三年后在美国的外科手术中得到应用。2006年，具有较高黏性及快速操作时间的Simplex® P SpeedSet被应用于欧美国家的骨科手术中。

骨水泥的调制和填充技术目前经历了以下四个阶段的发展。

① 第一代骨水泥技术使用手工搅拌，在面团期通过指压填充将骨水泥嵌入髓腔。

② 第二代骨水泥技术在将骨水泥手工搅拌后，使用脉冲灌洗法冲洗骨髓腔，清除髓腔内骨屑、脂肪油脂，使得骨床填充效果较好。骨水泥倒入骨水泥枪管内，枪管自髓腔深部逐步后退填充骨水泥，使骨水泥填充均匀。髓腔远端使用髓腔塞利于加压，从而降低骨水泥的孔隙率，植入假体后保持加压至骨水泥完全硬化。

③ 第三代骨水泥技术使用真空离心法混合骨水泥，减少搅拌过程中气泡的混

入，从而进一步降低了骨水泥的孔隙率。用脉冲灌洗法对空腔进行冲洗后用经肾上腺素浸泡的拭子填充。灌入骨水泥后将远端和近端扶正器插入假体，以确保骨水泥分布均匀，有利于应力经骨水泥传递到骨质。

④ 第四代骨水泥技术在第三代的基础上增加了骨水泥加压技术，对抗血液的回流，降低骨水泥孔隙率，提高骨水泥与松质骨的机械结合力。

目前，全球使用的丙烯酸类骨水泥的品牌主要有：Simplex®、Palacos®、Osteopal®、CMW®、C-ment®、Cemex®、Mendec® Spin、SmartSet®和Copal®等。自应用以来，PMMA 骨水泥已被证明是一种多功能、长效的生物材料，可用于骨科关节置换，以及脊柱和肿瘤手术等领域。

1.3 PMMA 骨水泥的组成及操作特性

PMMA 骨水泥是一种双组分系统，主要由固相和液相组成。固相主要包括由 PMMA 均聚物、甲基丙烯酸甲酯（MMA）的共聚物或两者的混合物构成的聚合物微球，以及引发剂、显影剂、着色剂和抗生素。不同商用骨水泥中 MMA 的共聚物虽然不同，但是在固相中的质量分数都在 80%以上，主要有甲基丙烯酸甲酯-丙烯酸乙酯共聚物、甲基丙烯酸甲酯-丙烯酸甲酯共聚物、甲基丙烯酸甲酯-苯乙烯共聚物、甲基丙烯酸甲酯-丁基丙烯酸甲酯共聚物。固相中常用过氧化苯甲酰和偶氮二异丁腈作为引发剂来引发 PMMA 骨水泥中的自由基聚合反应。其中，过氧化苯甲酰既可包含在聚合物微球中，也可以单独加入骨水泥的粉体中，其含量通常占骨水泥粉体的 0.5%～2%。骨水泥在植入人体后，需要通过 X 射线成像来判断植入是否成功，因此粉体中加入了显影剂以增强其可视效果。PMMA 骨水泥中常用的显影剂为二氧化锆和硫酸钡，含量通常占固相的 8%～15%，Cemex®、CMW®品牌的商用骨水泥固相中含有约 10%的硫酸钡，而 Refobacin®、SmartSet®骨水泥中则添加 15%的二氧化锆作为显影剂。此外，叶绿酸（Palacos®、Copal®、Osteopal®）和亮蓝铝色淀（Cobalt®）加入商用骨水泥中作为着色剂，以便于区分在手术区的骨和骨水泥。值得注意的是，由于骨水泥作为外来植入物会引起人体自身的免疫反应，因此通常在骨水泥的粉体中加入抗生素进行抑菌和杀菌，从而确保植入人体后的安全性。液相主要包括单体甲基丙烯酸甲酯、活化剂 N,N-二甲基对甲苯胺（DMPT）和阻聚剂对苯二酚，其中对苯二酚是一种自由基捕捉剂，能够阻止单体的过早聚合从而稳定单体。而单体和活化剂的比例通常为 98∶2，阻聚剂的含量则在 25～100mg/L 之间。

固相和液相按照 2g 固相加 1mL 液相进行混合后，骨水泥的固液相开始进行聚合反应。骨水泥固液相接触后存在两个阶段：初始阶段的物理过程，固相在液相中溶解，形成具有黏性的液体，该过程对于 PMMA 骨水泥的使用和工作性能较为重要；后续的化学过程，这一阶段骨水泥内发生了自由基聚合反应，固相中的过氧化苯甲酰和液相中的DMPT相互作用产生了自由基，从而引发聚合反应。DMPT通过氧化还原过程将电子转移到苯甲酰的自由基和苯甲酸的阴离子上，使过氧化苯甲酰分解，DMPT产生的自由基阳离子作为一种氧化产物，通过质子分离可重排成中性自由基。随着聚合反应的进行，自由基促进了聚合物分子链的形成。而自由基数目的增多促进了分子链的增长，使得单体MMA向聚合物PMMA转变。当正增长的两条聚合物分子链相互结合时即终止分子链的增长，结束自由基聚合反应的同时生成PMMA骨水泥。

骨水泥使用过程中常见的混合方法包括真空搅拌以及手动搅拌，真空搅拌能够缩短面团时间和工作期时间，同时有利于减少混合过程中产生的气泡。而手动搅拌可以延长面团时间和凝固时间，从而为临床医生提供充裕的操作时间，因此目前临床使用骨水泥时主要采用手动搅拌方法。PMMA骨水泥在使用过程中通常经历四个阶段：混合期，等待期，工作期，固化期。

① 混合期：骨水泥固液相自开始混合至呈现出匀浆化、液体状阶段。固相在液相中逐渐溶解，单体的聚合反应处于初级阶段，骨水泥的温度和黏度都不会发生明显变化。

② 等待期：混合物变稠，牵拉出丝。在不断搅拌下，混合物开始变黏稠，并逐渐成为浆糊状；用搅拌棒将骨水泥挑起时，可抽出细丝，细丝越来越多，预示着即将成团。外科医生通常在等待期后使用PMMA骨水泥，以保障安全。

③ 工作期：骨水泥面团可黏附在手套上，经过一段时间揉搓后表面光滑不粘手套。该阶段骨水泥固液相聚合反应速度加快的同时开始放热，骨水泥的黏度快速增加，因此填充骨水泥和安放假体的时间较为短暂，应尽快将骨水泥植入体内与人工假体之间进行黏结。如果填入过早，黏度较低的骨水泥会与血液快速结合，部分骨水泥会被血液挤出假体外，从而造成填充效果不好以及溃散的骨水泥对人体血管造成堵塞甚至栓塞等严重情况。如果填入过晚，骨水泥黏度较大造成注射阻力较大，从而影响手术时医生的操作。因此，寻找合适的时机进行注射变得极为重要。

④ 固化期：骨水泥完全凝固的阶段。该期间骨水泥的聚合温度急剧升高，骨水泥硬化，假体固定。该阶段聚合反应剧烈进行，温度明显升高，1～2min温度可上升到100℃左右。整个聚合反应接近结束时温度下降，骨水泥得以完全凝固并成型，从而确保人工假体与骨水泥之间牢固结合。

PMMA骨水泥和骨与假体之间既没有黏结作用，也不发生化学反应，它仅仅靠面团期的塑形特点，通过微观绞锁和容积填充两种机制与多孔松质骨进行咬合。微观绞锁是指骨水泥浸入松质骨内形成界面上的交织嵌顿，这一机制有助于将骨水泥与骨表面间的剪切应力转化为压应力，使界面强度明显提高的同时避免假体在界面上的微动。容积填充是使骨水泥完全均匀分布在假体与骨质之间，起到应力传导的作用。两种机制共同起作用可以使PMMA骨水泥较为稳定地在人体内服役10～

20 年。理想的 PMMA 骨水泥在植入人体后具有以下重要的作用：固定人工关节；将假体固定在骨上；矫形与稳定；将应力由假体传导至骨并产生理想的应力分布；释放抗生素。

1.4 PMMA 骨水泥存在的问题

（1）体积收缩

PMMA 骨水泥在长期的临床使用中存在体积收缩问题。PMMA 骨水泥并不能单独地由单体甲基丙烯酸甲酯制备，这是因为其聚合过程中的收缩率约为 21%，而 PMMA 骨水泥聚合时的体积收缩率约为 3%～5%，此外含有抗生素的 PMMA 骨水泥体积收缩率在 2.5%～2.8%。造成这一现象的原因是甲基丙烯酸甲酯的密度（0.9378g/mL）小于聚甲基丙烯酸甲酯的密度（1.18g/mL），因此在骨水泥聚合反应前后质量守恒的情况下，反应前的体积大于反应后的体积。PMMA 骨水泥的体积收缩会影响其植入后的填充效果，对骨与假体之间的固定产生消极影响。当收缩率较大时，甚至会在骨与假体之间产生微裂纹，诱发假体的无菌性松动，从而影响其在人体内的长期稳定性。此外，体积收缩产生的裂纹会影响应力在骨与假体之间的传导，由此产生的残余应力会降低骨水泥与骨组成的整体的弹性模量。因此，为了改善 PMMA 骨水泥在人体内的长期稳定性，体积收缩成为 PMMA 骨水泥研究中急需解决的问题。

（2）释药率低，释药周期短

由于外来植入材料会削弱人体的免疫系统，因此手术过程中骨水泥的植入对于患者来说具有感染的风险，在内植物的翻修手术过程中软组织的损伤较为广泛，对于老年患者的影响更为显著。大量的证据表明，超过 85%的内植物感染是在手术过程中或术后即刻开始的。由于受感染组织周围的血液有限，因此单纯靠全身血液系统传递抗生素会使抗生素无法快速到达目标部位，尤其是炎症、感染以及坏死区域。局部使用抗生素被认为能够有效预防感染，并为组织器官提供额外的保护作用。因此，作为药物输送系统的 PMMA 骨水泥成为目前临床上一种常见的预防感染的可注射生物材料。

丙烯酸类骨水泥中搭载的抗生素往往需要具有以下理化特性才能保留有效的抗菌属性：易溶于水；能够用 γ 射线或环氧乙烷消毒；具有较高的熔点，不会由于骨水泥固液相反应过程中产生聚合热而影响其在基体内的稳定性；对骨水泥的机械强度几乎没有影响；能够从凝固的骨水泥中释放；在使用前稳定存在于骨水泥的粉体中。此外，还应具备以下一些生物学特性：具有广谱抗菌性能，能够有效抑制革兰氏阳性菌和革兰氏阴性菌；低浓度即可表现出良好的抗菌效果；细菌出现耐药性的概率较低；与蛋白结合能力低；较低的过敏率；具有良好的骨组织及细胞穿透力。

目前商用骨水泥中常用的抗生素包括：硫酸庆大霉素（GS）、硫酸妥布霉素、盐酸克林霉素、盐酸万古霉素、红霉素、硫酸黏菌素等。临床上使用的抗生素骨水泥能够使假体和感染部位周围获得较高的抗生素浓度，从而达到最小抑菌浓度（MIC）和最小杀菌浓度（MBC）。PMMA 骨水泥的使用不仅需要考虑抗菌，在骨质疏松部位以及其他部位使用时往往还需负载一些具有针对性的治疗药物。PMMA 骨水泥中还可加入一些促进骨细胞生长的药物，以及抑制肿瘤细胞及癌细胞生长的药物。虽然骨水泥内传统的给药方式能够避免系统内整体的药物浓度过高，但是也存在着以下问题：水溶性较好的药物从疏水性的 PMMA 骨水泥基体内的释放遵从弥散原理，即释放主要依靠骨水泥的表面积，位于骨水泥表面的药物能够向外扩散到血液中。但内部负载的药物由于无法向外传递造成了释药率低（$<10\%$），释放速度快，释放周期短（大多数药物在手术后的几小时或几天内结束释放），与人体需求不匹配的情况。因此，造成骨水泥植入后翻修率升高，严重影响了病人的康复及术后生活。

（3）聚合温度过高

在 PMMA 骨水泥固液相发生聚合反应的初期，骨水泥的温度变化较慢，此后温度随着面团黏度的增加而逐渐升高。由于单体 MMA 在一种不含溶剂的物质中聚合时存在凝胶效应，因此反应温度会发生急剧增长，迅速达到最高反应温度。单体 MMA 的碳碳双键在聚合反应过程中能够释放 52kJ 的热量。在聚合反应过程中当两个活性自由基链末端接触时，将会失活并形成聚合物链，随着单体的耗尽，聚合反应终止。聚合反应热量与填充部位的骨组织结构、环境温度以及骨水泥的初始温度、体积、厚度等因素相关。厚度为 3mm 和 10mm Simplex® 骨水泥的最高凝固温度分别为 60℃和 107℃。在 50℃下骨组织即可出现坏死现象，胶原蛋白在 56℃下会失活变性，而神经组织对温度更为敏感，在 43℃下会出现热损伤。因此，PMMA 骨水泥在固定假体和填充骨缺损的使用过程中，固化过程中短暂的温度高峰将会对骨质、关节软骨、神经、皮肤以及其他组织造成热损伤甚至导致热坏死，并且导致关节假体出现无菌性松动。

（4）力学性能与人骨不匹配

骨水泥弹性模量（约 2.4GPa）介于人体松质骨和皮质骨之间。由于通常植入人体骨损伤部位，因此较高的模量会对人体正常骨组织造成一定程度的摩擦磨损甚至导致二次骨折，由此产生的磨损颗粒会促进局部炎症发生，导致髋关节置换术的慢性并发症。此外，远高于人体松质骨力学参数的 PMMA 骨水泥容易造成应力集中与应力遮蔽现象，不利于骨组织的生长；同时，力学性能的不匹配在人体内产生的残余应力也可能导致骨损伤。

（5）生物活性较差

PMMA 骨水泥呈生物惰性，仅依靠机械锁合与骨组织结合。这种物理连接容易在材料变形和损耗时失效，而且植入人体后与周边骨组织融合性较差，不利于骨细胞的黏附和生长，无法与宿主骨组织形成骨性结合，进而导致长期移植后出现松动。

（6）渗漏

由于目前临床上骨水泥主要通过微创手术的方法使用，需要有一定的注射压力将具有流动性的骨水泥注射到人体内，从而导致骨水泥通过椎体的回流静脉丛、骨折裂缝或骨缺损处向椎体外渗漏。骨水泥渗漏后，大部分患者无明显的临床症状，但是部分患者会出现神经功能障碍，甚至出现血管堵塞、肺栓塞和心脏栓塞而危及生命。

1.5 复合骨水泥的改性研究

1.5.1 改善体积收缩

由于PMMA骨水泥具有较强的疏水性，因此向骨水泥的固相或者液相中加入亲水性物质在提高骨水泥亲水性的同时，能够一定程度上抵消骨水泥的体积收缩。对于液相改性，主要是向骨水泥的液相中加入亲水性的单体，部分或全部替代商用PMMA骨水泥中以MMA为主的液相。Unemori用亲水性的4-甲基丙烯酰氧乙基偏苯三酸酐（4-META）对PMMA骨水泥改性后，由于水分子被吸收到骨水泥后会占据一定的体积，因此骨水泥具有微弱吸水能力的同时也能抵消一定的体积收缩。Luciano以甲基丙烯酸羟乙酯（HEMA）作为骨水泥的液相，制备的复合骨水泥具有较低的聚合反应热以及较短的凝固时间，同时固液相聚合过程中产生了轻微交联的聚合物体系，使得骨水泥具有吸水能力并降低了固化过程的体积收缩。Gurruchaga研究了在骨水泥液相中引入甲基丙烯酸羟丙酯（HPMA），与传统的丙烯酸骨水泥相比，亲水单体的加入加快了聚合反应速度，使得骨水泥的最高反应温度提高，凝固时间缩短，更为重要的是骨水泥收缩率随体系中HPMA含量的增加而降低。Pascual选用亲水性较强的三乙二醇二甲基丙烯酸酯（TEGDMA）部分替代骨水泥液相中的MMA单体，当TEGDMA含量为60%时，骨水泥的体积收缩率为3.6%，较PMMA骨水泥4.8%的收缩率有所降低，改善假体和骨水泥之间结合的同时能够更好地通过骨水泥传递载荷。

虽然固相中添加硫酸钡、聚多巴胺（PDA）修饰的生物活性羟基磷灰石（HA）纳米颗粒、BMP-2生长因子等可以降低PMMA骨水泥的收缩率，但是并未完全解决其体积收缩问题。为了改善PMMA骨水泥的亲水性，固相中主要加入淀粉、纤维素、壳聚糖、明胶、海藻酸钠，复合骨水泥具有微弱吸水能力的同时体积收缩被部分抵消。Gladius Lewis研究了含有交联剂的骨水泥，骨水泥反应过程中常用的交联剂有二甲基丙烯酸乙二醇酯（EGDMA）、聚乙二醇二甲基丙烯酸酯（PEGDMA）。含有交联剂的添加物由于具有三维网状结构，因此吸收水分子的同时其体积也因为水分子的进入而发生变化，从而减少了聚合过程中的体积收缩。此外，骨水泥体积收缩过程中会产生一定的收缩力。J. F. Orr 利用厚壁圆筒理论，建立了环向应力的计算模型并研究了 PMMA 骨水泥在体积收缩过程中产生的收缩力，为 20.0～88.2MPa。Roques 用相同的测试方法测得的收缩力为 10MPa。体积收缩产生的收缩应力容易造成假体松动从而导致植入失败。因此，为了保证 PMMA 骨水泥植入后的长期稳定性，消除 PMMA 骨水泥体积收缩并赋予其膨胀性能具有重要的研究意义。

1.5.2 药物控释

随着生物学及医学的发展，越来越多的学者和医生发现 PMMA 骨水泥被用来进行填充骨缺损和固定假体已经不能满足临床上的需求，因为通常骨缺损和骨填充部位还需要伴随着药物的治疗（对于防止局部感染以及抑制骨肿瘤细胞的增殖起到积极的作用）。

（1）抗菌

骨水泥作为外来植入物会引起人体的免疫反应，因此通常在骨水泥的粉体中加入抗生素进行抑菌和杀菌，从而确保植入人体后的安全性。以下是经常添加到骨水泥粉体组分中的抗生素。

① 硫酸庆大霉素（氨基糖苷类）：具有广谱杀菌作用，对革兰氏阴性菌和革兰氏阳性菌（葡萄球菌属、大肠埃希菌属、肠杆菌属、假单胞菌属、变形杆菌属）都具有明显的抑制作用。其机理为抑制细菌蛋白的合成，能与核糖体在 30s 内结合，进而干扰 mRNA 的读取。如 Palacos® R+G 骨水泥即含有此成分。

② 硫酸妥布霉素（氨基糖苷类）：具有杀菌作用，对革兰氏阴性菌和革兰氏阳性菌（葡萄球菌属、大肠埃希菌属、肠杆菌属、假单胞菌属、变形杆菌属）都具有明显的抑制作用。如 Simplex® 骨水泥即含有此成分。

③ 盐酸克林霉素（林可胺类）：对革兰氏阴性菌和革兰氏阳性菌（链球菌属、葡萄球菌属等）具有抑菌和杀菌作用，能与细菌核糖在 50s 内结合，阻止细菌蛋白的合成。如 Copal® G+C 骨水泥即含有此成分。

④ 盐酸万古霉素（糖肽类）：仅对革兰氏阳性菌（葡萄球菌、耐甲氧西林金黄色葡萄球菌、耐甲氧西林表皮葡萄球菌）具有杀菌作用。如 Simplex® 骨水泥即含有此成分。

⑤ 红霉素（大环内酯类）：对革兰氏阳性菌具有杀菌作用，可以抑制核糖体上蛋白的合成。如 Simplex® 骨水泥即含有此成分。

⑥ 硫酸黏菌素（多肽类）：对革兰氏阴性菌具有杀菌作用，可以改变细胞膜的渗透性。如 Simplex® 骨水泥即含有此成分。

由于 PMMA 骨水泥中的药物主要通过表面扩散以及自身存在的裂纹和空隙向外释放，因此增加骨水泥中药物与外界液体的接触面积成为一种提高释药率的重要途径。Shi 通过向含有硫酸庆大霉素的 PMMA 骨水泥中加入纳米壳聚糖提高了硫酸庆大霉素的累计释放量，增强了骨水泥在24h内和3周后抗金黄色葡萄球菌或表皮葡萄球菌的能力。Wang向PMMA骨水泥中引入壳聚糖-甘油磷酸盐/纳米羟基磷灰石水凝胶，延缓抑菌效果的同时显著提高了复合骨水泥对于金黄色葡萄球菌和大肠杆菌的抑菌能力。Hu对聚-3-3-羟基丁酸酯（PHB）以及3-羟基丁酸酯和3-羟基戊酸酯共聚物（PHBV）采用壳聚糖进行接枝处理后加入PMMA骨水泥中，提高了骨水泥对四种病原菌的抗菌活性。Nien在含有酮洛芬的丙烯酸骨水泥中加入聚甲基丙烯酸甲酯-丙烯酸-甲基丙烯酸烯丙酯，提高了基体中酮洛芬的初始释放率和累计释放量。Zhen在PMMA骨水泥中加入羧酸官能化聚碳酸酯，复合骨水泥中GS（硫酸庆大霉素）的累计释放量较对照组提升了8倍，对金黄色葡萄球菌和铜绿假单胞菌的持续抗菌时间分别超过259d和147d。Meng Shi制备了多孔聚甲基丙烯酸甲酯/明胶/抗生素支架用于颅面组织工程，复合骨水泥的孔隙率介于(7.6%±1.8%)～(38.4%±1.4%)之间，黏菌素在体外的释放周期为14d，累计释药率最高可达96.5%±0.7%。Shen等在PMMA骨水泥中加入介孔二氧化硅纳米颗粒，硫酸庆大霉素的释放率达到75%，释药周期延长到80d。

此外，Yuan用丙烯酸对介孔二氧化硅纳米颗粒进行修饰后加入PMMA骨水泥中构成了药物控释系统，复合骨水泥具有pH响应药物释放机制的同时，内部负载抗生素的释药量明显提高。包乐乐在PMMA骨水泥中加入PEG/SBA-15建立了纳米网络结构，基体内GS的累计释放率提高到了37%，释药周期延长至70d。Frutos研究了乳糖含量对骨水泥中硫酸庆大霉素释放动力学及骨水泥性能的影响，结果表明硫酸庆大霉素在含有乳糖的PMMA骨水泥中的释放为初始阶段的突释和后期的扩散。Faber在含有GS的PMMA骨水泥中加入了抗菌肽Dhvar-5，GS的累计释放率最高达到67%，相对于商用PMMA骨水泥中GS的累计释放率提高了4倍。Frutos研究了HEMA和聚乙烯吡咯烷酮（PVP）共同改性后的PMMA骨水泥中GS的释放情况，亲水性物质的加入增加了药物向外传递的路径，提高了扩散动力，从而提高了GS的累计释药率，延长了释放周期。Zhu等在PMMA骨水泥中加入含苯并噻唑结构的甲基丙烯酸酯抗菌性单体BTTMA，所有含BTTMA的骨水泥均未表现出溶血活性和细胞毒性，并且含有15%（质量分数）BTTMA的骨水泥对金黄色葡萄球菌具有显著的抗菌活性。

抗菌物质主要有银纳米颗粒、改性后的银纳米颗粒、金纳米颗粒、铜纳米颗粒、氧化铜纳米颗粒、氧化锌纳米颗粒、氧化石墨烯片、镁颗粒、尼泊金甲酯纳米粒子、抗菌季铵单体、季铵化壳聚糖纳米颗粒、经过金粒子及铜离子改性的生物活性玻璃等。Volker研究了载银PMMA基骨水泥的抗菌能力，微孔板增殖试验的结果表明含有纳米银颗粒的PMMA骨水泥能够在24h内完全抑制表皮葡萄球菌、耐甲氧西林表皮葡萄球菌（MRSE）和耐甲氧西林金黄色葡萄球菌（MRSA）的增殖。Prokopovich在PMMA骨水泥中加入经过油酸包覆的纳米银颗粒，当添加量为0.05%时能够有效减少具有抗药性的细菌（耐甲氧西林金黄色葡萄球菌、金黄色葡萄球菌、表皮葡萄球菌和鲍曼不动杆菌）在骨水泥表面的含量，从而预防术后感染。Wekwejt 研究了纳米银和纳米铜改性骨水泥，基体中含有 1.5%纳米银和 3%纳米铜，能够对临床常见的金黄色葡萄球菌、表皮葡萄球菌、粪肠球菌、阴沟肠杆菌和铜绿假单胞菌具有较好杀菌效果和抗生物膜性能。Wang 研究了仿生壳聚糖-聚乙烯醇/纳米羟基磷灰石（HA）/银水凝胶功能化可注射自固化聚甲基丙烯酸甲酯骨水泥，纳米 HA 颗粒在不影响骨水泥力学性能的前提下，提高了骨水泥的矿化能力，Ag^+ 的加入可显著提高骨水泥的抗菌活性，预防术后感染。Russo 在 PMMA 骨水泥中加入了 0.25%和 0.5%金纳米粒子后活细菌数目分别减少了 54%和 56%，提高了复合骨水泥对于耐甲氧西林表皮葡萄球菌、金黄色葡萄球菌和铜绿假单胞菌的抗菌活性。

（2）抗骨质疏松

由于骨吸收抑制剂与骨内的主要无机成分羟基磷灰石具有较强的亲和力，通过抑制破骨细胞的活性而发挥抗骨吸收作用，并且没有骨矿化抑制作用，因此目前被广泛应用于治疗全身性的骨质疏松、变形性骨炎、恶性肿瘤骨转移引起的高钙血症和骨痛症等。使用本类药物治疗的病人中有 96%脊椎的骨量增加，绝经后骨质疏松妇女的椎体畸变、身高缩短、骨折（包括骨髓骨、脊椎骨、腕骨）等均获得改善。按照作用机制，骨吸收抑制剂可分为以下几类：双膦酸盐类（如依替膦酸二钠、氯屈膦酸二钠、帕米膦酸二钠、阿仑膦酸钠、伊班膦酸钠、利塞膦酸钠等），降钙素类，雌激素类（结合雌激素、微粒化 17-p-雌二醇、经皮吸收的雌二醇凝胶），选择性雌激素受体调节剂（如雷洛昔芬），其他类（如植物激素类、依普黄酮）等。其中，双膦酸盐类与骨质中的羟基磷灰石特异性结合能力强，因此使用范围广。

Calvo 在 PMMA 骨水泥的固相中加入 1.5%的阿仑膦酸钠（ALN），植入体内后促进了成骨细胞的生长，24 周后出现了骨针，显示出了积极的生物相容性以及阿仑膦酸钠的长效释放。Schnitzler 在骨水泥中加入含有阿仑膦酸钠的羟基磷灰石，将其通过微创途径注入对侧髋部后，手术一年内的平均骨折风险率（15%）较传统骨水泥（50%）显著降低。Panzavolta 在骨水泥中加入了含有阿仑膦酸钠的明胶，体内和体外的生物实验结果表明阿仑膦酸钠促进了成骨细胞的分化，抑制了破骨细胞的生成。Dolci 制备了粒径范围在 100～250μm 的载 ALN 微球，制得的复合骨水泥 ALN 的累计释药量为 7.8mg，累计释放周期延长到了 21d，能够抑制破骨细胞活性和促进成骨细胞的早期分化，展现出了良好的生物相容性。

（3）抗肿瘤

除此之外，一些抗肿瘤药物（甲氨蝶呤、顺铂、5-氟尿嘧啶和唑来膦酸等）、抗癌药物阿霉素和抗结核类药物（异烟肼、利福平、吡嗪酰胺、乙胺丁醇、链霉素），也被搭载于 PMMA 骨水泥中从而起到靶向治疗肿瘤细胞及癌细胞的效果。虽然相关载药 PMMA 骨水泥的研究提高了负载药物的释放率，但是 PMMA 骨水泥中药物的负载方式及药物种类较为单一，无法同时满足临床使用时的多种需要，因此限制了载药 PMMA 骨水泥的使用领域。

1.5.3 力学改性

由于石墨烯、氧化石墨烯（GO）、还原氧化石墨烯、碳纳米管等具有良好的弹性模量和抗拉强度，因此与 PMMA 骨水泥混合后能够一定程度改善 PMMA 骨水泥的力学性能。Ormsbya 向 PMMA 骨水泥中加入 0.1%的碳纳米管，阻碍并延缓了裂纹在复合骨水泥中的传播，抗压强度和弹性模量最高分别可达(67.31±3.83)MPa 和（3115±253)MPa，并且改善了复合骨水泥的弯曲强度以及断裂韧性。Tavakoli 通过流延工艺制备了壳聚糖（CS)/氧化石墨烯纳米复合材料，在 PMMA 骨水泥中加入复合 CS/GO 纳米粉体，可显著提高其力学性能，当添加量为 25%时抗压强度、弹性模量、弯曲强度分别可达（93.0±4.0)MPa、(1216.9±82.7)MPa、（79.9±1.8)MPa。Goncalves 在含有 HA 的 PMMA 骨水泥中加入氧化石墨烯改善复合骨水泥的力学性能，当氧化石墨烯含量为 0.01%时，复合骨水泥的弹性模量为（3.15±0.43)GPa，弯曲强度为（37.53±1.19)MPa，弯曲模量为（12.00±0.49)GPa。E. Paz 研究了石墨烯和氧化石墨烯对 PMMA 骨水泥力学性能的影响，0.25%添加量的氧化石墨烯能够显著提高复合骨水泥的弯曲强度、弯曲模量、压缩强度、断裂韧性和疲劳性能，较对照组 PMMA 骨水泥的抗压强度提高了 12.6%。Forriol 在 PMMA 骨水泥中加入了硅烷功能化的氧化石墨烯，其在基体内分散性的改善提高了骨水泥的力学性能，与对照组 PMMA 骨水泥相比，复合骨水泥的压缩强度、弯曲强度和断裂韧性分别提高了 12%、13.7%和 28%。Abhijit 制备了含磷酸镁纳米片和羟基磷灰石纳米纤维的新型 PMMA 骨水泥纳米复合材料，结果表明含有 7.5%（质量分数）磷酸镁纳米片和 2.5%（质量分数）羟基磷灰石纳米纤维的复合骨水泥具有最高的压缩强度（58MPa)。Pahlevanzadeh 在 PMMA 骨水泥中加入了含氟磷灰石和氧化石墨烯以及 PMMA-PCL（聚己内酯）聚合物，由于氧化石墨烯具有较大的比表面积和不平整的表面，导致其与聚合物基体之间具有更高的互锁性，复合骨水泥的最大抗压强度和最大屈服强度分别为（138±7)MPa 和（101±5)MPa，其数值在骨科应用的标准范围（70～120MPa）内。Letchmanan 研究了介孔二氧化硅纳米颗粒/聚甲基丙烯酸甲酯复合骨水泥的力学性能，6 个月后其抗压强度和弯曲模量分别为 75MPa 和 5GPa，满足 ISO 5833：2002（以下全书简称为 ISO 5833）中规定的丙烯酸类植入物最低力学标准。

1.5.4 生物学改性

细胞学的主要评估内容包括细胞毒性、细胞增殖和细胞黏附，其中细胞毒性主要通过 MTT 比色法（MTT 法）或 CCK-8 法等细胞活性测试来进行评估。细胞毒性和细胞活性在细胞生物学研究中往往是相互关联的：一方面，细胞毒性可以导致细胞活性的下降；另一方面，细胞活性的降低也表明细胞受到了毒性物质的影响。Tan 制备了羟丙基三甲基氯化铵壳聚糖（HACC）与丙烯酸骨水泥的复合物，体外实验表明 HACC 的引入增强了干细胞在材料表面的增殖黏附和成骨分化。Jayasree 将羟基磷灰石（HA）掺入 PMMA 骨水泥后，在复合骨水泥表面形成了一级和二级磷灰石，增加了骨水泥的骨整合能力。氧化石墨烯在保持聚合物结构性能，提高聚合物体系力学性能的同时，自身良好的生物相容性能够促进成骨细胞的分化，因此有学者将其加入 PMMA 骨水泥中以提高复合物的生物性能。Bhadang 等向 PMMA/HA 骨水泥中添加 1%（质量分数）氧化石墨烯可同时提高骨水泥的弹性模量和生物相容性。Gao 向 PMMA 骨水泥中加入 β-磷酸三钙（β-TCP）和 HEMA，TCP/HEMA/PMMA（THP）复合骨水泥具有与 PMMA 骨水泥相似的凝固性能，生物性能结果显示 THP 复合骨水泥无细胞毒性和溶血作用，复合骨水泥中 HEMA 的加入增强了 MC3T3-E1 细胞在基体表面的增殖和黏附，植入动物体内 12 周后，骨长入情况较 PMMA 骨水泥有明显改善。Zhang 在 PMMA 骨水泥中加入不同含量的小肠黏膜下层（SIS），与 PMMA 骨水泥相比，SIS/PMMA 复合骨水泥具有更好的生物相容性和骨诱导性，并且能显著促进大鼠椎体缺损模型的骨再生。Liu 在含有 HA 的 PMMA 骨水泥中加入 BMP-2 生长因子，纳米 HA 和 BMP-2 协同促进磷灰石的沉积，促进细胞的黏附和存活，增强了 PMMA 基骨水泥的生物活性。Khaled 在 PMMA 骨水泥中加入 TiO_2-SrO 纳米管，增强骨水泥力学性能的同时成骨细胞在基体上的黏附增殖能力显著增强，提高了生物相容性。Verné 研究了含有铁磁性玻璃陶瓷的 PMMA 骨水泥，生物活性测试表明羟基磷灰石能够沉淀在骨水泥表面，复合骨水泥的毒性降低，并表现出良好的细胞活力和细胞黏附增殖情况。

1.5.5 降低凝固温度

Khandaker 等在 PMMA 骨水泥中加入不同的纳米颗粒（纳米氧化硅、纳米羟基磷灰石、纳米壳聚糖、纳米硫酸钡、纳米二氧化硅）显著降低了 PMMA 骨水泥的最高凝固温度，其中固相中加入 2%纳米氧化镁复合骨水泥的最高凝固温度最低下降到 54.18℃。Moe Kubota 在 PMMA 骨水泥中加入 TiO_2 和 Fe_3O_4，最高凝固温度由 120℃降低至 42.3℃和 44.8℃。Pascual 通过将 PMMA 骨水泥的固液比由 2g∶1mL 调整为 1.86g∶1mL，骨水泥的最高凝固温度显著降低到 59.6℃，并通过在 PMMA 骨水泥的液相中加入甲基丙烯酸羟丙酯（HPMA）延长了骨水泥凝固时间的同时将骨水泥的最高凝固温度降低到 56.8℃。P. P. Lopes 在 PMMA 骨水泥的固相中加入新型生物高分子聚-3-羟基丁酸酯（PHB）以及 3-羟基丁酸酯和 3-羟基戊酸酯共聚物（PHBV），PMMA 骨水泥的凝固时间由（5.30±0.18）min 延长到（12.15±0.14）min 和（12.40±0.18）min，最高凝固温度由（97.3±3）℃降低

到 (75.3±2)℃和 (73.3±2)℃。Boesel 发现商用 Palacos 骨水泥的最高凝固温度和凝固时间分别为 107℃和 7min，在液相中用丙烯酸部分替换甲基丙烯酸甲酯后复合骨水泥的最高凝固温度为 70～88℃，凝固时间为 4～5min。Mendes 研究了 HEMA 改性丙烯酸骨水泥的理化参数，HEMA 的引入显著改善了骨水泥的养护过程，其中骨水泥的最高凝固温度介于 77～96℃之间，凝固时间介于 1～4min 之间。Serbetci 研究了 HA 对于 PMMA 骨水泥养护参数的影响，HA 的加入增加了骨水泥的黏度，同时使操作性得到改善，骨水泥的最高凝固温度由 111℃显著降低到 87℃。Hernández 在 PMMA 骨水泥中加入水杨酸铋，复合骨水泥的最高凝固温度降低到 38℃，凝固时间延长至 36.18min，最大限度地减少了反应过程对周围组织的热损伤，并提供了较长的凝固时间利于骨水泥的注射。Slane 通过向 PMMA 骨水泥中加入水溶性较好的木糖醇有效降低了基体的最高凝固温度并延长了凝固时间，其中在 40.8g 固相中加入 10g 木糖醇后复合骨水泥的最高凝固温度降低到 (38.7±0.5)℃，凝固时间延长到 (12.4±0.2)min。Vázquez 研究了聚乙二醇包覆 β-TCP 颗粒改性丙烯酸骨水泥的理化参数，PMMA 骨水泥的最高凝固温度和凝固时间分别为 72℃和 10.3min，在骨水泥中加入 20%β-TCP 颗粒后复合骨水泥的最高凝固温度和凝固时间分别为 69℃和 15.2min，加入 20%聚乙二醇包覆的 β-TCP 颗粒后改性骨水泥的最高凝固温度和凝固时间分别为 70℃和 10.9min。

1.6 本书的主要内容及特点

PMMA 骨水泥作为黄金标准已经广泛应用于手术中的填充治疗和关节置换术等领域，但是骨水泥固液两相聚合反应过程中产生了体积收缩，往往造成无菌性松动，影响其在人体内的长期稳定性；同时，PMMA 骨水泥作为一种药物载体，临床上主要用于抗菌及治疗骨质疏松症，但由于疏水性 PMMA 的包埋，造成了内部水溶性药物的释药率低、释药周期与人体需求不匹配、释药功能单一等问题。PMMA 骨水泥还存在着弹性模量过高对人体正常骨组织造成摩擦磨损甚至导致二次骨折，以及骨水泥凝固过程中温度过高对人体正常组织造成灼烧等问题。

针对以上问题，对聚合物内的亲水基团和三维网状结构进行调控，并在 PMMA 骨水泥内构建由聚合物构成的吸水通路，完全解决 PMMA 骨水泥体积收缩的问题。在此基础上，对可膨胀骨水泥的固液两相分别进行改性，增加亲水基团数量的同时引入多吸水通路，加快了凝固前骨水泥的吸水膨胀速度，从而最大限度发挥自身吸水膨胀能力。吸水通路提高骨水泥吸水膨胀性能的同时，在骨水泥内加入了抗生素和抗骨质疏松药物，通过调整两种药物的负载方式以及骨水泥内部吸水通路的形成方式，利用吸水通路反向释药，得到了长效分级释放两种药物的多功能 PMMA 基骨水泥。对功能化 PMMA 骨水泥的理化参数、吸水膨胀性能、力学性能、释药性能、抗菌性能及生物相容性进行研究，阐明了水分子在功能化骨水泥中的扩散机制、吸水膨胀动力学以及药物的释放动力学。本书的主要内容及主要研究结果如下。

采用溶液聚合法调控丙烯酸（AA）和甲基丙烯酸甲酯（MMA）的单体配比以及交联剂 *N*,*N*-亚甲基双丙烯酰胺（MBA）的含量，制备了具有不同羟基含量及不同交联度的 P(MMA-AA）聚合物。当 AA 含量为 50%，MBA 含量为 5%时，P(MMA-AA）聚合物在骨水泥内形成了吸水通路，P(MMA-AA）骨水泥的吸水倍率和膨胀倍率最高，分别可达 61.8%±2.5%和 63.2%±2.1%。

通过对 PMMA 骨水泥固相进行改性，得到了 SMBC（solid modified bone cement，固相改性骨水泥），其中 P(MMA-AA）骨水泥是这种改性方法的典型代表。进一步地，采用化学接枝和物理共混的方式，分别对该骨水泥的固相和液相进行了改性，制备了两种具有多吸水通路的快速吸水膨胀 P(MMA-AA）基骨水泥：PGBC［P(MMA-AA)-GO bone cement，氧化石墨烯改性 P(MMA-AA）骨水泥］和 HMBC［HEMA modified bone cement，甲基丙烯酸羟乙酯（HEMA）改性膨胀骨水泥］。此外，还对载药 PMMA 骨水泥进行了改性，得到了 GAPBC［GS and ALN modified P(MMA-AA) Bone Cement，硫酸庆大霉素（GS)/阿伦膦酸钠(ALN）改性双载药明胶微球复合骨水泥］和 SDBC（swelling and dual drug release bone cement，双载药膨胀骨水泥）。发现水分子在快速吸水膨胀骨水泥中为非菲克扩散机制，吸水膨胀行为分别符合一级动力学和二级动力学，吸水倍率和膨胀倍率最高分别可达 92.5%±1.7%和 97.4%±2.1%。此外，反应体系中氧化石墨烯的引入增强了可膨胀 PMMA 基骨水泥的力学性能，克服了吸水膨胀能力的提升导致骨水泥力学性能下降的瓶颈，满足 ISO 5833 规定。可控的膨胀性能使得吸水膨胀 P(MMA-AA）基骨水泥在椎体成形术、骨螺钉、牙科填充物、医美等方面具有潜在的应用价值。

采用乳液聚合法和浸渍法将阿仑膦酸钠（ALN）和硫酸庆大霉素（GS）搭载于明胶微球中，制备了不同粒径范围且药物具有核（ALN）壳（GS）分布形式的双载药微球，通过双载药明胶微球在骨水泥内的溶胀及降解，得到了具有释药通路的双载药明胶/PMMA 复合骨水泥。该骨水泥具有良好吸水膨胀性能，硫酸庆大霉素和阿仑膦酸钠的最大累计释放率分别为 66.2%±0.9%和 68.5%±1.92%，在载药率低于 PMMA 骨水泥的情况下，累计释放率及累计释放浓度大幅提高。两种药物实现了错峰可控释放并呈现出不同的释药机制，初始 24h 体系内硫酸庆大霉素的快速释放起主导作用从而能够有效抑制细菌的生长，而 3 周后体系中阿仑膦酸钠逐渐释放并缓释至 12 周从而提供长期的抗骨质疏松功能。此外，生物性能结果表明复合骨水泥促进了成骨细胞的增殖黏附，同时植入体内具有较好的组织相容性。

通过溶液聚合法制备了不同粒径的 P(MMA-AA)-ALN 纳米载药微球，利用硫酸庆大霉素与 P(MMA-AA)-ALN 纳米载药微球的静电吸引使骨水泥内硫酸庆大霉素重新排布及纳米载药微球构建的吸水通路反向释药，得到了快速膨胀且长效释药的双载药P(MMA-AA) 骨水泥。该骨水泥内的硫酸庆大霉素和阿仑膦酸钠的释放机制均为菲克扩散，两者的累计释放率最高可达 74.67%±1.02% 和 75.23%±1.96%，释放周期分别为 4 周及 14 周，在有效地预防感染和耐药菌株生长的同时，具有与人骨愈合周期匹配的抗骨质疏松药物的释放周期。该骨水泥具有良好的抗菌能力及生物相容性，能够满足未来骨修复应用的不同临床需求，前景广阔。

第2章 物理共混 PMMA/PAAS 复合骨水泥

目前针对 PMMA 骨水泥的改进主要是加入颗粒物，但是颗粒物与 PMMA 的结合并不牢固，容易从 PMMA 骨水泥掉落，会对人体血管造成堵塞，严重影响其在临床上的应用。因此，本章提出向 PMMA 骨水泥中加入纤维状物质，从而使两者较好地结合，不会造成脱落现象，保证其使用过程中的稳定性。

2.1 复合骨水泥的形貌

引入吸水材料聚丙烯酸钠（PAAS）吸水树脂纤维，制得了 PMMA/PAAS 物理共混型吸水膨胀骨水泥，图 2-1 为其微观形貌。由图 2-1(a) 可以看出较为平整的 PMMA 骨水泥表面分布着许多小孔。由图 2-1(b) 可以看出 PAAS 吸水树脂纤维与 PMMA 骨水泥之间存在较为明显的缝隙，当吸水膨胀骨水泥吸水后聚丙烯酸钠纤维会吸水膨胀，将其与 PMMA 骨水泥之间的缝隙完全填满，不会影响应力的传导。

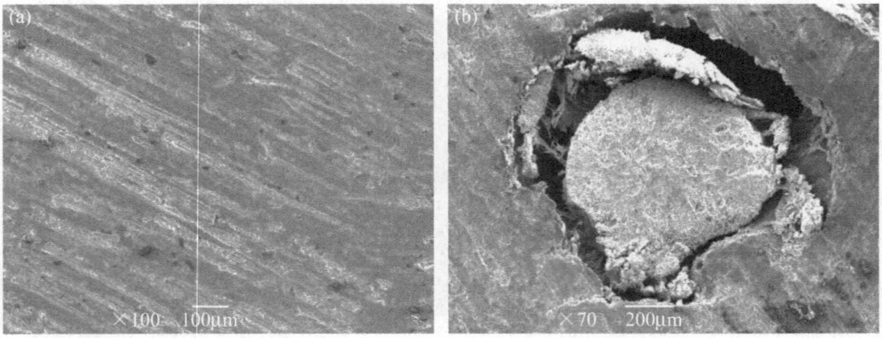

图 2-1 PMMA/PAAS 物理共混型吸水膨胀骨水泥的微观形貌

(a) 100 倍；(b) 70 倍

图 2-2 为 PMMA/PAAS 物理共混型吸水膨胀骨水泥显微计算机断层扫描（CT）图。吸水树脂纤维与 PMMA 骨水泥结合得较为紧密，吸水树脂纤维主要包

含在PMMA骨水泥的内部，在PMMA骨水泥表面的吸水树脂将会吸水膨胀。吸水膨胀骨水泥内部的孔洞是由于骨水泥在凝固过程中会放出大量的热量，并且随着凝固过程的进行，骨水泥黏稠度会越来越大，硬度也会越来越高，反应的热量无法快速放出而形成的。

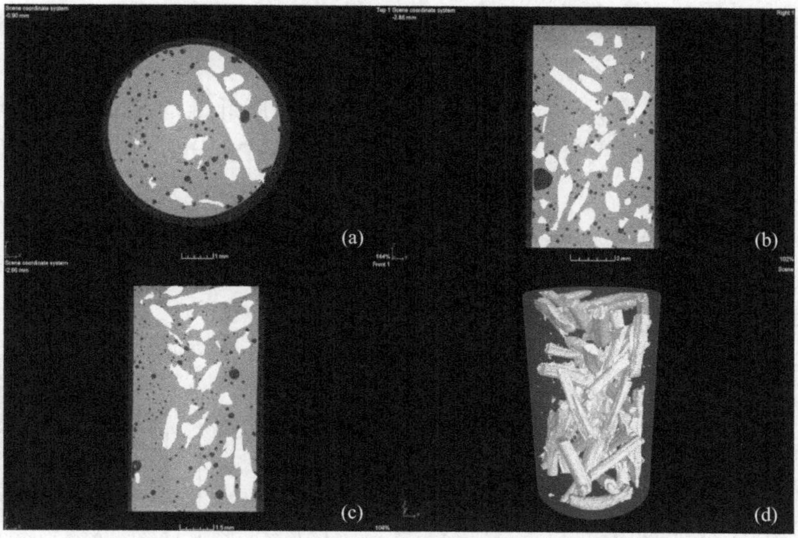

图 2-2　PMMA/PAAS物理共混型吸水膨胀骨水泥的显微CT图

2.2　复合骨水泥的理化参数

图2-3为PMMA/PAAS物理共混型吸水膨胀骨水泥的可注射率随时间的变化曲线，用骨水泥的可注射率来评定骨水泥的可注射性。骨水泥可注射率越高，说明骨水泥具有更好的可注射性。本章图中的比例均指PMMA骨水泥的固相与PAAS的体积比。

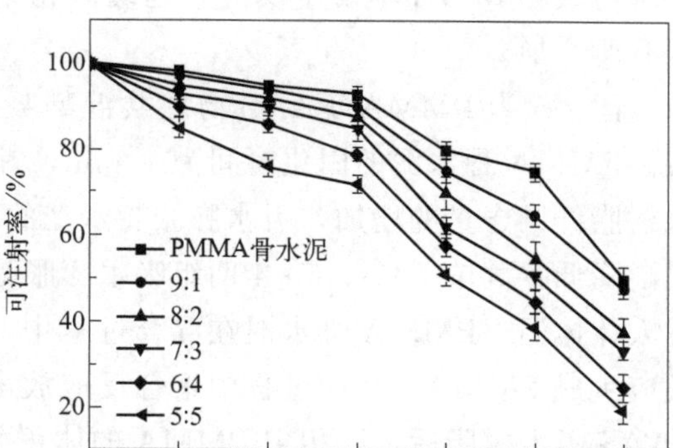

图 2-3　不同PAAS含量对PMMA/PAAS物理共混型吸水膨胀骨水泥可注射率的影响

在开始计时的时刻，各组可注射吸水膨胀骨水泥都具有较好的流动性，能完全从注射器中注射，表明初始阶段具有较好的可注射性。在37℃、100%湿度的环境下骨水泥流动性随着时间的延长逐渐变差，各组能够注射出的骨水泥量均逐渐降低，表明可注射性下降。PMMA 骨水泥的可注射率最高，对于不同聚丙烯酸钠吸水树脂纤维含量的 PMMA/PAAS 物理共混型吸水膨胀骨水泥，当其中聚丙烯酸钠吸水树脂纤维的含量增加时，可注射吸水膨胀骨水泥的可注射性也逐渐降低。造成这一现象的原因主要有以下两点：①聚丙烯酸钠吸水树脂纤维与 PMMA 骨水泥为物理结合，虽然吸水树脂纤维的直径小于注射器针头的直径，但是在面团时期吸水树脂纤维的流动性却没有 PMMA 骨水泥的流动性好，随着时间的增加，骨水泥的强度逐渐增强，流动性逐渐减弱；②吸水树脂纤维在 PMMA 骨水泥中的分布方向并不一致，并不是所有吸水树脂纤维的分布方向都与针头的方向平行，因此部分吸水树脂纤维无法从注射器中挤出，从而造成可注射性降低。

图 2-4 为 PMMA/PAAS 物理共混型吸水膨胀骨水泥的面团时间对比。当骨水泥的固相与液相混合后，具有较好的流动性，用手套接触骨水泥表面时，会沾有部分骨水泥；随着时间的延长，骨水泥逐渐变硬，用手套接触骨水泥表面时，不会沾有骨水泥，但会出现拉丝状的纤维。拉丝状的纤维在骨水泥固化的过程中逐渐变短，直至最后用手套接触骨水泥表面，不会有拉丝状的纤维再出现即达到面团时间。图 2-4 中 PMMA 骨水泥的面团时间最短，而随着聚丙烯酸钠吸水树脂纤维在可注射吸水膨胀骨水泥中含量的增加，骨水泥的面团时间也逐渐延长。这是由于面团时期是骨水泥固化成形中的一个阶段，可注射吸水膨胀骨水泥固相中的吸水树脂纤维与液相 MMA 不发生反应，延缓固相中有效成分与液相的反应，因此面团时间有所增加。

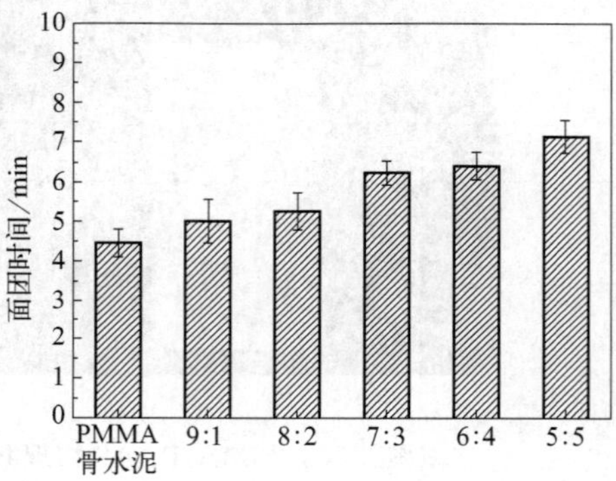

图 2-4　PMMA/PAAS 物理共混型吸水膨胀骨水泥的面团时间对比

图 2-5 为 PMMA/PAAS 物理共混型吸水膨胀骨水泥的温度随时间变化的曲线。PMMA 骨水泥的固化时间为 14min，其最高凝固温度可达到 83.9℃，随着吸水树脂纤维含量的增加，吸水膨胀骨水泥的凝固时间逐渐延长，但其最高凝固温度逐渐降低，其中 7∶3、6∶4 两组吸水膨胀骨水泥的最高凝固温度在 50℃左右，接近人体体温。PMMA 骨水泥在混合过程中，固相与液相在引发剂作用下发生聚合反应生成 PMMA，在此过程中聚合反应放出大量的热量；当骨水泥的固相中添加 PAAS 吸水树脂后，固相中 PMMA 的体积分数有所下降，因此随着吸水树脂含量在吸水膨胀骨水泥中增加，骨水泥发生聚合反应放出的热量会减少，聚合反应的速度会减慢，故凝固时间会相应地增加。

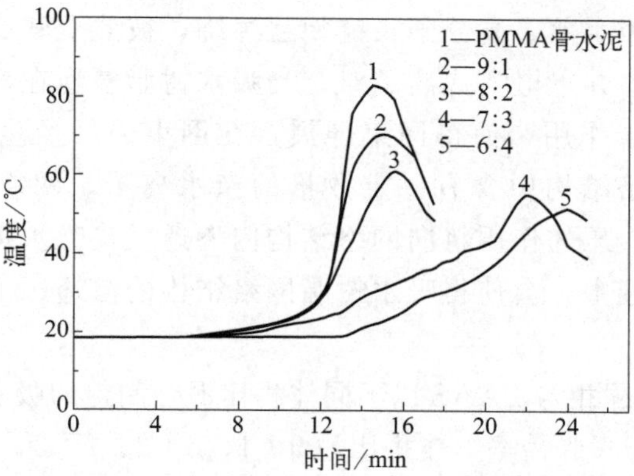

图 2-5　PMMA/PAAS 物理共混型吸水膨胀骨水泥的温度随时间变化的曲线

2.3　复合骨水泥的吸水和膨胀性能

模拟体液（simulated body fluid，SBF）是人工制备的一种模拟细胞外液的液体。细胞外液主要包括组织液、血液、淋巴液和脑脊液，模拟体液中主要含有 Na^+、K^+、Mg^{2+}、Ca^{2+}、Cl^-、HCO_3^-、HPO_4^{2-}、SO_4^{2-} 等不同离子，pH 值在 7.4 左右。图 2-6(a) 为将固相与 PAAS 以不同体积比混合制得的吸水膨胀骨水泥放入模拟体液中浸泡得到的吸水倍率，可以看出当 PMMA 骨水泥的固相与吸水树脂的体积比为 3∶7 时，吸水倍率达到最大值，而随着吸水树脂的进一步增多，两者的物理结合变得较弱，形成的吸水膨胀骨水泥极易发生溃散散落于模拟体液中。Flory 研究了高分子物质在水中的膨胀，并提出了下列公式：

$$Q^{5/3}=[(i/2V_uS^{1/2})^2+(1/2-X_1)/V_1]/(V_e/V_0) \tag{2-1}$$

式中　Q——平衡时的吸水倍率；

i——电荷量；

V_u——高聚物的单元体积；

i/V_u——固定在高聚物单位体积上的电荷浓度；

S——外部电解质溶液的离子强度；

V_1——溶剂的摩尔体积；

X_1——高聚物与溶剂的作用参数；

$(1/2-X_1)/V_1$——高聚物交联网络对水的亲和力；

V_e——网络结构的有效链节数；

V_0——溶胀后高分子的体积；

V_e/V_0——溶胀后高聚物单位体积上的有效链节数，即交联密度。

由上式可以看出，吸水树脂吸水能力的强弱与所吸收溶液的离子强度有密切的关系。树脂在吸水前，高分子长链相互缠绕，彼此交联成为网状结构。高分子网络是固态网络，并未电离成离子对，当吸水树脂浸泡在蒸馏水中时，亲水基团与水分子发生水合作用，使得网束伸展，在网束内外产生了一定的离子浓度差。若吸水树脂网络结构中含有一定数量的亲水离子，网络结构内外产生渗透压，水分子通过渗透压的作用将向网络结构内渗透。将吸水树脂浸泡在含有大量阴阳离子的模拟体液中，会使得吸水树脂网络结构的渗透压下降，因此吸水能力降低。

图 2-6(b) 为将固相与 PAAS 以不同体积比混合制得的吸水膨胀骨水泥放入模拟体液中浸泡得到的膨胀倍率，体积比为 9∶1、8∶2、7∶3、6∶4 和 5∶5 的吸水膨胀骨水泥的体积膨胀倍率逐渐增加，在 2h 左右达到最大值；当吸水树脂含量进一步增大时，膨胀倍率会出现降低的趋势。造成这一现象的原因是吸水树脂纤维与 PMMA 骨水泥为物理结合，当吸水树脂纤维含量较高时，两者的物理结合变得较弱，吸水膨胀骨水泥在吸水的过程中容易发生溃散现象。

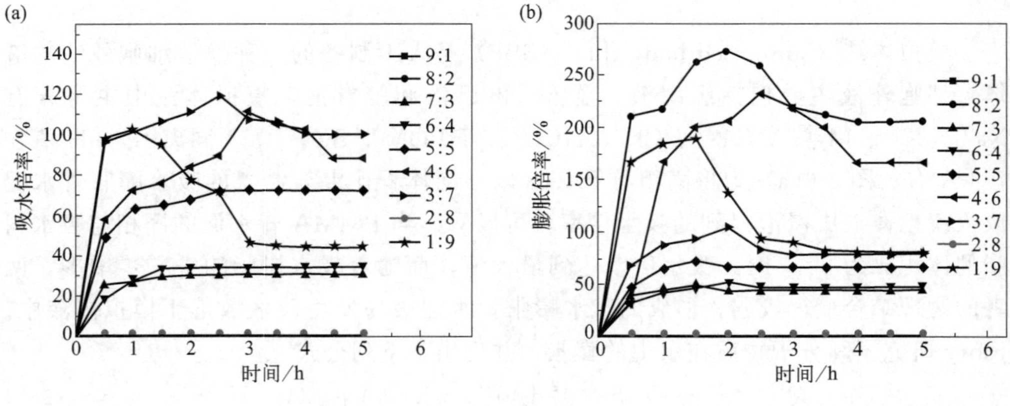

图 2-6 吸水膨胀骨水泥在模拟体液中的吸水倍率与膨胀倍率随时间的变化曲线

(a) 吸水倍率；(b) 膨胀倍率

2.4 复合骨水泥的力学性能

丙烯酸类骨水泥抗压强度根据现行医药行业标准《外科植入物 丙烯酸类树脂骨水泥》(YY 0459—2003) 以及 ISO 5833 计算。将骨水泥在未固化时挤入具有 5 个孔洞的模具中 (孔径 Φ6mm×12mm)，待骨水泥固化后用万能材料试验机进行抗压强度的测量。弹性模量是骨水泥力学性能的重要参数，用以反映弹性变形的难易程度。骨水泥弹性模量 E 的计算公式如下：

$$E=\frac{p}{\frac{\Delta L}{L}} \tag{2-2}$$

式中 p——抗压强度，MPa；

ΔL——形变量，cm；

L——骨水泥原长，cm。

图 2-7(a) 为 PMMA/PAAS 物理共混型吸水膨胀骨水泥在水中浸泡不同时间后的抗压强度。PMMA 骨水泥的抗压强度最大，且随着浸泡时间的增加，由于 PMMA 骨水泥并不吸水，因此抗压强度的减少并不明显。当吸水树脂纤维在吸水膨胀骨水泥中含量逐渐增加时，其抗压强度逐渐降低，并且随着浸泡时间的增加，吸水膨胀骨水泥的抗压强度也逐渐降低，在 2h 后吸水膨胀骨水泥吸附达到饱和，其抗压强度值基本不变。人体松质骨的抗压强度在 10MPa 左右，皮质骨的抗压强度在 60MPa 左右，吸水膨胀骨水泥的抗压强度较 PMMA 骨水泥的抗压强度降低较为明显，达到了人骨抗压强度的范围。

图 2-7(b) 为 PMMA/PAAS 物理共混型吸水膨胀骨水泥在水中浸泡不同时间后的弹性模量。PMMA 骨水泥的弹性模量较高，随着吸水树脂纤维在吸水膨胀骨水泥中含量的增加，其弹性模量逐渐降低，并且随着浸泡时间的增加，PMMA/PAAS 物理共混型吸水膨胀骨水泥的弹性模量略微减小。PMMA/PAAS 物理共混型吸水膨胀骨水泥的弹性模量较 PMMA 骨水泥的弹性模量有所降低，因此能够有效避免 PMMA 骨水泥弹性模量过高对人体正常骨组织造成的二次磨损。

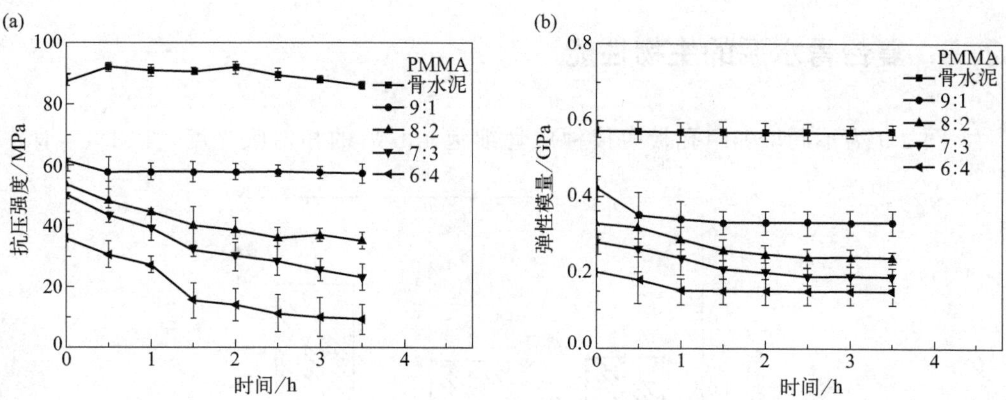

图 2-7 PMMA/PAAS 物理共混型吸水膨胀骨水泥在水中浸泡不同时间后的抗压强度和弹性模量

(a) 抗压强度；(b) 弹性模量

图 2-8(a) 和图 2-8(b) 分别为不同固相与 PAAS 体积比的吸水膨胀骨水泥在模拟体液（SBF）中浸泡 4h 与不浸泡时抗压强度和弹性模量对比。PMMA 骨水泥

自身的吸水量极小，属于惰性材料，在模拟体液中浸泡前后的抗压强度以及弹性模量变化并不大。对于吸水膨胀骨水泥，当吸水树脂纤维的含量逐渐增加时，其在模拟体液中浸泡前后抗压强度以及弹性模量的变化越发明显。这是由于吸水树脂纤维的强度较低，共混体系中强度较低的吸水树脂纤维含量较多时，整体的强度也会降低。

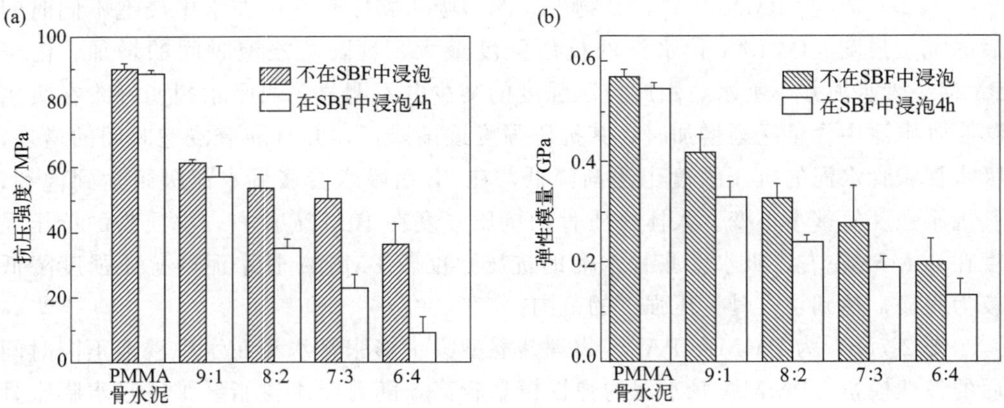

图 2-8　不同固相与 PAAS 体积比的吸水膨胀骨水泥在模拟体液（SBF）中浸泡 4h 与不浸泡时抗压强度和弹性模量对比

（a）抗压强度（b）弹性模量

2.5　复合骨水泥的生物性能

图 2-9 为不同培养组孔板内接种成骨细胞 48h 后的相对吸光度。PMMA 骨水

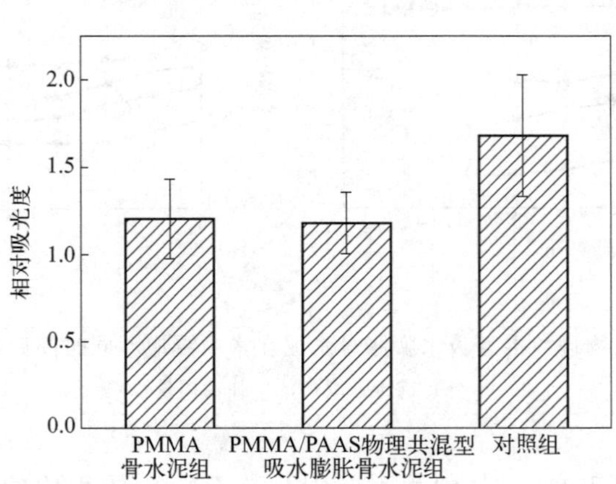

图 2-9　不同培养组孔板内接种成骨细胞 48h 后的相对吸光度（MTT 法检测）

泥组和 PMMA/PAAS 物理共混型吸水膨胀骨水泥组在相对吸光度方面并无明显差异，说明 PMMA/PAAS 物理共混型吸水膨胀骨水泥及 PMMA 骨水泥的浸提培养液对成骨细胞的培养并不具有生物毒性作用。两个培养组内成骨细胞均能较好地贴壁生长，并且能够分裂增殖，在培养过程中未出现细胞脱落死亡的现象。虽然 PMMA/PAAS 物理共混型吸水膨胀骨水泥中含有聚丙烯酸钠吸水树脂纤维，但是该材料在制备过程中以及培养细胞前都进行了灭菌处理且聚丙烯酸钠基本属于没有生物毒性的材料，已经被证明具有较好的生物相容性并作为医用材料在临床上获得了广泛应用。

PMMA 骨水泥组和 PMMA/PAAS 物理共混型吸水膨胀骨水泥组的相对吸光度低于对照组，说明这两组成骨细胞的活性并没有对照组的活性强。造成这一现象的原因是骨水泥的液相中存在甲基丙烯酸甲酯单体，在 PMMA/PAAS 物理共混型吸水膨胀骨水泥及 PMMA 骨水泥制备过程中表面会残留部分的甲基丙烯酸甲酯单体，存在一定的细胞毒性，因此两者的相对吸光度低于对照组。

2.6 本章小结

本章用聚丙烯酸钠吸水树脂纤维与 PMMA 骨水泥共混得到 PMMA/PAAS 物理共混型吸水膨胀骨水泥。交联剂与引发剂的用量对聚丙烯酸钠吸水树脂纤维的吸水倍率具有较大的影响。本章制得的吸水树脂纤维虽然吸水倍率不高，但是吸水后具有较高的强度，因此吸水膨胀骨水泥吸水后吸水树脂纤维与 PMMA 骨水泥结合得较好，不易出现溃散现象。测定了不同 PMMA 骨水泥的固相与聚丙烯酸钠吸水树脂纤维体积比的 PMMA/PAAS 物理共混型吸水膨胀骨水泥在水中及模拟体液中的吸水倍率和膨胀倍率，其中 7∶3 这一组的吸水倍率和膨胀倍率最高分别为 29.6%和 46.1%，该组复合骨水泥的抗压强度及弹性模量分别为 50MPa 和 0.31GPa，降低 PMMA 骨水泥弹性模量的同时使得复合骨水泥的抗压强度接近人骨皮质骨的范围。该成分骨水泥具有较好的可注射性，PMMA/PAAS 物理共混型吸水膨胀骨水泥聚合时最高温度可低至 50℃左右，较 PMMA 骨水泥明显降低，不会对人体正常部位产生灼烧；同时，PMMA/PAAS 物理共混型吸水膨胀骨水泥的生物毒性与 PMMA 骨水泥基本一致，具有较好的生物相容性。

第3章 化学接枝P(MMA-AA)复合骨水泥

PMMA骨水泥存在体积收缩。以前的研究表明，在PMMA骨水泥中加入亲水性物质可以使其具有微弱的吸水能力，但是疏水性的PMMA阻碍了水向骨水泥内部的传递，仅在表层形成膨胀区域，不能有效解决PMMA骨水泥的体积收缩问题。因此，如何提高PMMA骨水泥的亲水性并形成水传递通路，使其吸水后能够发生整体膨胀，是目前亟待解决的关键问题。本章提出将丙烯酸（AA）和甲基丙烯酸甲酯（MMA）通过化学接枝形成P(MMA-AA）聚合物，通过优化AA/MMA比例和交联剂含量，使其具有大量亲水基团并形成内外连通的吸水通路和三维膨胀网络。此外，进一步以富含羟基的氧化石墨烯（GO）为模板构建了P(MMA-AA)-GO纳米微单元，GO在吸水通路间桥接形成“高速通道”以提高吸水速率。与商用PMMA骨水泥混合后分别得到P(MMA-AA）骨水泥及P(MMA-AA)-GO骨水泥，并研究了骨水泥组分及添加物对其吸水性能、膨胀性能、力学性能和生物性能的影响。

3.1 AA含量对复合骨水泥成分与性能的影响

3.1.1 AA含量对P(MMA-AA)聚合物结构的影响

通过溶液聚合法制备P(MMA-AA）聚合物时，丙烯酸与甲基丙烯酸甲酯是否成功聚合是获得吸水膨胀能力的前提。因此，首先通过傅里叶变换红外吸收光谱仪(FTIR）对P(MMA-AA）聚合物的结构进行表征，结果如图3-1(a）所示。其中$3600\sim3200cm^{-1}$处是AA中羟基的特征吸收峰，$1640cm^{-1}$、$1617cm^{-1}$、$1560cm^{-1}$和$1417cm^{-1}$处为丙烯酸和甲基丙烯酸甲酯中—COO的特征吸收峰，$1727cm^{-1}$处是丙烯酸和甲基丙烯酸甲酯中—C═O的特征吸收峰，$1145cm^{-1}$和$1013cm^{-1}$处分别对应甲基丙烯酸甲酯中C—O—C和C—O的特征吸收峰；而在$1680\sim1620cm^{-1}$处没有观察到C═C的特征吸收峰，表明甲基丙烯酸甲酯和丙烯酸在引发剂的作用下成功发生了聚合反应。同时，随着丙烯酸含量的增加，聚合物中羟基及甲酯羰基的特征吸收峰强度逐渐增大，这表明甲基丙烯酸甲酯和丙烯酸在引发剂的作用下成功发生了聚合反应。

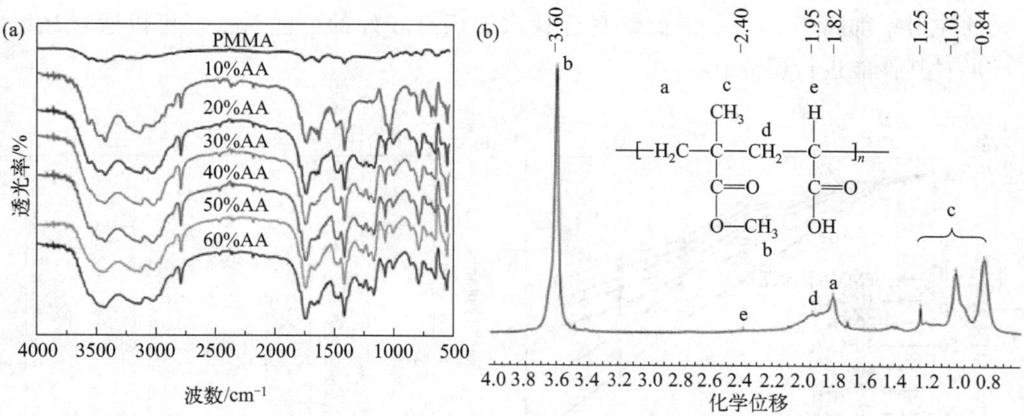

图 3-1 P(MMA-AA) 聚合物结构表征

(a) 红外图谱；(b) 核磁共振氢谱

为了进一步确定聚合物的结构，采用核磁共振氢谱（^{1}H-NMR）对丙烯酸含量为50％的P(MMA-AA) 进行了表征，结果如图 3-1(b) 所示。图中 3.60 化学位移处出现的峰对应的是甲基丙烯酸甲酯中甲氧基中的氢原子，在 0.84、1.03 和 1.25 化学位移处出现吸收峰表明聚合物中 PMMA 的—CH_3 存在着向规、异规和等规三种排布情况，2.40 处出现的微弱峰对应的是丙烯酸—CH 中的 H，而 1.95 和 1.82 处出现的峰对应的是甲基丙烯酸甲酯和丙烯酸—CH_2 中的 H，因此 P(MMA-AA) 聚合物的结构式见图 3-1(b)。

3.1.2 AA 含量对复合骨水泥理化参数的影响

骨水泥作为一种可注射的填充材料，其可注射性、面团时间、凝固时间和凝固温度需满足临床的实际使用要求。通过可注射率来评价可注射性，结果如图 3-2(a) 所示。丙烯酸含量的增加使得 P(MMA-AA) 骨水泥的可注射性降低，同一成分骨水泥的可注射性随着时间的延长也逐渐降低。这是由于在注射初期，骨水泥混合后呈现匀浆化，整体具有较好的流动性。随着时间的延长，骨水泥黏度的增加降低了其流动性，因此可注射率降低。此外，P(MMA-AA) 聚合物中丙烯酸含量的增加也会进一步导致固液反应有效成分含量降低，因此增大了注射的阻力，导致可注射性变差。

图 3-2(b) 为不同丙烯酸含量 P(MMA-AA) 骨水泥的面团时间，可以看出骨水泥的面团时间随着丙烯酸含量的增加由 (8.5±0.25)min 逐渐延长到 (12.5±0.25)min，高于 PMMA 骨水泥的面团时间。面团时间的延长是由于 PMMA 骨水泥固相中添加的 P(MMA-AA) 聚合物无法与液相发生链增长的聚合反应，因此导致固液反应的有效成分含量降低，聚合反应速度变慢，但能够为临床医生提供更为

充分的操作时间。另外，不同丙烯酸含量的 P(MMA-AA) 骨水泥在达到面团时间时的注射率都高于 75%。因此，复合骨水泥仍有较好的可注射性，可以通过注射成形对其性能进行研究。

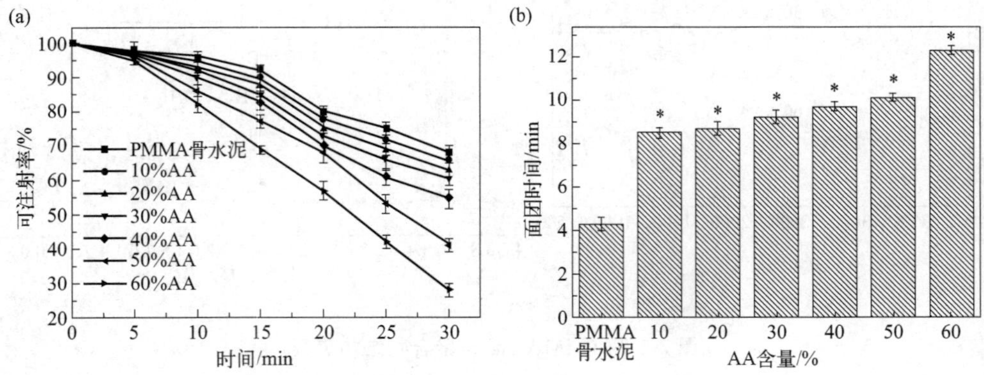

图 3-2　不同 AA 含量 P(MMA-AA) 骨水泥的可注射性和面团时间

(a) 可注射率；(b) 面团时间

图 3-3 为不同丙烯酸含量 P(MMA-AA) 骨水泥的凝固温度随时间变化的曲线，结果表明随着丙烯酸含量的增加，P(MMA-AA) 骨水泥的最高凝固温度由 (93.7±2.8)℃ 降低到 (68.9±1.8)℃，低于 PMMA 骨水泥的最高凝固温度 (105.4±3.2)℃，能够有效避免过高的反应热对人体正常组织的灼伤。同时，根据凝固温度与时间的曲线计算出不同丙烯酸含量的 P(MMA-AA) 骨水泥凝固时间介于 (13.5±0.5)min 至 (23.1±0.25)min 之间，见表 3-1，较 PMMA 骨水泥的凝固时间 [(13.1±0.5)min] 有所延长。

P(MMA-AA) 聚合物无法溶于甲基丙烯酸甲酯单体中，因此其在骨水泥内的存在降低了固液反应的有效成分含量，减慢骨水泥凝固速度的同时减少了反应热的生成。此外，在聚合过程中丙烯酸含量的提高导致生成的聚合物中存在着更多含有聚丙烯酸的链段，而聚丙烯酸的导热性高于 PMMA，因此在降低反应热的同时促进了热量的向外传递。所以，丙烯酸在反应体系中含量的提高降低了骨水泥的最高反应温度，同时也在一定程度上延长了凝固时间。根据 ISO 5833 中最高凝固温度 [<(90±5)℃] 及凝固时间 (5～15min) 的要求，丙烯酸含量为 20% 的 P(MMA-AA) 骨水泥满足上述标准，而丙烯酸含量高于 20% 的复合骨水泥虽然最高凝固温度满足 ISO 5833 中规定的数值，但凝固时间却有所延长。这一现象不仅能够为临床医生提供更为充足的操作时间，而且对于 P(MMA-AA) 骨水泥吸水膨胀行为的提升也存在着一定的积极作用。

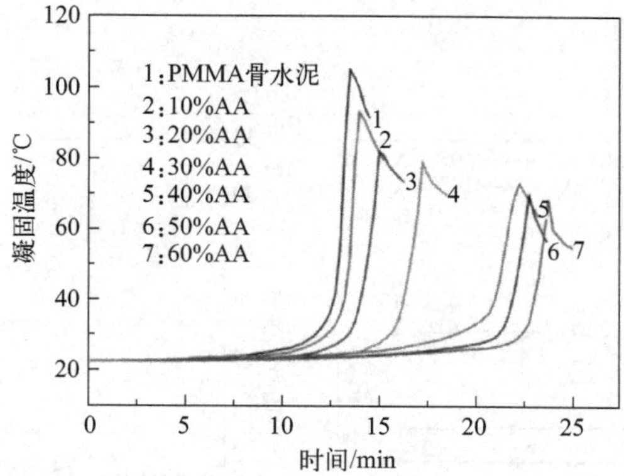

图 3-3　不同 AA 含量 P(MMA-AA) 骨水泥的凝固温度随时间变化的曲线

表 3-1　不同 AA 含量 P(MMA-AA) 骨水泥的凝固时间及最高凝固温度

项目	PMMA 骨水泥	10%AA	20%AA	30%AA	40%AA	50%AA	60%AA
凝固时间/min	13.1±0.5	13.5±0.5	14.5±0.75	16.5±0.75	18.3±0.25	21.2±0.5	23.1±0.25
最高凝固温度/℃	105.4±3.2	93.7±2.8	82.6±2.6	79.8±2.3	75.8±2.5	73.7±2.1	68.9±1.8

3.1.3 AA 含量对复合骨水泥吸水膨胀性能的影响

P(MMA-AA) 骨水泥中丙烯酸的含量对于吸水通路的形成以及骨水泥吸水膨胀性能具有重要的影响，因此首先测定了 P(MMA-AA) 骨水泥在模拟体液(SBF) 中的吸水性能，结果如图 3-4 所示。其中图 3-4(a) 为动态吸水倍率随时间的变化曲线，发现丙烯酸含量小于 50%时，骨水泥的吸水倍率在初始阶段快速增加后缓慢增加，最后达到平衡状态；而当丙烯酸含量为 60%时，骨水泥的动态吸水倍率先增加后降低。另外，丙烯酸含量的增加使得曲线出现拐点的时间也有所延长，表明吸水行为到达平衡状态的时间也逐渐增加。其中，丙烯酸含量低于 30%的复合骨水泥在 20min 时完成吸水过程，而丙烯酸含量为 40%、50%和 60%的复合骨水泥到达平衡吸水状态的时间分别为 40min、50min 及 70min。对骨水泥达到平衡状态后的吸水倍率进行计算，结果如图 3-4(b) 所示，P(MMA-AA) 骨水泥在 SBF 中的平衡吸水倍率随着丙烯酸含量的增加逐渐增大，其数值介于 (4.8%±0.2%)～(32.6%±1.8%) 之间。这是因为丙烯酸为含有亲水基团的活性单体，反应过程中丙烯酸含量的提高使得生成的聚合物内亲水基团的数目增加，这与 P(MMA-AA) 聚合物的红外图谱中羟基峰强度变化结果一致，因此复合骨水泥中亲水基团数目的增多使得基体吸水能力增强。另外，凝固时间的延长有利于骨水泥充分吸水；骨水泥凝固前具有流动性，有利于水分子向骨水泥内部的传递。随着丙烯酸含量进一步提高至60%，水分子的大量进入影响了骨水泥的凝固过程，导致其无法良好成形从而溃散。

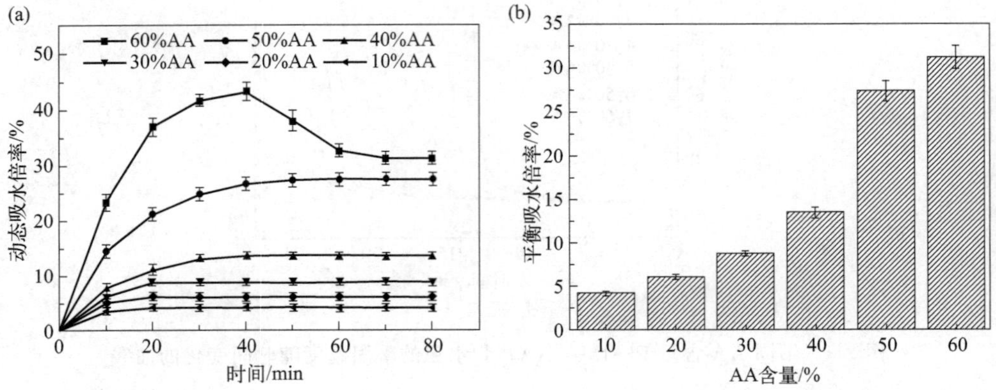

图 3-4 不同 AA 含量 P(MMA-AA) 骨水泥在 SBF 中的吸水性能

(a) 动态吸水倍率；(b) 平衡吸水倍率

通过对比各组的凝固时间及到达平衡吸水状态的时间可以发现，P(MMA-AA) 骨水泥在凝固过程结束后仍具有一定的吸水能力，这可能与 P(MMA-AA) 聚合物在骨水泥内部的分布情况有关，因此采用 Micro-CT（微型计算机断层扫描）对其内部结构进行观察，AA 含量为 50%时 P(MMA-AA) 骨水泥结果如图 3-5 所示。图 3-5 中的灰色和黑色的部位分别代表了 PMMA 骨水泥及 P(MMA-AA) 聚合物，由图可以看出 P(MMA-AA) 聚合物均匀地分布在骨水泥中，形成了贯穿于骨水泥整体的吸水通路。其中，存在着大量的亲水基团—OH，能够在提高骨水泥亲水性的同时，使水分子向内部进行传递，水分子的持续进入也会使得聚合物内部的分子链段伸展，发生体积膨胀。在此过程中 P(MMA-AA) 聚合物体积的增大使其相互接触的概率增加，进一步提高了三维吸水通路的连通性，从而增强了 P(MMA-AA) 骨水泥的吸水能力。

选用 Peppas 模型对水分子在骨水泥中的扩散机制进行了研究：

$$\lg\left(\frac{M_t}{M_\infty}\right)=\lg k+n\lg t \tag{3-1}$$

式中 M_t——骨水泥在 t 时刻的吸水倍率，%；

M_∞——骨水泥达到平衡状态时的吸水倍率，%；

k——水分子在骨水泥中的扩散速率系数；

n——水分子在骨水泥中的扩散系数。

对不同组分骨水泥吸水过程中的 $\lg(M_t/M_\infty)$ 和 $\lg t$ 拟合后发现两者具有良好的线性关系（$R^2>0.99$），如图 3-6 所示。此外，水分子在不同组分骨水泥中的扩

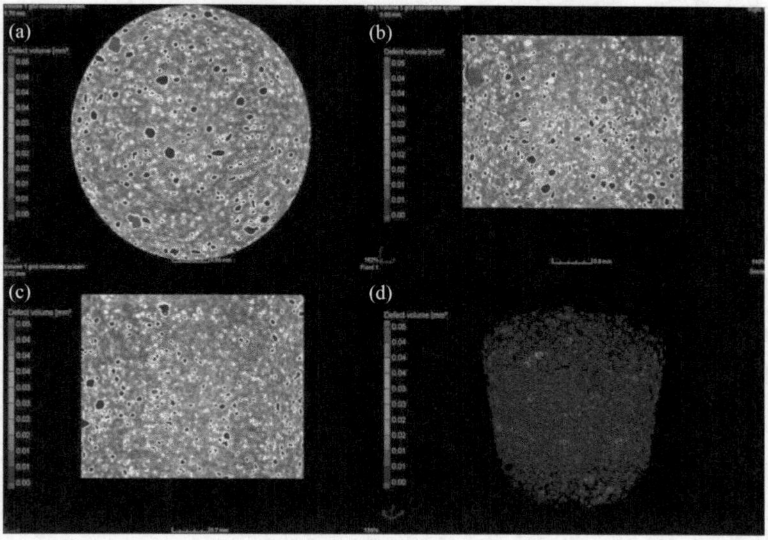

图 3-5　AA 含量为 50%时 P(MMA-AA) 骨水泥的 Micro-CT 结果

(a) 横截面；(b)、(c) 纵截面；(d) 三维立体图像

散系数（n）及扩散速率系数（k）见表 3-2。水分子在聚合物内存在着两种扩散机制：菲克扩散（$n<0.43$）及非菲克扩散（$n>0.43$）。结果表明，水分子在 P(MMA-AA) 骨水泥中的扩散系数均大于 0.43，因此为非菲克扩散。该种情况下水分子的扩散速率与聚合物内分子链的松弛速率接近，扩散行为受两者共同调控。而扩散速率系数 k 几乎随着体系内丙烯酸含量的增加而逐渐增加，这是因为骨水泥内羟基数目逐渐增多，从而增强了对水分子的吸收能力，因此加快了扩散。

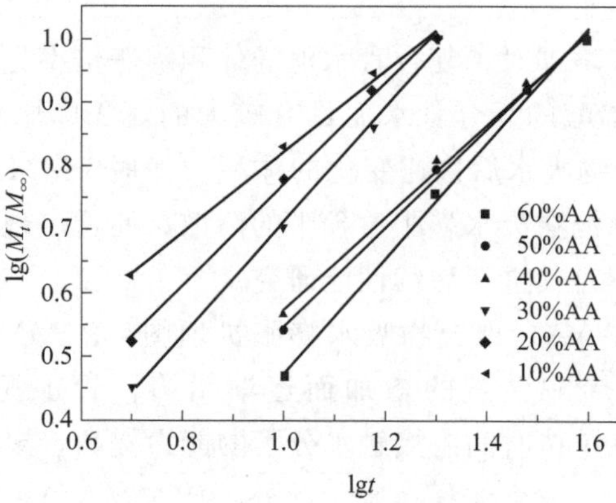

图 3-6　水分子在不同 AA 含量 P(MMA-AA) 骨水泥中的扩散模型拟合曲线

表 3-2　水分子在不同丙烯酸含量的 P(MMA-AA) 骨水泥中的扩散行为参数及线性相关系数

项目	10%AA	20%AA	30%AA	40%AA	50%AA	60%AA
线性相关系数	0.993	0.996	0.995	0.993	0.994	0.993
扩散系数	0.628	0.797	0.899	0.728	0.772	0.898
扩散速率系数	0.656	0.801	0.857	0.830	0.973	1.216

P(MMA-AA) 骨水泥中吸水通路的存在不仅提高了其吸水性能，也为骨水泥的整体体积膨胀奠定了基础。图 3-7 为不同丙烯酸含量 P(MMA-AA) 骨水泥在 SBF 中体积膨胀倍率随时间的变化曲线。由图可以看出骨水泥的体积膨胀倍率存在以下变化趋势：当丙烯酸含量分别为 40%和 50%时，P(MMA-AA) 骨水泥的体积在凝固前迅速增加，随着浸泡时间的延长达到了平衡膨胀状态。其中，丙烯酸含量为 50%的 P(MMA-AA) 骨水泥最大膨胀倍率可达 26.3%。

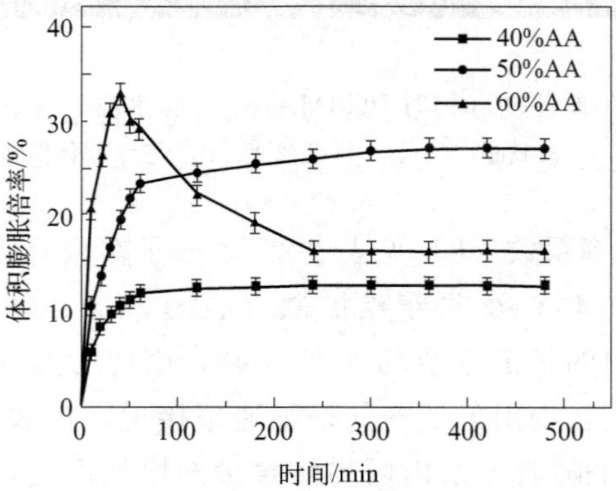

图 3-7　不同 AA 含量 P(MMA-AA) 骨水泥在 SBF 中体积膨胀倍率随时间的变化曲线

当 AA 含量进一步增加时，复合骨水泥的体积膨胀倍率先上升后下降到平衡状态，虽然含有 60%丙烯酸的复合骨水泥具有较大的体积膨胀倍率，但是由于体系中 P(MMA-AA) 聚合物吸水后快速变化的体积会挣脱 PMMA 骨水泥的包裹和束缚，因此造成复合骨水泥在吸水膨胀过程中的溃散；而这一现象会导致血管堵塞等一系列副作用，因此不对其进行后续性能研究。

图 3-8 为 P(MMA-AA) 聚合物吸水膨胀机理图。P(MMA-AA) 骨水泥内的亲水基团数目随着丙烯酸含量的增加而逐渐增多，骨水泥中吸水膨胀组分 P(MMA-AA) 聚合物在单位时间内接触水分子的能力提高，聚合物内的分子链结构在单位时间内快速伸展，发生体积膨胀。此外，P(MMA-AA) 聚合物吸水后的体积膨胀增加了其自身在骨水泥内部的相互接触，从而提高了吸水通路的连通性，外部的水分子能够持续通过吸水通路传递到骨水泥内部，从而实现整体的体积膨胀。

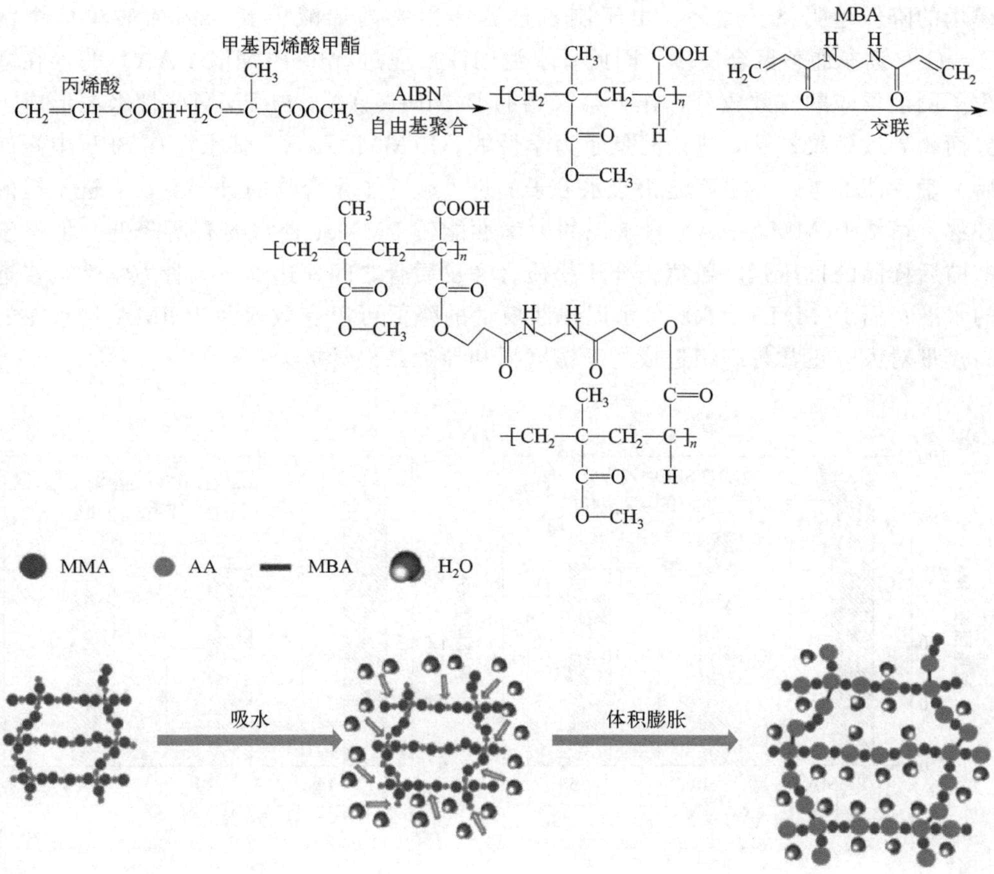

图 3-8　P(MMA-AA) 聚合物吸水膨胀机理图

3.1.4　AA 含量对复合骨水泥力学性能的影响

良好的力学性能是骨水泥应用于临床的重要前提，因此对丙烯酸含量为 40% 和 50% 的 P(MMA-AA) 骨水泥的静态压缩力学性能进行了表征，如图 3-9 所示。其中图 3-9(a) 为骨水泥的抗压强度变化，丙烯酸含量为 40% 的 P(MMA-AA) 骨水泥在 SBF 中浸泡前的抗压强度约为 70MPa，符合 ISO 5833 对手术种植体的抗压强度要求。图 3-9(b) 中 P(MMA-AA) 骨水泥的弹性模量与抗压强度变化趋势一致，随着丙烯酸含量的增加复合骨水泥的弹性模量均逐渐降低，其中浸泡前后的丙烯酸含量为 40% 和 50% 的 P(MMA-AA) 骨水泥弹性模量分别为 (1.68±0.21)GPa、(0.97±0.18)GPa 和 (1.62±0.19)GPa、(0.82±0.16)GPa，都低于 PMMA 骨水泥浸泡前后的弹性模量 [(2.21±0.27)GPa、(2.17±0.25)GPa]。

聚合过程中丙烯酸的引入导致刚性分子链 PMMA 被聚丙烯酸部分取代，从而导致聚合物自身强度减弱，P(MMA-AA) 中丙烯酸含量越高，其抗压强度和弹性模量的降低越明显。此外，由于制备过程中甲基丙烯酸甲酯与丙烯酸单体中的C═C双键参加了聚合反应，因此骨水泥固液反应过程中P(MMA-AA)的存在减少了固液反应的有效成分，作为第二相的P(MMA-AA)与PMMA骨水泥形成了界面，导致裂纹扩展，进而降低了力学性能。P(MMA-AA)骨水泥在SBF中浸泡后力学性能的进一步下降是由于水分子的进入破坏了聚合物的分子键，促进了链的迁移。虽然P(MMA-AA)骨水泥的力学性能较PMMA骨水泥有所降低，但是浸泡前后样品的抗压强度数值仍介于松质骨和皮质骨之间，达到与人骨力学性能接近的水准；而P(MMA-AA)骨水泥弹性模量的降低可以有效避免PMMA骨水泥的高模量对人体正常骨组织造成的摩擦磨损和导致二次骨折。

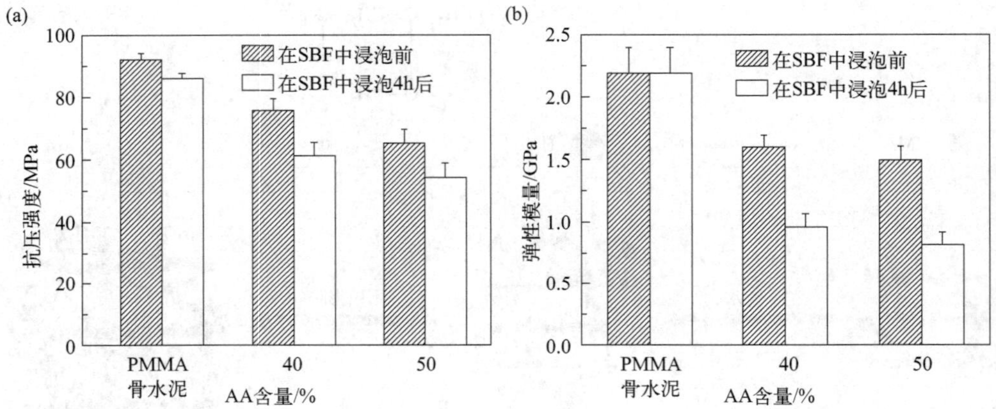

图3-9 不同AA含量P(MMA-AA)骨水泥在SBF中浸泡前后的力学性能变化

(a) 抗压强度；(b) 弹性模量

通过蠕变性能的测试对骨水泥的疲劳性能进行评估。图3-10为不同丙烯酸(AA)含量P(MMA-AA)骨水泥的蠕变性能变化，由图3-10(a)可以看出，在相同载荷水平下，所有骨水泥样品的蠕变柔量均随蠕变时间的延长而增加。丙烯酸含量对P(MMA-AA)骨水泥的蠕变性能也有一定影响，随着丙烯酸含量的增加，P(MMA-AA)骨水泥的蠕变柔量有所提高。这是由于复合骨水泥中存在的大量羟基吸引水分子之后增加了基体的塑化效果，水分子的存在破坏了骨水泥内的分子间作用力从而提高了分子链的迁移，降低骨水泥力学性能的同时增强了其蠕变性能。

在恒定应力为20MPa时骨水泥的蠕变速率随时间的变化曲线如图3-10(b)所示。随着蠕变时间的增加，不同组分P(MMA-AA)骨水泥蠕变速率逐渐降低。这是因为聚合物分子链的流动性受蠕变时间的延长和自由体积减少的影响弛豫时间会更长，从而减弱了分子链段的流动性，因此造成了蠕变速率的降低。同时，还发现P(MMA-AA)骨水泥的蠕变速率高于PMMA骨水泥，这是由于丙烯酸含量的增加使得P(MMA-AA)骨水泥对水的吸收增强，强化了水分子对骨水泥的增塑作用；而 PMMA 骨水泥自身具有疏水性，因此水分子无法进入基体内使分子链产生流动性。P(MMA-AA) 骨水泥蠕变柔量的增加和蠕变速率的降低均表明其抗蠕变能力的降低，这一现象能够一定程度缓解骨水泥植入后存在的应力，在界面处形成更有利的应力分布。

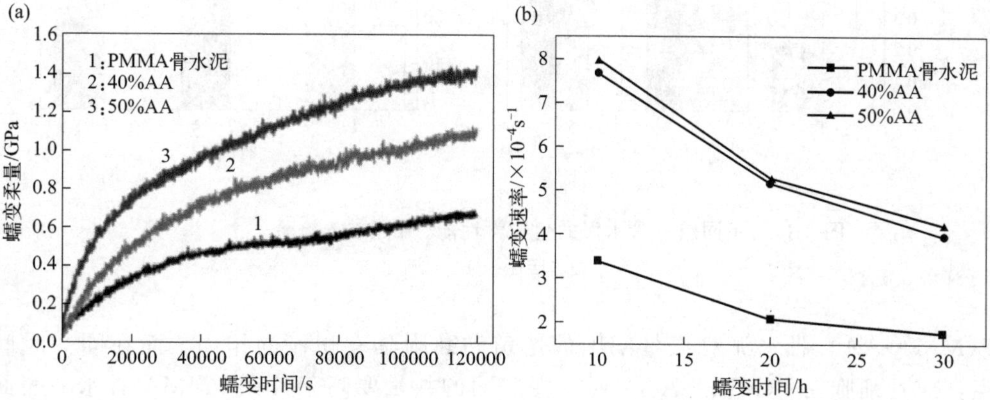

图 3-10 不同 AA 含量 P(MMA-AA) 骨水泥的蠕变性能变化

(a) 蠕变柔量；(b) 蠕变速率

3.1.5 AA 含量对复合骨水泥生物性能的影响

细胞活性和细胞相容性是评价植入材料生物性能的重要指标，因此首先将 SD 大鼠成骨细胞置于骨水泥的浸提液培养基中培养，采用 MTT 法检测其细胞活性，如图 3-11 所示。由图可以看出，随着培养天数的增加，各组浸提液的吸光度（OD）值均逐渐提高，相同培养天数下两组骨水泥的 OD 值均低于对照组，但 P(MMA-AA) 骨水泥的 OD 值高于 PMMA 骨水泥，且各组间具有统计学差异。这是因为 P(MMA-AA) 骨水泥中引入的丙烯酸无细胞毒性，同时其凝固时间的延长有利于固液相的充分反应，从而降低了 PMMA 骨水泥中游离甲基丙烯酸甲酯的细胞毒性。

将成骨细胞接种在不同组分骨水泥表面进行共培养以表征不同时间点的细胞活性，结果如图 3-11（b）所示。由图可以看出，随着培养天数的增加，两组骨水泥的细胞活性均提高，其中成骨细胞经过 5d 培养后 P(MMA-AA) 骨水泥表面的细胞活性最高，为 46.33%±3.86%。由于 PMMA 骨水泥原本为疏水性材料，引入丙烯酸后提高了骨水泥的亲水性，为细胞提供了更好的增殖环境，使得细胞在 P(MMA-AA) 骨水泥表面展示出了更强的增殖能力。

成骨细胞在骨水泥表面的增殖黏附情况如图 3-12 所示，培养 1d 后成骨细胞均黏附在骨水泥表面。随着培养时间的延长成骨细胞数量逐渐增加，5d 后骨水泥表面的成骨细胞显著生长，呈细长梭形，细胞相互连接。结果表明 PMMA 骨水泥和

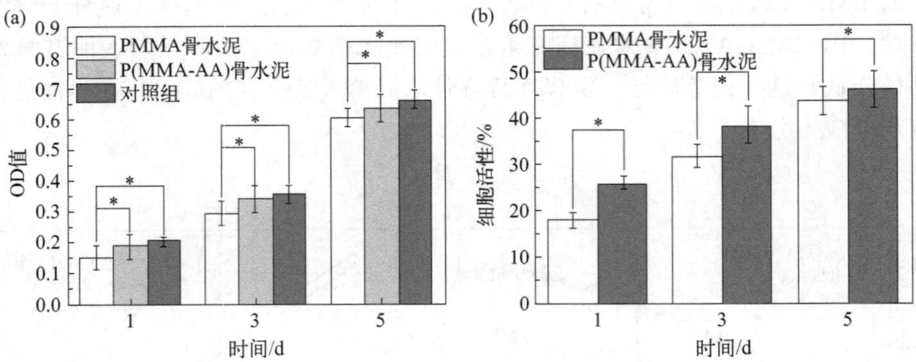

图 3-11　不同组分骨水泥的生物学性能（$n=5$，t 检验；$^{*}p<0.05$）

（a）细胞活性；（b）细胞增殖

P(MMA-AA) 骨水泥对成骨细胞的增殖和黏附具有积极的作用。而在同一时间点，成骨细胞在 P(MMA-AA) 骨水泥表面的数量要高于其在 PMMA 骨水泥表面的数量，说明复合骨水泥中 P(MMA-AA) 的引入进一步促进了成骨细胞的增殖和黏附，提高了生物相容性，使其具有良好的临床应用前景。

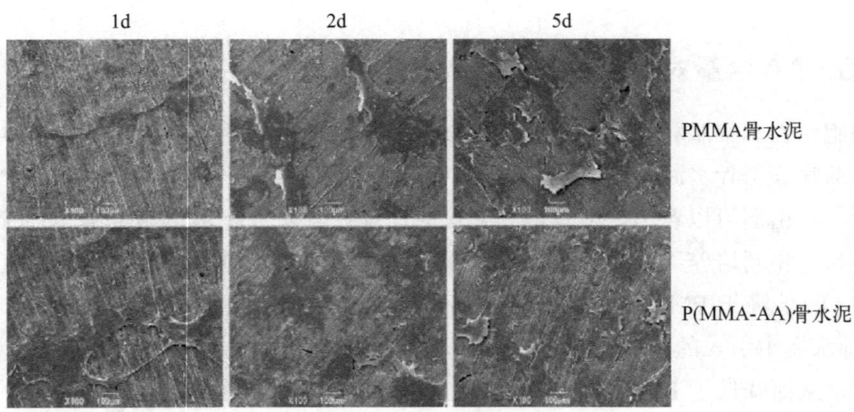

图 3-12　SD 大鼠成骨细胞在骨水泥表面培养 5d 后的细胞增殖黏附情况

3.2　MBA 含量对复合骨水泥成分与性能的影响

3.2.1　MBA 含量对 P（MMA-AA）聚合物结构的影响

交联剂 N,N-亚甲基双丙烯酰胺（MBA）能够将线性 P(MMA-AA) 转变为网状结构，从而影响 P(MMA-AA) 聚合物的吸水膨胀性能，因此将 AA 含量固定为

50%，首先对 MBA 交联后的 P(MMA-AA) 聚合物结构进行表征。图 3-13(a) 为 PMMA 及不同 MBA 含量 P(MMA-AA) 聚合物的红外图谱。由图可以看出，3200～2800cm^{-1} 处出现的宽峰为聚合物中—OH 的伸缩振动峰，在 1400cm^{-1} 处观察到典型的 C—H 伸缩振动峰，1728cm^{-1} 处为甲基丙烯酸甲酯中酯基和丙烯酸中羰基特征吸收峰，1150cm^{-1} 处出现了 C—O—C 的特征吸收峰，772cm^{-1} 处为—CH_2 的特征吸收峰。1640cm^{-1} 处是 MBA 中酰氨基的特征吸收峰，该峰的存在表明 MBA 参与了聚合反应。在 1625cm^{-1} 和 1635cm^{-1} 处没有出现明显的 C═C 特征吸收峰，表明甲基丙烯酸甲酯单体、丙烯酸及交联剂 MBA 中的碳碳双键在聚合反应过程中完全打开使得聚合反应充分进行。红外结果表明 MBA 含量影响了 P(MMA-AA) 聚合物中羟基的含量，随着 MBA 含量从 1%增加到 10%，羟基吸收峰的强度逐渐降低，表明羟基数量减少；与此同时，MBA 中酰氨基的峰强逐渐提高，这是因为甲基丙烯酸甲酯单体与丙烯酸中的 C═C 双键在引发剂的作用下发生了聚合反应，生成的线性 P(MMA-AA) 聚合物中含有大量的羟基，而羟基中的氢原子属于活泼氢，在交联剂存在下能够与 MBA 进行酯化反应，从而使线性 P(MMA-AA) 高分子向网状高分子结构转化[图 3-13(b) 与图 3-13(c)]。因此，交联剂 MBA 的含量对于调控聚合物中羟基的数目以及网状结构的形态具有重要影响。

3.2.2 MBA 含量对复合骨水泥养护参数的影响

交联剂对 P(MMA-AA) 骨水泥的聚合过程有显著影响，因此对复合骨水泥的面团时间、凝固时间和最高凝固温度等理化性能进行表征，结果见表 3-3，EBC1～EBC10 分别表示 MBA 含量为 1%、2%、3%、4%、5%、6%、7%、8%、9%、10%的 P(MMA-AA) 骨水泥。由表可以看出，骨水泥的面团时间和凝固时间均随着 MBA 含量的提高而延长，其中面团时间随着 MBA 含量的提高由 4.5min 延长至 8.2min，凝固时间由 13.4min 延长至 25.5min，均高于 PMMA 骨水泥的面团时间（4.3min）及凝固时间（12.8min）。复合骨水泥固相中加入的 P(MMA-AA) 聚合物并不能与液相中的 MMA 进行聚合反应，因此降低了固相中参与固液反应的有效成分含量，反应速度变慢导致了面团期的延长以及后续凝固时间的延长。该行为能够为临床医生提供更为灵活的手术操作时间，同时也能增加 SBF 与骨水泥在凝固前的有效接触时间，从而为复合骨水泥吸水膨胀性能的提升提供了可能性。

表 3-3　不同 MBA 含量 P(MMA-AA) 骨水泥的面团时间、凝固时间及最高凝固温度

项目	PMMA 骨水泥	EBC1	EBC2	EBC3	EBC4	EBC5	EBC6	EBC7	EBC8	EBC9	EBC10
面团时间/min	4.3	4.5	5.2	5.4	5.5	5.8	6.2	6.3	7.2	7.6	8.2
凝固时间/min	12.8	13.4	15.5	17.2	19	21.2	22.2	23.4	24.7	25	25.5
最高凝固温度/℃	104.6	103.5	99.2	96.5	84.3	73.7	69.6	61.9	57.6	52.1	48.3

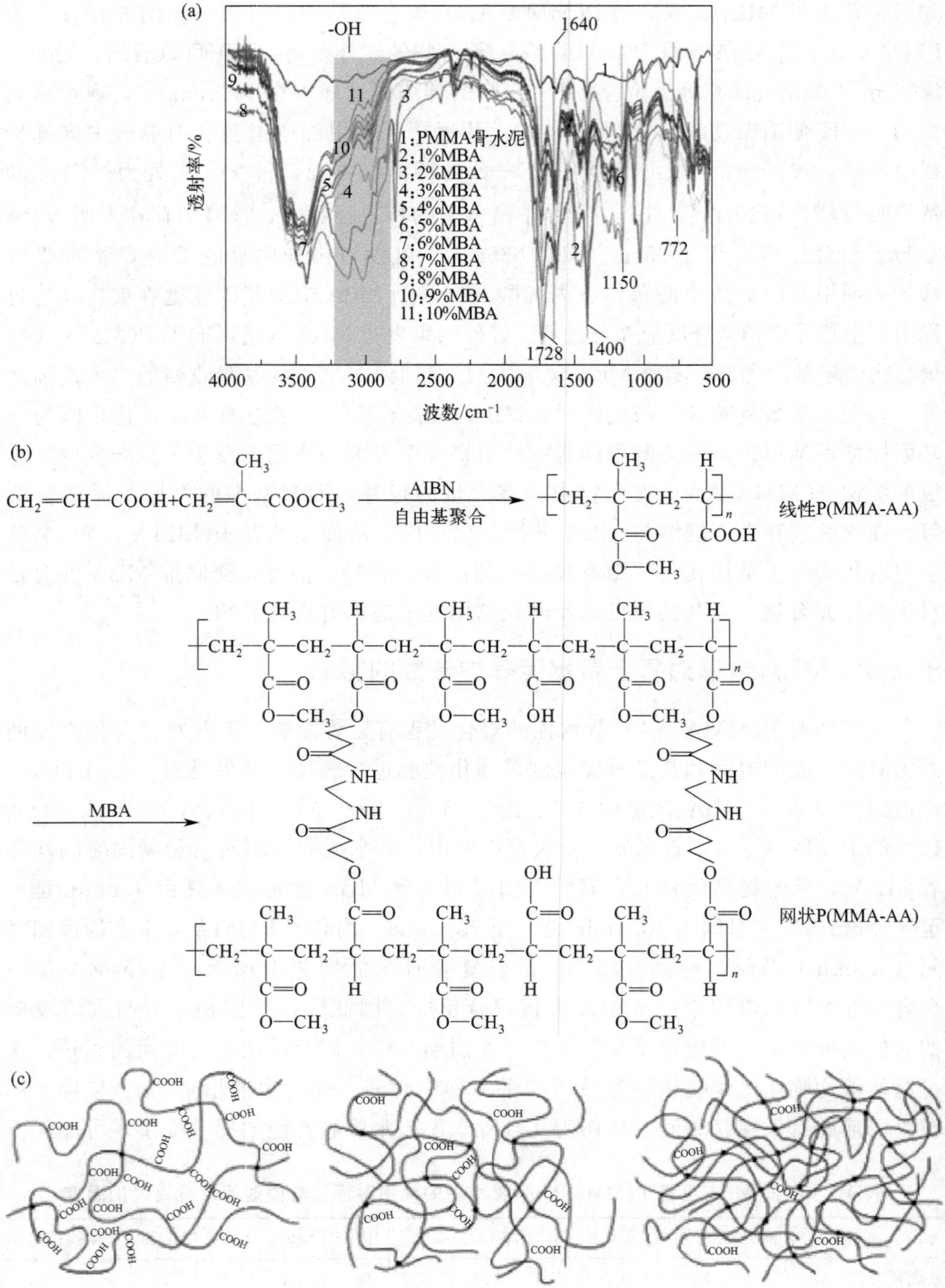

图 3-13 (a) PMMA 及不同 MBA 含量 P(MMA-AA) 的红外图谱；
(b) 网状 P(MMA-AA) 的生成；(c) 不同交联剂 MBA 含量网状结构示意

由不同交联剂含量P(MMA-AA)骨水泥凝固温度随时间的变化曲线（图3-14）可以发现，P(MMA-AA)骨水泥的最高凝固温度随着MBA含量的增加由103.5℃降低到48.3℃，显著低于PMMA骨水泥的最高凝固温度。MBA的存在不仅使线性P(MMA-AA)聚合物转换为网状结构聚合物，同时自身结构中的共价键能够对热量进行有效传递，因此作为一种良好的散热剂能够促进骨水泥固液反应过程中产生热量的向外传递。MBA含量较低（1%～3%）时聚合物内部交联点少，三维网络结构的连通性较差从而不利于内部聚合热的释放，因此骨水泥的最高凝固温度仍然较高；MBA含量的增多（4%～10%）使得聚合物内部存在大量的交联点，线性高分子能够通过交联点相互缠绕形成更为完善的网状结构，从而在聚合物中形成导热网络，导热网络的密集化以及内部导热点的增多加快了骨水泥聚合热的释放速度，因此表现出更低的最高凝固温度。P(MMA-AA)骨水泥最高凝固温度的降低能够避免商用PMMA骨水泥反应温度过高对人体正常组织造成灼伤。

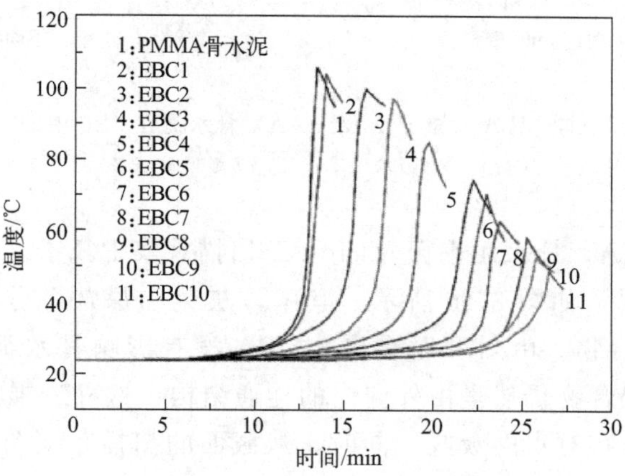

图3-14　不同交联剂含量P(MMA-AA)骨水泥凝固温度随时间的变化曲线

3.2.3　MBA含量对复合骨水泥吸水性能的影响

由于MBA含量能够调控P(MMA-AA)聚合物内的羟基数量及三维网络状结构，因此对骨水泥的吸水能力有着重要影响。图3-15为不同MBA含量P(MMA-AA)骨水泥在SBF中的吸水性能，其中图3-15(a)为动态吸水倍率随时间的变化，可以看出随着浸泡时间的延长，不同组分骨水泥的吸水倍率先快速增加，然后缓慢增长至平衡状态。从图3-15(b)发现P(MMA-AA)骨水泥的平衡吸水倍率随MBA含量的变化呈正态分布，其中EBC1～EBC5的平衡吸水倍率随着MBA含量的增加逐渐提高。EBC5具有最高的平衡吸水倍率61.8%±2.5%，而MBA含量进一步增加时骨水泥的平衡吸水倍率逐渐下降。由图3-15还发现，除了EBC10之外各组达到平衡状态的吸水时间都大于其凝固时间（表 3-3），表明骨水泥凝固之后仍在吸水。这是因为 P(MMA-AA) 聚合物在骨水泥中形成了吸水通路，水分子由骨水泥的表层向内部传递的时间滞后。而 EBC10 中 P(MMA-AA) 聚合物中交联剂含量过多，导致大量亲水基团参与了交联反应，因此表现出较低的吸水倍率及较短的吸水时间。

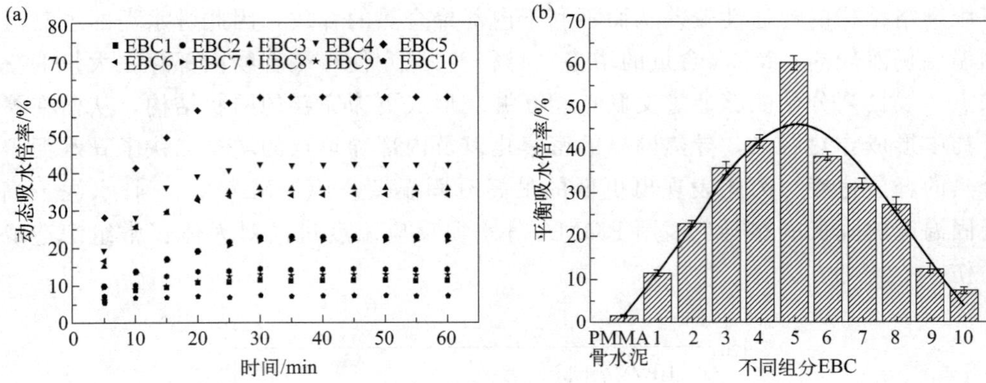

图 3-15 不同 MBA 含量 P(MMA-AA) 骨水泥在 SBF 中的吸水性能

(a) 动态吸水倍率；(b) 平衡吸水倍率

对 P(MMA-AA) 骨水泥进行 Micro-CT 扫描观察 P(MMA-AA) 聚合物在骨水泥中的分布情况，如图 3-16 所示。其中，灰色和深灰色分别代表 PMMA 和 P(MMA-AA) 聚合物。由图可以看出，MBA 没有影响骨水泥中 P(MMA-AA) 聚合物的分布，聚合物仍然呈由外向内的连通结构，这种三维吸水通路及亲水基团共同促进了聚合物对水的吸收；同时，从截面的扫描图 [图 3-16(a)～图 3-16(c)] 也可以看出骨水泥中并没有明显的气孔，说明 MBA 未对骨水泥的致密度造成影响。

由于 Peleg 二参数非指数经验模型（简称 Peleg 模型）方程通常用于描述吸水过程并计算吸水倍率，因此通过该模型对 P(MMA-AA) 骨水泥的吸水倍率进行了计算：

$$M_t=\frac{t}{K_1+K_2 t} \tag{3-2}$$

$$R^2=1-\frac{\sum_{i=1}^{N}(M_{\text{Exp}}-M_{\text{The}})^2}{\sum_{i=1}^{N}(M_{\text{Exp}}-\overline{M}_{\text{Exp}})^2} \tag{3-3}$$

式中 M_t——t 时刻 P(MMA-AA) 骨水泥的吸水倍率，%；

K_1——吸水速率参数，h/%；

K_2——容量参数，$\%^{-1}$；

M_{Exp}——实际测得的平衡吸水倍率，%；

M_{The}——模型预测得到的平衡吸水倍率，%；

N——实验测定数据点数；

R^2——线性相关系数。

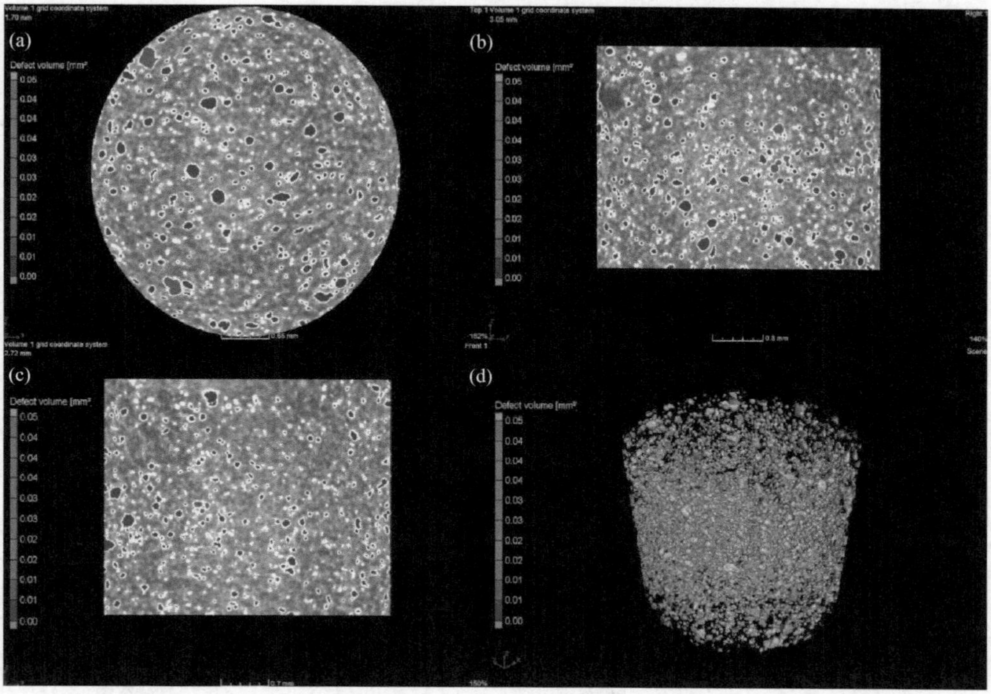

图 3-16 交联剂含量为 5%的 P(MMA-AA) 骨水泥的 Micro-CT 扫描图像

(a) 俯视图；(b)、(c) 侧视图；(d) 图像模型

选取 MBA 含量为 3%～8%的 P(MMA-AA) 骨水泥吸水倍率进行实验数据拟合，并与模型预测的动态吸水倍率进行对比，如图 3-17 所示。发现两者吸水倍率数据基本一致，不同组分骨水泥的吸水倍率随吸水时间变化的拟合方程见表 3-4。其中，各组的线性相关系数都在 0.99 左右，说明 Peleg 模型能够准确地对 P(MMA-AA) 骨水泥吸水倍率进行拟合，并可以通过拟合方程求出相应时间下的近似吸水倍率。K_1 和 K_2 存在着较大差别，说明不同组分 P(MMA-AA) 骨水泥的吸水特性有所不同。K_1 呈现先减小后增大的趋势，吸水倍率较低的复合骨水泥 K_1 和 K_2 的数值大部分显著高于吸水倍率较高的复合骨水泥，这与 MBA 的含量密切相关。当 MBA 含量较少时，P(MMA-AA) 聚合物中羟基数目较多，因此聚合物内部高分子网络不易形成，仍保留了较多的线性高分子。此时复合骨水泥表现出较好的亲水性但吸水能力较差，因此与吸水性能呈现负相关的两个参数 K_1 和

K_2 都表现出了较大的数值。MBA 含量的增加，对聚合物内部亲水基团的数目及吸水网络结构进行了调控，交联点的增多消耗了羟基的数目从而利于吸水网络结构的形成，提升了吸水性能，使得公式中的 K_1 和 K_2 持续降低。MBA 含量的进一步增加，使得内部三维吸水网状结构更为致密的同时减少了聚合物内亲水基团数目，阻碍了骨水泥对水分子的吸收，因此吸水能力变低。

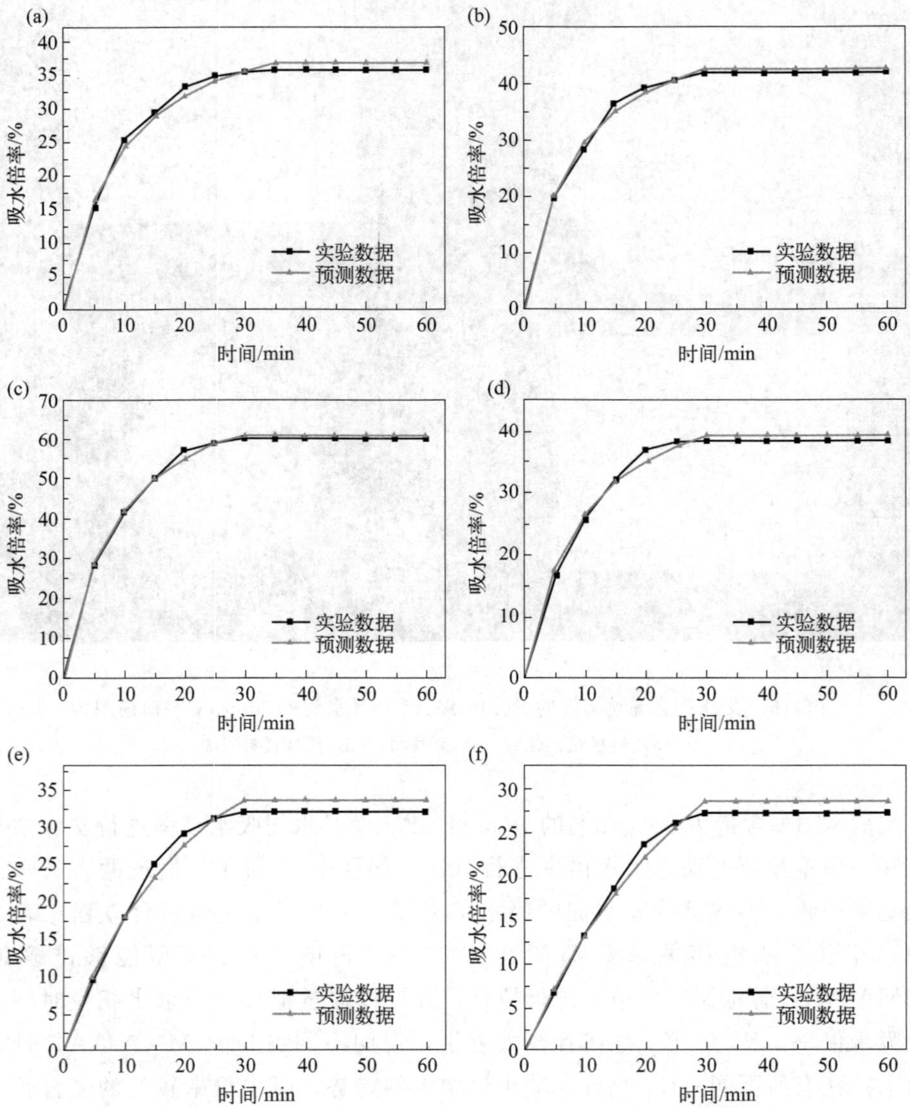

图 3-17　不同 MBA 含量 P(MMA-AA) 骨水泥在 SBF 中吸水倍率的实验数据与 Peleg 模型预测数据

(a) EBC3；(b) EBC4；(c) EBC5；(d) EBC6；(e) EBC7；(f) EBC8

表 3-4 不同 MBA 含量 P(MMA-AA) 骨水泥在 SBF 中吸水倍率的 Peleg 参数及拟合方程

材料	吸水速率参数 K_1/(h/%)	容量参数 K_2/%$^{-1}$	线性相关系数	拟合方程
EBC3	0.194	0.0216	0.992	$M_t=t/(0.194+0.0216t)$
EBC4	0.155	0.0184	0.985	$M_t=t/(0.155+0.0184t)$
EBC5	0.109	0.0128	0.992	$M_t=t/(0.109+0.0128t)$
EBC6	0.185	0.0192	0.993	$M_t=t/(0.185+0.0192t)$
EBC7	0.396	0.0166	0.989	$M_t=t/(0.396+0.0166t)$
EBC8	0.612	0.0146	0.986	$M_t=t/(0.612+0.0146t)$

为了进一步研究水分子在不同 MBA 含量 P(MMA-AA) 骨水泥中的扩散情况，$\lg(M_t/M_\infty)$ 和 $\lg t$ 拟合结果如图 3-18 所示，结果表明两者具有良好的线性关系（$R^2>0.99$）。此外，水分子在不同组分骨水泥中的扩散系数（n）及扩散速率系数（k）见表 3-5。水分子在聚合物内存在着两种扩散机制：菲克扩散（$n<0.43$）及非菲克扩散（$n>0.43$）。对于菲克扩散，水分子的扩散速率小于聚合物网络的松弛速率；而对于非菲克扩散，水分子的扩散速率与分子链的松弛速率接近。

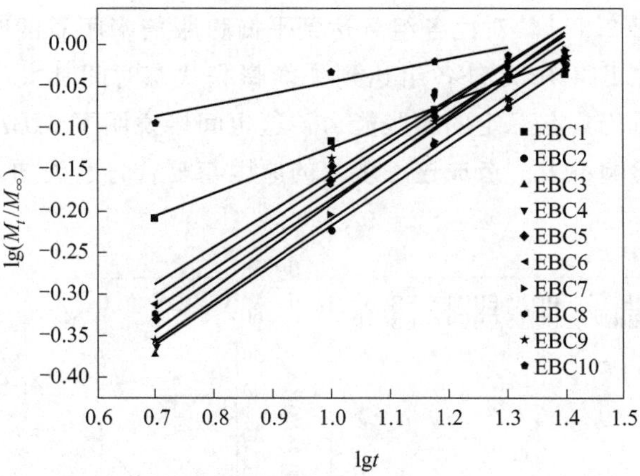

图 3-18 水分子在不同 MBA 含量 P(MMA-AA) 骨水泥中的扩散模型拟合曲线

由表 3-5 可以看出，水分子在 EBC1 和 EBC10 中的扩散系数小于 0.43，属于菲克扩散；水分子在其余复合骨水泥中的扩散系数均大于 0.43，属于非菲克扩散。主要原因是聚合物中交联剂含量较少时存在着大量的亲水基团羟基，促进对外部水分子的吸收，而过量的交联剂增加了聚合物中的交联点，使其内部三维网状结构致密且羟基数量减少，导致了水分子在聚合物内的传输速率低于高分子链的松弛速率，从而都呈现出水分子的菲克扩散。而对于 EBC2 到 EBC9，水分子在聚合物内的扩散速率与高分子链的松弛速率接近，表明 MBA 调控了内部三维网状结构的形态以及羟基的数量，使得扩散行为受水分子扩散速率和分子链段的松弛速率共同控制。扩散速率系数 k 随着 MBA 含量的增加逐渐降低的原因是交联点处的羟基由于发生了酯化反应而不再具有亲水性，从而使得聚合物及复合骨水泥的亲水性降低，因此扩散速度变慢。

表 3-5　水分子在不同交联剂 MBA 含量的 P(MMA-AA) 骨水泥中的扩散系数及扩散速率系数

项目	EBC1	EBC2	EBC3	EBC4	EBC5	EBC6	EBC7	EBC8	EBC9	EBC10
扩散系数	0.272	0.479	0.514	0.472	0.471	0.445	0.489	0.466	0.475	0.138
扩散速率系数	1.455	1.435	1.429	1.392	1.377	1.372	1.369	1.352	1.347	1.319

3.2.4　MBA 含量对复合骨水泥膨胀性能的影响

图 3-19(a) 为不同 MBA 含量可膨胀 P(MMA-AA) 骨水泥在 SBF 中的膨胀性能。由图可以看出，骨水泥的膨胀行为与吸水行为具有一致的变化趋势，初始阶段快速增加，之后缓慢增加，到 30min 后达到平衡状态。图 3-19(b) 所示各组的平衡膨胀倍率也随着 MBA 含量的增加呈正态分布，当交联剂含量为 5%时最大可膨胀倍率达 63.2%±2.1%。对比各组分达到平衡膨胀倍率所需的时间和相应的凝固时间可以看出，除 EBC10 之外各组达到平衡膨胀状态时间都大于其凝固时间，表明骨水泥固化之后仍具有一定的膨胀能力，这也间接说明了 MBA 对骨水泥中形成三维吸水通路的影响不大。造成这一现象的原因与复合骨水泥内构建的吸水通路密

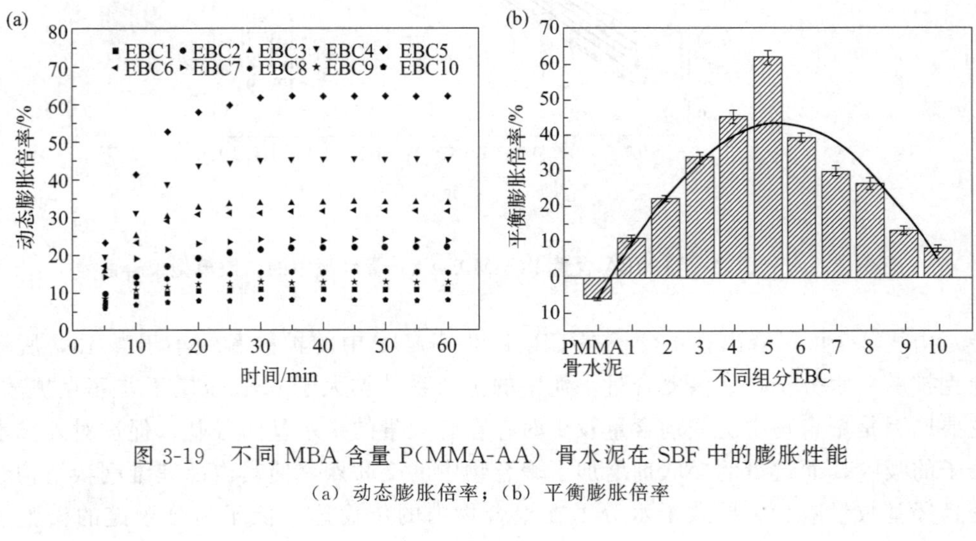

图 3-19　不同 MBA 含量 P(MMA-AA) 骨水泥在 SBF 中的膨胀性能

(a) 动态膨胀倍率；(b) 平衡膨胀倍率

切相关。由于P(MMA-AA)微球构成的吸水网络的存在，水分子由外向内传递的同时也使构成网络的P(MMA-AA)微球发生了体积膨胀，从而使得膨胀行为也具有由外向内的传递性；同时，体积膨胀使得P(MMA-AA)微球相互接触的概率增大，从而增强了吸水网络在骨水泥中的连通性，促进了骨水泥的整体膨胀行为，因此表现出固化之后短暂的体积膨胀行为。

通过Peleg二参数非指数经验模型方程对动态膨胀倍率进行了计算：

$$V_t=\frac{t}{K_1+K_2t} \tag{3-4}$$

$$R^2=1-\frac{\sum_{i=1}^{N}(V_{Exp}-V_{The})^2}{\sum_{i=1}^{N}(V_{Exp}-\overline{V}_{Exp})^2} \tag{3-5}$$

式中 V_t——t 时刻P(MMA-AA)骨水泥的膨胀倍率，%；

K_1——膨胀速率参数，h/%；

K_2——容量参数，$\%^{-1}$；

V_{Exp}——实际测得的平衡膨胀倍率，%；

V_{The}——模型预测的平衡膨胀倍率，%；

N——实验测定数据点数；

R^2——线性相关系数。

选取MBA含量为3%～8%的P(MMA-AA)骨水泥膨胀倍率进行实验数据拟合，并与Peleg模型计算结果进行对比。由图3-20可以看出，实验数据曲线与理论数据曲线具有一致的变化趋势。不同MBA含量P(MMA-AA)骨水泥在SBF中膨胀倍率的Peleg参数及拟合方程见表3-6，结果表明各组的线性相关系数都在0.99左右，说明通过Peleg模型预测所得数据与实验结果具有较高的吻合度，因此可以根据拟合得到的公式对骨水泥在不同时间点的膨胀倍率进行预测。

P(MMA-AA)骨水泥体积的变化可以用Flory-Rehner方程来解释。膨胀过程中的平衡状态由聚合物分子链中的拉伸弹性力（$\Delta G_{elastic}$）以及流体分子与聚合物链之间的混合力（ΔG_{mixing}）共同决定。SBF中的水分子可以通过改变化学势增加混合力从而利于P(MMA-AA)微球的体积膨胀，然而该过程中聚合物链中拉伸弹性力会阻碍聚合物微球的膨胀，两者相互作用最终达到平衡状态。随着MBA含量的增加，线性P(MMA-AA)聚合物逐渐向网状P(MMA-AA)聚合物转换，具有较大网格尺寸的三维网状结构的形成有利于SBF的吸收和微观结构中分子链的膨胀。当MBA含量进一步增加时（＞5%），网状结构的生成消耗了P(MMA-AA)中的羟基，羟基数目的减少降低了水分子进入聚合物内部的能力，交联点的增多导致网络结构致密化，网孔尺寸变小阻碍水分子的向内扩散；同时，聚合物内部高分子链的拉伸弹性力进一步增加，限制了三维网状结构在水分子作用下的伸展，因此

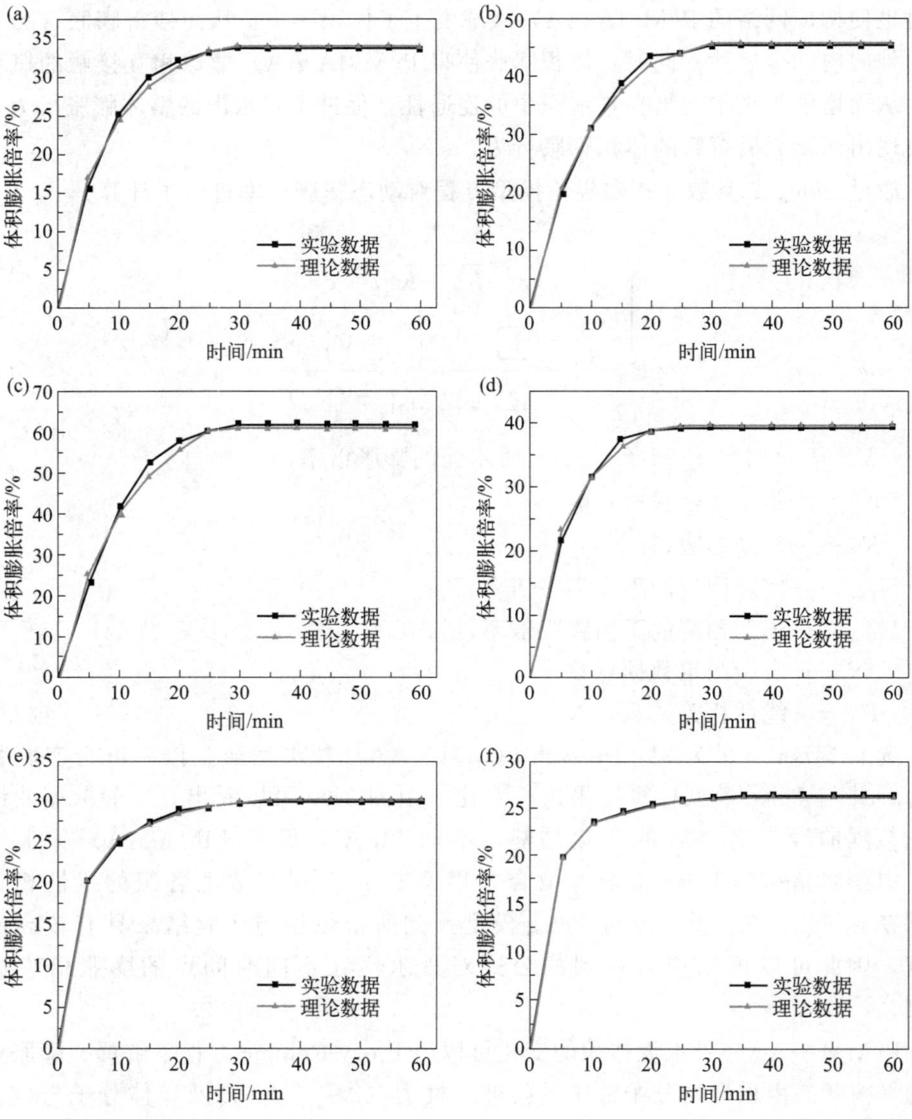

图 3-20　不同 MBA 含量 P(MMA-AA) 骨水泥在 SBF 中膨胀倍率的实验数据与 Peleg 模型预测数据

(a) EBC3；(b) EBC4；(c) EBC5；(d) EBC6；(e) EBC7；(f) EBC8

膨胀倍率有所降低。

$$\Delta G_{total} = \Delta G_{elastic} + \Delta G_{mixing} \tag{3-6}$$

式中　ΔG_{total}——混合力；

$\Delta G_{elastic}$——聚合物分子链中的拉伸弹性力；

ΔG_{mixing}——流体分子与聚合物链之间的混合力。

表 3-6 不同 MBA 含量 P(MMA-AA) 骨水泥在 SBF 中膨胀倍率的 Peleg 参数及拟合方程

材料	膨胀速率参数/(h/%)	容量参数/%$^{-1}$	线性相关系数	拟合方程
EBC3	0.180	0.0230	0.986	$V_t=t/(0.180+0.0230t)$
EBC4	0.156	0.0164	0.991	$V_t=t/(0.156+0.0164t)$
EBC5	0.144	0.0108	0.988	$V_t=t/(0.144+0.0108t)$
EBC6	0.111	0.0211	0.989	$V_t=t/(0.111+0.0211t)$
EBC7	0.0863	0.0309	0.990	$V_t=t/(0.0863+0.0309t)$
EBC8	0.0717	0.0359	0.998	$V_t=t/(0.0717+0.0359t)$

通过 Schott 二级动力学模型对膨胀过程中的膨胀速率进行了计算：

$$\frac{t}{V_t}=\frac{1}{K_i\times V_e^2}+\frac{t}{V_e} \tag{3-7}$$

式中 K_i——膨胀速率，10^{-3}/min；

V_t——t 时刻的膨胀倍率，%；

V_e——平衡时刻的膨胀倍率，%。

图 3-21 为不同 MBA 含量 P(MMA-AA) 骨水泥在 SBF 中的膨胀速率随时间的变化曲线。可以看出不同组分骨水泥与 SBF 接触后即表现出了膨胀，随着膨胀行为的进行，膨胀速率呈现先增大后减小的趋势，各组均在 5min 左右出现了最大膨胀速率，之后膨胀速度逐渐减慢，最终在 35min 左右达到平衡状态；同时，各组骨水泥在同一时间点的膨胀速率与平衡膨胀倍率的变化趋势一致，即平衡膨胀倍率越高，膨胀速率越大。由于复合骨水泥固液相混合均匀后即注射到 SBF 中测定其吸水膨胀性能，因此膨胀速率快速变化主要发生在骨水泥的面团期。该阶段内骨水泥的固液反应处于初始阶段，水分子能够通过亲水性较好的 P(MMA-AA) 聚合物形成的吸水通路向内部传递，P(MMA-AA) 聚合物吸水后内部的三维网状结构能够快速伸展，在外界并未固化的情况下发挥自身的膨胀能力，从而表现出较高的膨胀速率。随着骨水泥固液反应的进行，PMMA 刚性结构逐步形成，约束 P(MMA-AA) 聚合物的自由膨胀，因此膨胀速率降低。上述分析表明，MBA 含量对骨水泥凝固前的吸水动力学和膨胀性能有显著影响：一方面 MBA 调控了聚合物内网状结构的形态以及羟基的数量，影响水分子的扩散以及聚合物内三维网状结构的伸展；另一方面，MBA 的增加延长了骨水泥的面团时间及凝固时间，从而增加了骨水泥的有效吸水膨胀时间，利于吸水膨胀性能的提高。

采用溶胀平衡法测定不同交联剂含量 P(MMA-AA) 骨水泥的交联密度，骨水泥的交联密度计算公式如下：

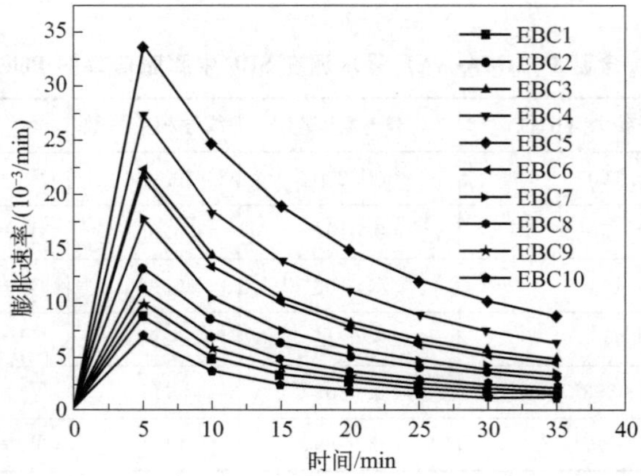

图 3-21　不同 MBA 含量 P(MMA-AA) 骨水泥在 SBF 中的膨胀速率随时间的变化曲线

$$X_c=-\frac{\ln(1-V_2)+V_2+\chi V_2^2}{\left(V_1^{\frac{1}{3}}-\frac{V_2}{2}\right)V_1} \tag{3-8}$$

$$V_2=\frac{m_0}{V_{equil}\times D_s} \tag{3-9}$$

式中　X_c——交联密度，mol/cm^3；

V_1——溶剂的摩尔体积，cm^3/mol；

V_2——P(MMA-AA) 聚合物在骨水泥体系中的体积分数，%；

V_{equil}——骨水泥的平衡膨胀体积，mL；

χ——骨水泥和 SBF 之间的相互作用参数；

D_s——P(MMA-AA) 骨水泥的密度，g/mL；

m_0——P(MMA-AA) 骨水泥的初始质量，g。

不同 MBA 含量 P(MMA-AA) 骨水泥的交联密度见表 3-7。由表可以看出，提高 MBA 含量可以得到逐渐增加的交联密度（X_c）。交联剂含量的变化改变了聚合物内部的交联密度，从而本质上影响了复合骨水泥整体的膨胀性能。当 MBA 含量较低时，聚合物中交联密度也相应较低，无法形成较为完整的网络结构，从而表现出较低的膨胀性能。MBA 含量的增加导致交联密度的提高，此时生成了较为完整的吸水膨胀网络。但是，P(MMA-AA) 中的羟基由于参与了交联反应而牺牲了聚合物的亲水性，更致密的网络结构及较弱的亲水性将共同抵抗 SBF 的扩散，从而阻止骨水泥中 P(MMA-AA) 聚合物分子链的伸展，对聚合物的膨胀起到一定的阻碍作用。因此，适量的交联剂有利于提高骨水泥的膨胀速率从而提高骨水泥固化前的膨胀性能。

表 3-7　不同 MBA 含量 P(MMA-AA) 骨水泥的交联密度

项目	EBC1	EBC2	EBC3	EBC4	EBC5	EBC6	EBC7	EBC8	EBC9	EBC10
交联密度/(mol/cm^3)	0.00007	0.00019	0.001	0.0012	0.0017	0.0187	0.029	0.053	0.066	0.101

3.2.5　MBA 含量对复合骨水泥力学性能的影响

图 3-22 为不同 MBA 含量 P(MMA-AA) 骨水泥在 SBF 中浸泡前后的力学性能。其中，图 3-22(a) 为骨水泥的抗压强度，可以看出不同 MBA 含量 P(MMA-AA) 骨水泥的抗压强度都在 50～60MPa 之间，在 SBF 中吸附平衡后其抗压强度降低至 40～50MPa。尽管 P(MMA-AA) 骨水泥的抗压强度低于 PMMA 骨水泥，但仍在松质骨和皮质骨的范围内，达到接近人骨的水平从而对人骨提供更为长效的支撑作用。图 3-22(b) 所示的骨水泥弹性模量与抗压强度的变化趋势基本一致，不同组分骨水泥浸泡前的弹性模量在 1.25～1.5GPa 之间，浸泡之后的弹性模量下降至 0.75GPa 左右。浸泡前后的弹性模量都低于商用 PMMA 骨水泥的数值，能够避免因其弹性模量过高对人体正常组织造成的磨损。

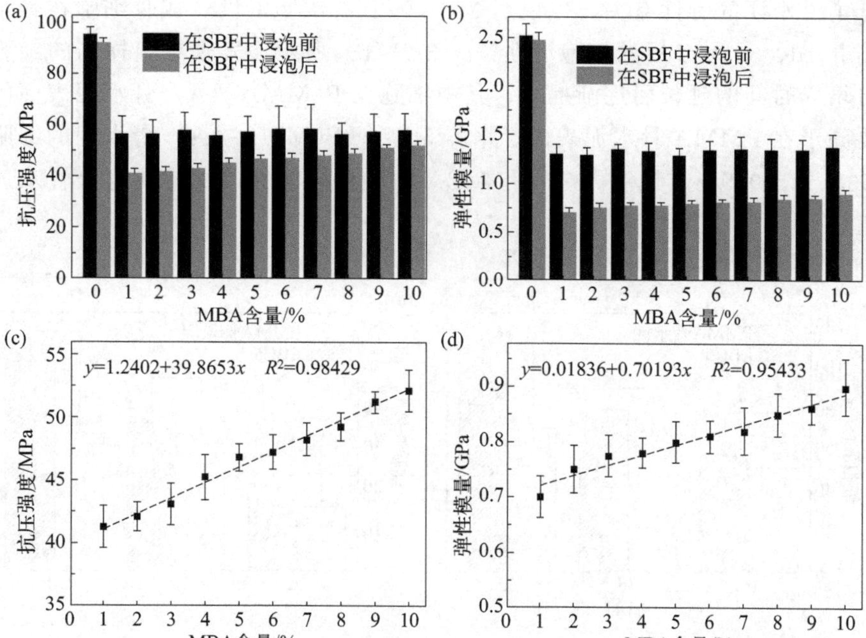

图 3-22　不同 MBA 含量 P(MMA-AA) 骨水泥在 SBF 中浸泡前后的力学性能

(a) 抗压强度；(b) 弹性模量；(c) MBA 含量与浸泡后样品抗压强度的线性关系；(d) MBA 含量与浸泡后样品弹性模量的线性关系

MBA 含量对于浸泡之后骨水泥的力学性能有较大影响，对浸泡后骨水泥的抗压强度和弹性模量进行线性拟合，结果如图 3-22(c) 和图 3-22(d) 所示。拟合结果显示 MBA 含量与抗压强度和弹性模量均具有良好的线性拟合关系（$R^2=0.98429$，$R^2=0.95433$）。这是因为聚合物中增加的交联点使得线性 P(MMA-AA) 逐渐向更密集的三维网络结构转换，形成了更为致密的聚合物结构，从而提高了聚合物的力学性能。该线性拟合方程具有重要的预测和指导作用，可以根据临床上不同的力学要求计算出复合骨水泥中添加的 MBA 含量，并得到具有相似平衡吸水膨胀性能但力学性能不同的 P(MMA-AA) 骨水泥，为不同的临床植入环境提供更多的骨水泥选择方案。

3.2.6 MBA 含量对复合骨水泥生物性能的影响

选取吸水膨胀性能最佳的 P(MMA-AA) 骨水泥（MBA 含量为 5%）进行生物性能研究。图 3-23(a) 为 SD 大鼠成骨细胞在不同组分骨水泥浸提液中共培养不同天数后的细胞活性，图中“N. S.”表示无显著差异。由图还可以看出，随着培养时间的增加，不同组成骨细胞的活性均不断升高，培养 3d 后，P(MMA-AA) 骨水泥浸提液中细胞的活性显著高于 PMMA 骨水泥浸提液，这不仅与丙烯酸的引入降低了骨水泥的毒性有关，也说明 MBA 不具有细胞毒性。成骨细胞在骨水泥表面共培养 1d、3d、5d 后的细胞活性如图 3-23(b) 所示。发现各组样品的细胞活性均随着培养时间的延长而逐渐提高，其中细胞在 P(MMA-AA) 骨水泥表面的增长趋势要高于在 PMMA 骨水泥表面。培养 5d 后，P(MMA-AA) 骨水泥的细胞活性达到 53.6%±0.9%，说明丙烯酸和 MBA 的引入能够促进细胞在复合骨水泥表面的增殖。

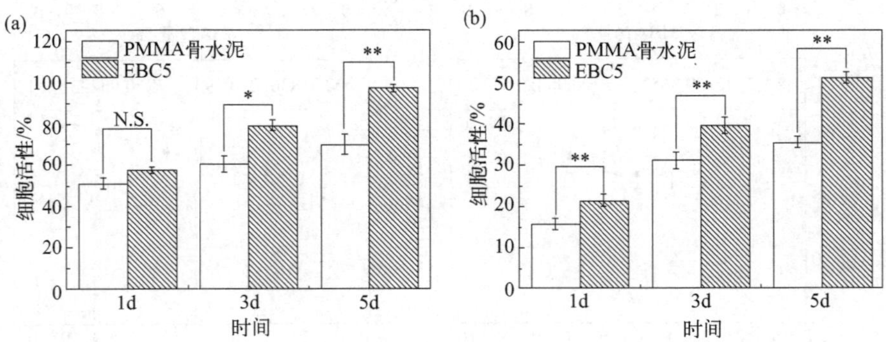

图 3-23 (a) SD 大鼠成骨细胞在不同组分骨水泥浸提液中共培养不同天数后的细胞活性；(b) SD 大鼠成骨细胞在不同组分骨水泥表面培养不同天数后的细胞活性

（$^{*}p<0.05$；$^{**}p<0.01$）

共培养 5d 各组骨水泥表面的成骨细胞增殖情况如图 3-24 所示。结果表明，两组成骨细胞数均随培养时间延长而增加，且都表现出良好的增殖黏附情况，培养相同时间后 P(MMA-AA) 骨水泥表面的细胞数均高于 PMMA 骨水泥表面，5d 之后细胞几乎完全覆盖 P(MMA-AA) 骨水泥表面。这是由于 P(MMA-AA) 骨水泥的亲水性表面为细胞提供了更多的附着位点，从而促进了细胞的黏附和增殖。

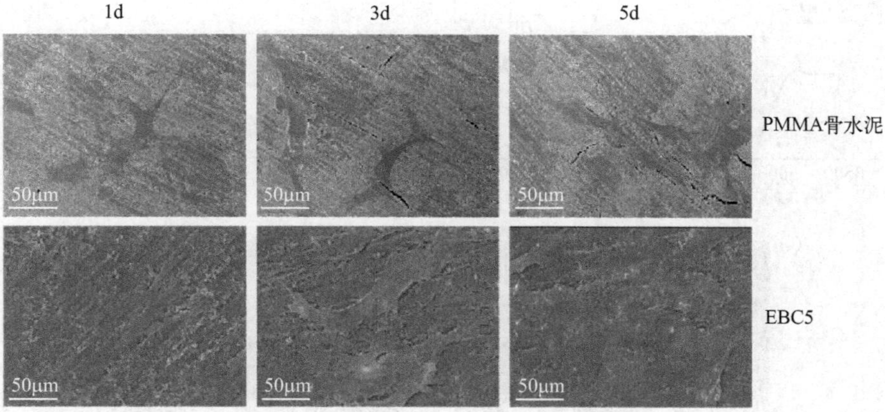

图 3-24　成骨细胞在骨水泥表面共培养 5d 的增殖情况

3.3　氧化石墨烯含量对复合骨水泥成分与性能的影响

3.3.1　氧化石墨烯含量对 P(MMA-AA)-GO 结构及微观形貌的影响

通过原位聚合法制备了 P(MMA-AA)-GO，为了研究氧化石墨烯（GO）含量对于聚合反应的影响，对 P(MMA-AA)-GO 的结构进行了表征。在图 3-25(a) 氧化石墨烯的红外图谱中，$3600cm^{-1}$ 处为—OH 的伸缩振动峰，$1670cm^{-1}$ 处为 C═O 的伸缩振动峰，$1627cm^{-1}$ 处为芳香环上碳碳双键（C═C）的伸缩振动峰，$1390cm^{-1}$ 处为—OH 的弯曲振动峰，$1227cm^{-1}$ 处对应的吸收峰为 C—O—C 的伸缩振动峰，而 $1170cm^{-1}$ 处的吸收峰为烷氧基上碳氧单键（C—O）的伸缩振动峰。由此可见，氧化石墨烯的碳原子层表面富含羟基、羧基和烷氧基等含氧基团。对于 P(MMA-AA)-GO 的红外图谱，$3600\sim3400cm^{-1}$ 为丙烯酸中—OH 的特征吸收峰，$1728cm^{-1}$ 处为甲基丙烯酸甲酯和丙烯酸中羰基（C═O）的伸缩振动峰，$1397cm^{-1}$ 处出现的较强吸收峰为 C—H 的弯曲振动峰，$1145cm^{-1}$ 处出现的吸收峰为 C—O—C 的伸缩振动峰。聚合物中氧化石墨烯含量的增加使得 $3600cm^{-1}$ 附近—OH 的特征吸收峰逐渐变宽，表明氧化石墨烯参与了聚合反应。但是，在聚合物的红外光谱中并未发现明显氧化石墨烯的特征吸收峰，这可能是由于聚合物中氧化石墨烯的含量较少。

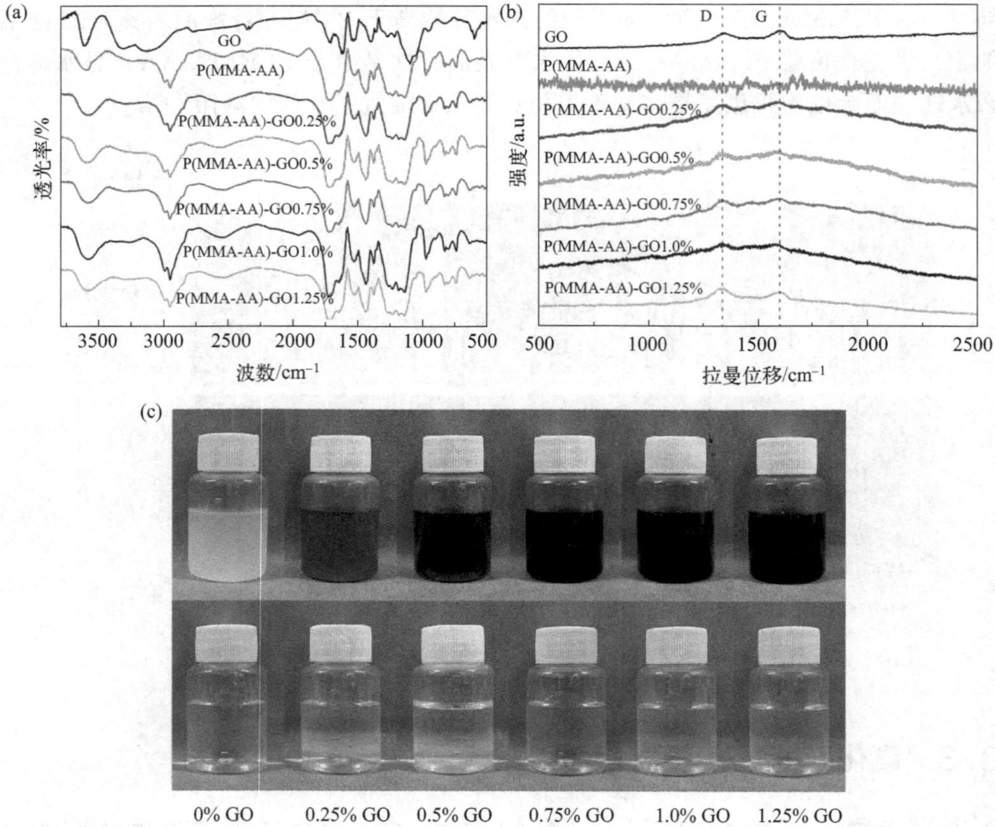

图 3-25 不同 GO 含量 P(MMA-AA)-GO 的结构表征

(a) 红外光谱；(b) 拉曼光谱；(c) 聚合反应前后溶液的变化情况

为了进一步表征氧化石墨烯对 P(MMA-AA)-GO 结构的影响，对其进行了拉曼光谱的表征。由图 3-25(b) 可以看出不同组分骨水泥均在 1353cm^{-1} 和 1580cm^{-1} 处出现了两个特征峰，其中 1580cm^{-1} 处的峰代表氧化石墨烯片层状结构中 sp^2 杂化碳原子的振动峰（G）；而 1353cm^{-1} 处的峰代表了参与 sp^3 杂化的碳原子的无序振动峰（D)。D 峰和 G 峰的强度比（I_D/I_G）可以评估氧化石墨烯片层状结构中的缺陷程度。不同氧化石墨烯含量 P(MMA-AA)-GO 纳米微单元的 I_D/I_G 见表 3-8。P(MMA-AA)-GO 的 I_D/I_G 随着氧化石墨烯含量的增加由 0.969 增加到 1.086，高于氧化石墨烯 0.951 的数值，表明氧化石墨烯内更多的碳原子由 sp^2 杂化向 sp^3 杂化转变，使其结构规整度遭到了一定程度的破坏。这种转化是由于氧化石墨烯结构中的羟基能够共享电子，从而与 P(MMA-AA) 分子链中的氢原子发生酯化反应生成了共价键。因此，I_D/I_G 的增加进一步证明氧化石墨烯成功参与了聚合反应。

表 3-8 不同 GO 含量 P(MMA-AA)-GO 纳米微单元的 I_D/I_G

材料	I_D/I_G	材料	I_D/I_G
GO	0.951	P(MMA-AA)-GO 0.75%	0.985
P(MMA-AA)	—	P(MMA-AA)-GO 1.0%	1.012
P(MMA-AA)-GO 0.25%	0.969	P(MMA-AA)-GO 1.25%	1.086
P(MMA-AA)-GO 0.5%	0.973		

对不同含量氧化石墨烯在反应体系中的分散性进行了研究，结果见图 3-25(c)。氧化石墨烯在聚合物反应前驱体溶液中进行超声处理后，得到了分散均匀的黑色溶液，且随着氧化石墨烯含量的增加，溶液的颜色逐渐加深。静置一定时间后溶液体系中并未出现明显的分层状况或相分离现象，表明氧化石墨烯在前驱体中分散均匀，且具有良好的稳定性。而聚合反应之后各组分的溶液都清澈透明，表明无氧化石墨烯剩余，因此证明了氧化石墨烯完全参与了聚合反应。

为了研究 P(MMA-AA)-GO 纳米复合物的微观形貌及氧化石墨烯在其中的分布形式，采用扫描电镜（SEM）及透射电镜（TEM）对制备出的复合物进行了观察。由图 3-26(a) 可以看出制备的复合物具有良好的微球形态，其平均粒径为 (258±21)nm；从图 3-26(b) TEM 图片可以看出氧化石墨烯片具有类似长方形的结构，其长度和宽度都大于 P(MMA-AA) 微球的粒径。图 3-26(c) 与图 3-26(d) TEM 图片表明 P(MMA-AA) 与氧化石墨烯的结合存在两种形式，即 P(MMA-AA) 分布于氧化石墨烯片层的边缘及分布于氧化石墨烯片层的内部。图 3-26(e) 显示 P(MMA-AA) 与氧化石墨烯的结合存在两种机理：P(MMA-AA) 的羟基与氧化石墨烯片层边缘的羟基及羧基发生酯化反应；P(MMA-AA) 的羟基与氧化石墨烯片层内部的羰基通过氢键及范德瓦耳斯力相互作用。氧化石墨烯自身片层的周边含有大量亲水基团，但从氧化石墨烯薄片边缘到中央呈现亲水至疏水的性质分布，使得水分子在氧化石墨烯内部的传递较为困难；而通过原位聚合法制备的 P(MMA-AA)-GO，含有亲水基团的 P(MMA-AA) 聚合物改善了氧化石墨烯内部的疏水环境，使得水分子不仅能够在氧化石墨烯片层的边缘进行传递，也能在氧化石墨烯内部进行传递，因此在 P(MMA-AA) 聚合物内成功构建了片层状的吸水通路。

3.3.2 氧化石墨烯含量对复合骨水泥理化参数的影响

由于临床骨水泥通常在面团期进行注射操作，因此对 P(MMA-AA)-GO 骨水泥的可注射性、面团时间、凝固温度及凝固时间进行了研究。图 3-27(a) 为 PGBC [PGBC1～PGBC5 分别为 GO 含量为 0.25%、0.5%、0.75%、1.0%、1.25% 的 P(MMA-AA)-GO 骨水泥]的可注射性，其中 PGBC 的可注射率随着氧化石墨烯含量的增加由 98.2% 降低到 95.6%。这是由于固相中的 P(MMA-AA)-GO 并未与骨

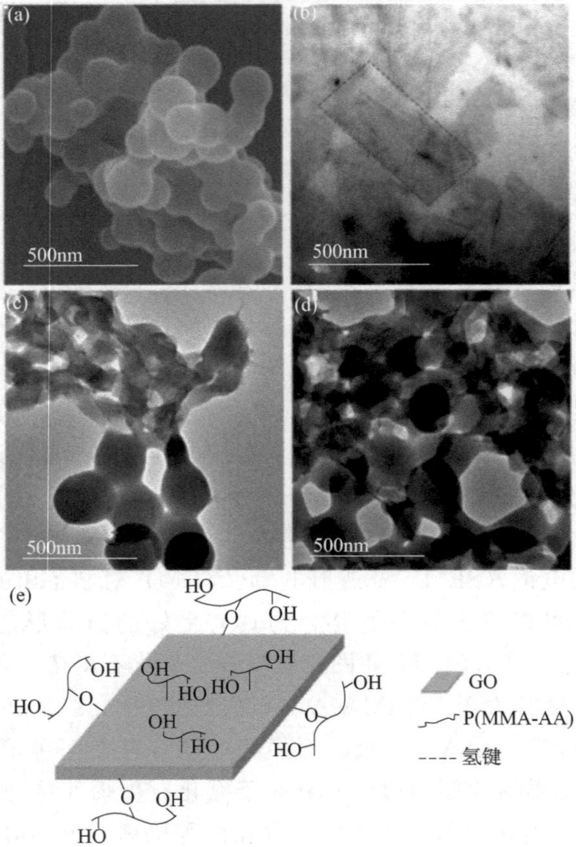

图 3-26　P(MMA-AA)-GO 纳米微单元的微观形貌

(a) P(MMA-AA)-GO 纳米复合物的 SEM 图片；(b) GO 的 TEM 图片；(c)、(d) P(MMA-AA)-GO 的 TEM 图片；(e) 含有桥接结构 GO 改性 P(MMA-AA) 纳米微单元示意

水泥的液相发生聚合反应，氧化石墨烯含量的提高导致了微球内部亲水基团数目的提高，从而使得 P(MMA-AA)-GO 与疏水性的骨水泥产生较大的相互排斥，因此复合骨水泥在注射器内流动性变差，可注射性降低。各组之间并无显著性差异，可注射率都在 95%以上，说明复合骨水泥仍具有较好的可注射性。

骨水泥的面团时间如图 3-27(b) 所示，PGBC 的面团时间随着氧化石墨烯含量的增加由 5.2min 逐渐延长到 8.9min，较 PMMA 骨水泥及 P(MMA-AA) 骨水泥的面团时间有所增加。这是由于氧化石墨烯特殊的结构和高比表面积能够阻止甲基丙烯酸甲酯单体在固液聚合过程中自由基的产生，从而延缓了骨水泥固液反应的速度，因此延长了其面团时间。

图 3-27(c) 中 PGBC 的最高凝固温度随着氧化石墨烯含量的增加由 79.7℃逐渐降低到 67.9℃，不同氧化石墨烯含量 PGBC 的凝固时间见表 3-9，其数值由

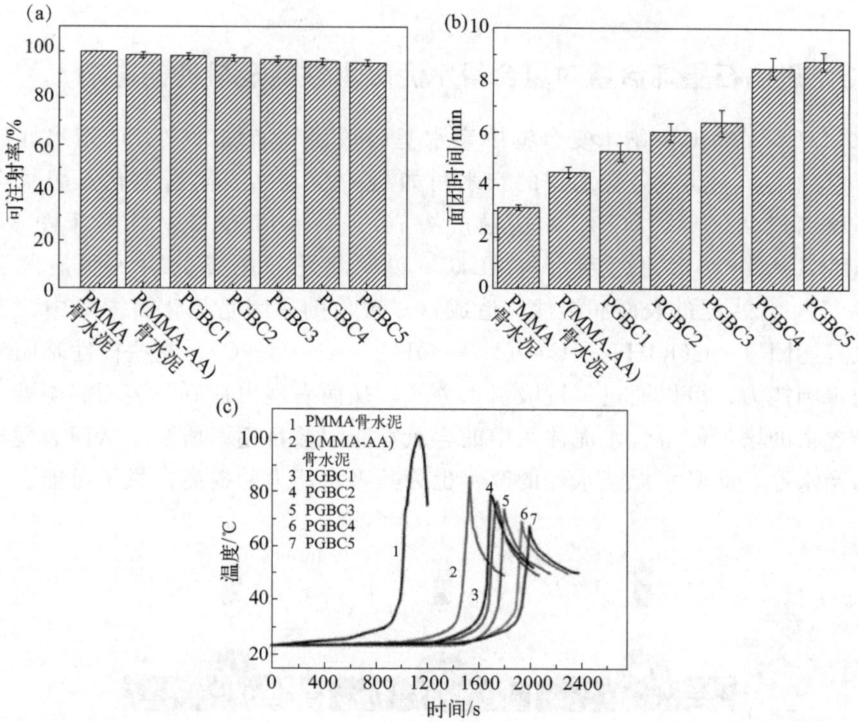

图 3-27 不同 GO 含量 PGBC 的可注射性及养护参数

(a) 可注射性；(b) 面团时间；(c) 凝固温度随时间的变化曲线

28.3min 逐渐延长至 33.1min。这是由于氧化石墨烯具有良好的热导率[5000W/(m·K)]，是一种良好的散热剂，同时氧化石墨烯结构中的羧基能够降低骨水泥的聚合反应速度以及聚合反应热，因此在骨水泥养护阶段，内部氧化石墨烯含量的提升能够更加快速地将逐渐降低的聚合热向外传递，从而降低了骨水泥的最高凝固温度，避免了骨水泥温度过高对人体正常组织造成灼伤。凝固时间的延长是由于氧化石墨烯在骨水泥固液聚合反应中作为“自由基清除剂”，降低了固液聚合反应的有效成分含量，延缓了聚合反应速度，因此凝固时间有所延长。虽然 PGBC 的凝固时间高于 ISO 5833 标准中的凝固时间，但是这一现象在为临床医生提供更充裕的手术操作时间的同时，对于提升骨水泥的膨胀行为也有着积极的作用。

表 3-9 不同 GO 含量 PGBC 的面团时间、凝固时间及最高凝固温度

项目	PMMA 骨水泥	P(MMA-AA) 骨水泥	PGBC1	PGBC2	PGBC3	PGBC4	PGBC5
面团时间/min	3.1	4.5	5.3	6.1	6.4	8.5	8.8
凝固时间/min	12.6	25.4	28.3	28.8	30.1	32.3	33.1
最高凝固温度/℃	103.7	85.6	79.7	76.5	73.6	69.2	67.9

3.3.3 氧化石墨烯含量对复合骨水泥吸水性能及机理的影响

P(MMA-AA)-GO 纳米复合物中亲水基团数目的增加为 PGBC 亲水性的提高提供了可能性，不同成分骨水泥的亲水角如图 3-28 所示。随着氧化石墨烯含量从 0.25%增加到 1.25%，PGBC 的接触角从 76.1°下降到 53.9°，均低于图 3-28(a) 中 P(MMA-AA)骨水泥的亲水角 81.6°，说明氧化石墨烯的引入明显改善了 P(MMA-AA)骨水泥的表面润湿性。造成这一现象的原因是氧化石墨烯中含有大量的含氧官能团（—COOH、—C═O、—OH、—C—O—C），这些极性基团对水有较大的亲和能力，可以通过氢键吸引水分子，从而表现出良好的表面润湿性。氧化石墨烯含量的增加使得骨水泥体系中的含氧官能团数目逐渐增多，从而表现出逐步提高的亲水性。而骨水泥亲水性的改善也为其吸水能力的提高提供了可能。

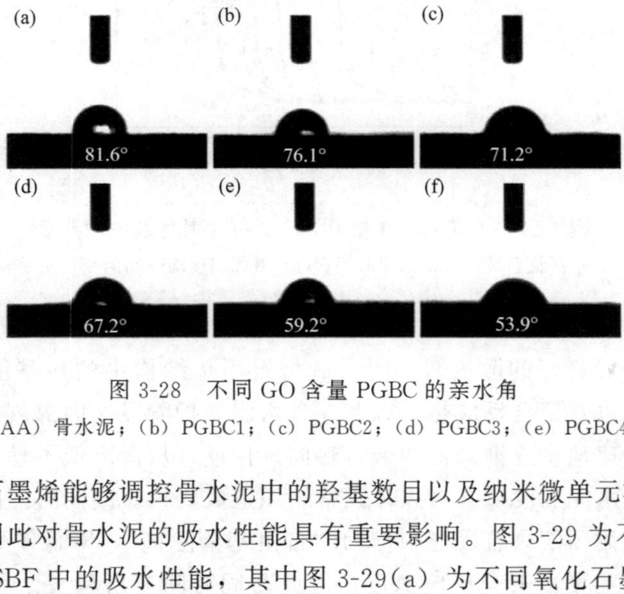

图 3-28 不同 GO 含量 PGBC 的亲水角

(a) P(MMA-AA) 骨水泥；(b) PGBC1；(c) PGBC2；(d) PGBC3；(e) PGBC4；(f) PGBC5

由于氧化石墨烯能够调控骨水泥中的羟基数目以及纳米微单元在骨水泥内形成的吸水通路，因此对骨水泥的吸水性能具有重要影响。图 3-29 为不同氧化石墨烯含量 PGBC 在 SBF 中的吸水性能，其中图 3-29(a) 为不同氧化石墨烯含量下 PGBC 在 SBF 中的动态吸水曲线。不同组分骨水泥在 10min 内快速变化，10min 后达到平衡状态。其中，平衡吸水倍率随着氧化石墨烯含量的增加呈现先降低后增加再降低的趋势。当氧化石墨烯含量为 0.25%时，平衡吸水倍率低于改性前的吸水倍率；当氧化石墨烯含量在 0.25%～1%内增加时，平衡吸水倍率逐渐提高，其中氧化石墨烯含量为 1%时平衡吸水倍率具有最大值 90.2%±0.7%；随着氧化石墨烯含量的进一步增加（1.25%），平衡吸水倍率有所下降，达到与含有 0.75% GO 骨水泥接近的数值。这是因为当氧化石墨烯含量较少时（0.25%），SBF 中的钙离子通过静电相互作用与聚合物中的氧化石墨烯结合，消耗了氧化石墨烯中带负电的含氧官能团（—COO—、—O—），因此降低了骨水泥的吸水性能。由于 SBF 溶液中钙离子浓度有限，因此随着氧化石墨烯含量的增加，虽然钙离子仍然会消耗氧化石墨烯中的部分羟基，但是未与钙离子结合的氧化石墨烯中大量的含氧基团为骨水泥提供了充足的吸水动力，导致吸水倍率逐渐增加。平衡吸水倍率并未随着氧化石墨烯含量的进一步提升而持续增加，这是由于氧化石墨烯的增加导致了 P(MMA-AA)-GO 上羧基的静电斥力逐渐减弱，使得 P(MMA-AA)-GO 链段间的距离缩短，同时氧化石墨烯在结构中形成额外的交联点使得 P(MMA-AA)-GO 交联度增大，从而降低了平衡吸水倍率。

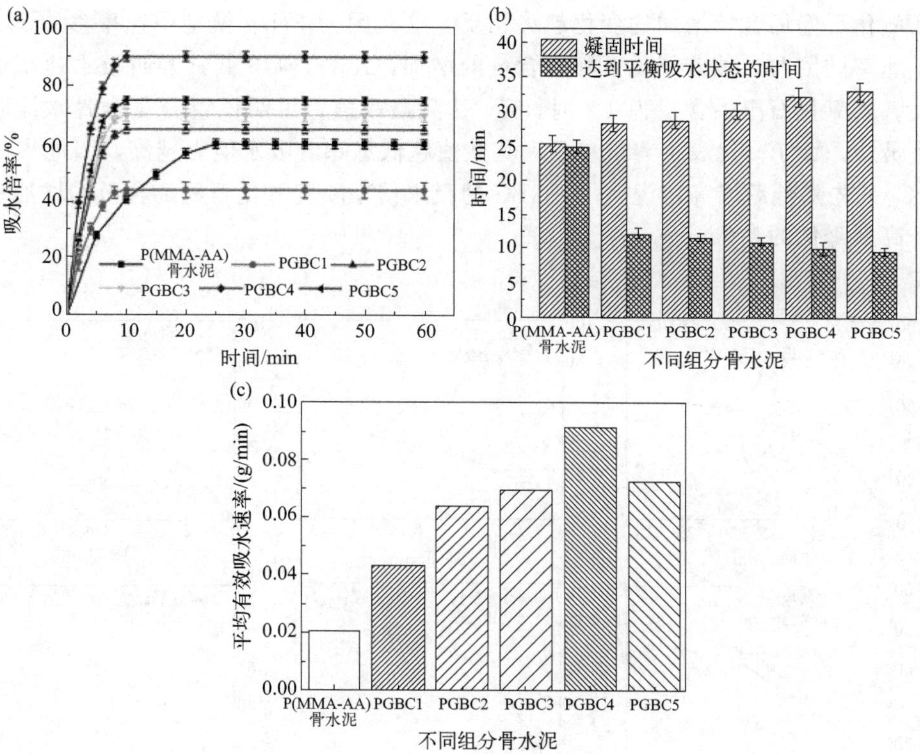

图 3-29 不同 GO 含量 PGBC 在 SBF 中的吸水性能

(a) 动态吸水曲线；(b) 达到平衡吸水状态的时间与凝固时间的对比；(c) 平均有效吸水速率

图 3-29(b) 为 PGBC 达到平衡吸水状态的时间与凝固时间的对比，可以看出 PGBC 的凝固时间都长于达到平衡吸水状态的时间，且氧化石墨烯含量的增加导致两者的时间差逐渐增大，表明 PGBC 的吸水行为完全发生在骨水泥固化之前。对 PGBC 的平均有效吸水速率进行计算，图 3-29(c) 中随着氧化石墨烯含量的增加，平均有效吸水速率呈现先增大后降低的趋势，其中氧化石墨烯含量为 1%时，骨水泥具有最大的平均有效吸水速率（0.091g/min），较 P(MMA-AA) 骨水泥和双吸水通路骨水泥中 HMBC5（见第 4 章）的平均有效吸水速率分别提高了 355%和

107%。因此，上述结果表明氧化石墨烯的引入显著提高了骨水泥凝固之前的吸水速率及吸水效率。

通过 Peleg 模型对 PGBC 的动态吸水过程进行了研究。对比图 3-30 中不同氧化石墨烯含量 PGBC，从实际测得的动态吸水倍率与根据模型预测得到的动态吸水倍率可以看出两者在同一时间点具有较为接近的数据。另外，不同组分骨水泥吸水倍率随吸水时间变化的拟合方程见表 3-10，其中各组拟合后的线性相关系数都在 0.99 左右，说明 Peleg 模型能够准确地对 PGBC 的吸水倍率进行拟合，并可以通过拟合方程求出相应时间下的近似吸水倍率。K_1 和 K_2 的变化趋势与平衡吸水倍率随氧化石墨烯含量增加的变化趋势相反。这是因为 Peleg 模型中速率参数 K_1 代表了速率的倒数，随着氧化石墨烯含量的增加，K_1 逐渐降低，表明吸水速率逐渐增大。当氧化石墨烯含量为 1%时，K_1 达到最小值，说明该组分复合骨水泥吸水速率最快。而 K_2 代表了容量参数，其数值越低意味着吸水能力越高，因此表 3-10 中 K_2 的先降低后增高也说明了 PGBC 的吸水倍率随着氧化石墨烯含量的增加呈现先升高后降低的趋势。

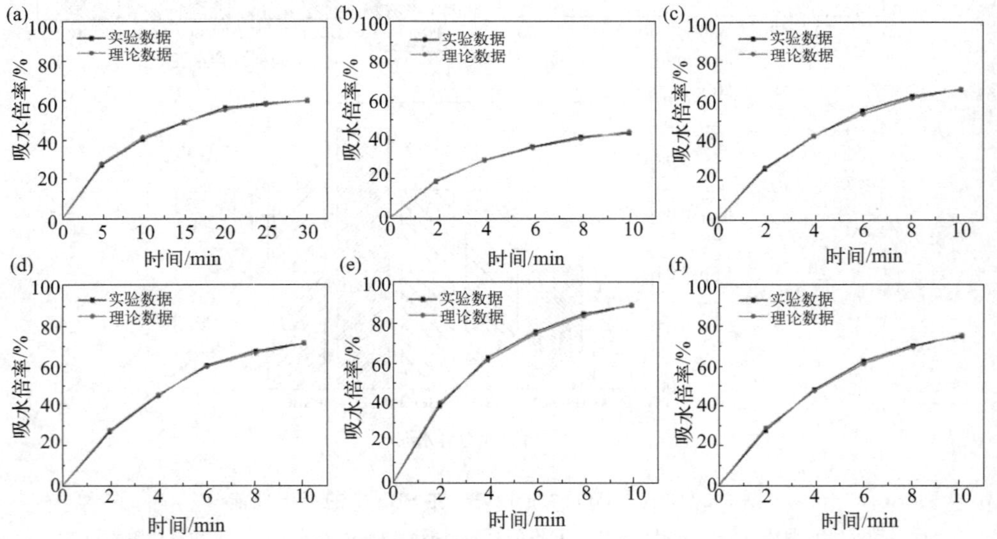

图 3-30 不同 GO 含量 PGBC 在 SBF 中吸水倍率的实验数据与 Peleg 模型预测数据

(a) P(MMA-AA) 骨水泥；(b) PGBC1；(c) PGBC2；(d) PGBC3；(e) PGBC4；(f) PGBC5

表 3-10 不同 GO 含量 PGBC 在 SBF 中的 Peleg 模型的吸水速率参数 (K_1)、容量参数 (K_2)、线性相关系数 (R^2) 及拟合方程

材料	吸水速率参数 /(h/%)	容量参数/$\%^{-1}$	线性相关系数	拟合方程
P(MMA-AA)骨水泥	0.199	0.0199	0.997	$M=t/(0.199+0.0199t)$
PGBC1	0.0719	0.0151	0.995	$M=t/(0.0719+0.0151t)$

续表

材料	吸水速率参数 /(h/%)	容量参数/$\%^{-1}$	线性相关系数	拟合方程
PGBC2	0.0555	0.00945	0.993	$M=t/(0.0555+0.00945t)$
PGBC3	0.0549	0.00819	0.995	$M=t/(0.0549+0.00819t)$
PGBC4	0.0332	0.0076	0.993	$M=t/(0.0332+0.0076t)$
PGBC5	0.0518	0.00786	0.994	$M=t/(0.0518+0.00786t)$

为了进一步研究水分子在 PGBC 中的扩散情况，选用 Ritger-Peppas 模型对其进行计算，拟合结果如图 3-31 所示，不同组分骨水泥 $\lg(M_t/M_\infty)$ 和 $\lg t$ 都具有良好的线性关系（$R^2>0.99$）。水分子在不同氧化石墨烯含量的 PGBC 中的扩散行为参数及线性相关系数见表 3-11，PGBC 的扩散系数 n 值均大于 0.43 且小于 1.0，表示水分子在 PGBC 内部是非菲克扩散机制，此时水分子的扩散速率与骨水泥中聚合物分子链段松弛速率接近，扩散行为受水分子扩散速率和聚合物分子链段松弛速率共同影响。

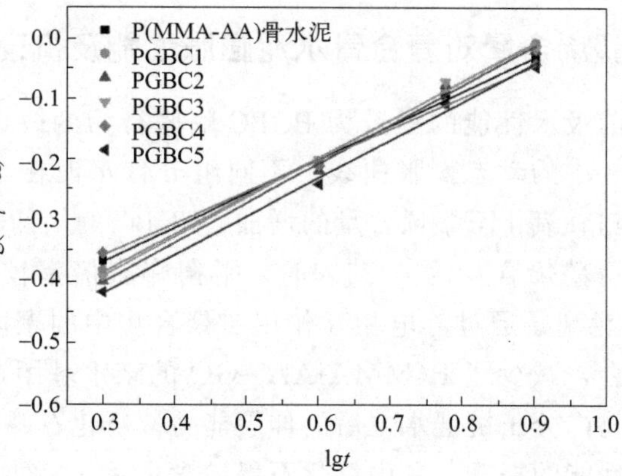

图 3-31　水分子在不同 GO 含量 PGBC 中的扩散模型拟合曲线

表 3-11　水分子在不同 GO 含量的 PGBC 中的扩散行为参数及线性相关系数

项目	P(MMA-AA)骨水泥	PGBC1	PGBC2	PGBC3	PGBC4	PGBC5
线性相关系数	0.996	0.995	0.998	0.998	0.998	0.996
扩散系数	0.627	0.645	0.626	0.559	0.519	0.639
扩散速率系数	0.245	0.252	0.265	0.289	0.304	0.260

上述吸水速率、水分子扩散速率的加快及吸水效率的提升与 P(MMA-AA) 和 GO 的结合方式密切相关。氧化石墨烯的引入对于调控聚合物整体的羟基数目以及

聚合物在骨水泥基体内形成的吸水网络结构都具有重要影响。当氧化石墨烯含量较低时，氧化石墨烯与 P(MMA-AA) 的结合消耗了羟基数量从而导致了吸水动力的降低；随着氧化石墨烯含量的进一步增加，相较于微球与微球相互连接形成的吸水网络，氧化石墨烯的片层状结构能够将具有吸水能力的 P(MMA-AA) 微球桥接起来，这种微球-片层状结构增加了水分子传递的路径。另外，氧化石墨烯薄片边缘到中央呈现亲水至疏水的性质分布，使得水分子在氧化石墨烯内部的传递较为困难；而由图 3-26 中的 TEM 图片可以看出，P(MMA-AA) 微球不仅分布于氧化石墨烯片的边缘，氧化石墨烯片的内部也有 P(MMA-AA) 微球通过氢键或范德瓦耳斯力与其发生结合，含有亲水基团羟基的 P(MMA-AA) 聚合物能够改善氧化石墨烯内部的疏水环境，使得水分子不仅能够在氧化石墨烯片层的边缘进行传递，也能在氧化石墨烯内部进行传递，在增强吸水能力的同时也加快了水分子在骨水泥内部的传递速度，因此水分子在骨水泥中的扩散速率逐渐增加。当氧化石墨烯含量过高时，氧化石墨烯在聚合物中可能产生团聚。此外，氧化石墨烯对 P(MMA-AA) 聚合物内高分子链的排斥也会影响骨水泥内部吸水通路的形成，从而导致骨水泥对水分子吸收能力的减弱。

3.3.4 氧化石墨烯含量对复合骨水泥膨胀性能及机理的影响

骨水泥凝固之前吸水性能的提升为 PGBC 膨胀行为的改善提供了重要的可能性。对于图 3-32(a) 中的动态膨胀曲线，不同组分骨水泥在 10min 内快速膨胀之后达到平衡状态，随着氧化石墨烯含量的增加，PGBC 的平衡膨胀倍率先降低后增加再降低。当氧化石墨烯含量为 0.25%时，平衡膨胀倍率较改性之前有所降低，这是因为 SBF 中的钙离子通过静电相互作用与聚合物中的聚丙烯酸和氧化石墨烯内的含氧官能团结合，减少了 P(MMA-AA)-GO 的亲水基团数目，降低吸水性能的同时减弱了聚合物内分子链遇水之后的伸展能力。氧化石墨烯含量的进一步增加导致了骨水泥膨胀性能的提升，其中氧化石墨烯含量为 1%时，平衡膨胀倍率达到最大值（91.3%±4.5%）。这是由于氧化石墨烯表面含有大量含氧官能团，显著增加了聚合物中亲水性基团的数量，因此氧化石墨烯薄片和 P(MMA-AA) 聚合物网络之间对水分子的储存能力具有协同增强的效果，利于聚合物内三维网状结构的伸展，表现出骨水泥整体膨胀性能的提升。当氧化石墨烯含量超过 1%时，平衡膨胀倍率较最大值有所降低，这可能是由于较强的范德瓦耳斯作用力使氧化石墨烯纳米片层之间易发生团聚，阻碍了吸水通路的形成，因此膨胀倍率降低。

图 3-32(b) 为 PGBC 达到平衡膨胀状态的时间与凝固时间的对比，可以看出 PGBC 的凝固时间都长于达到平衡状态的时间，且氧化石墨烯含量的增加导致两者的时间差逐渐增大，表明氧化石墨烯的引入加快了膨胀行为的进行并使得膨胀行为完全发生在骨水泥凝固之前。

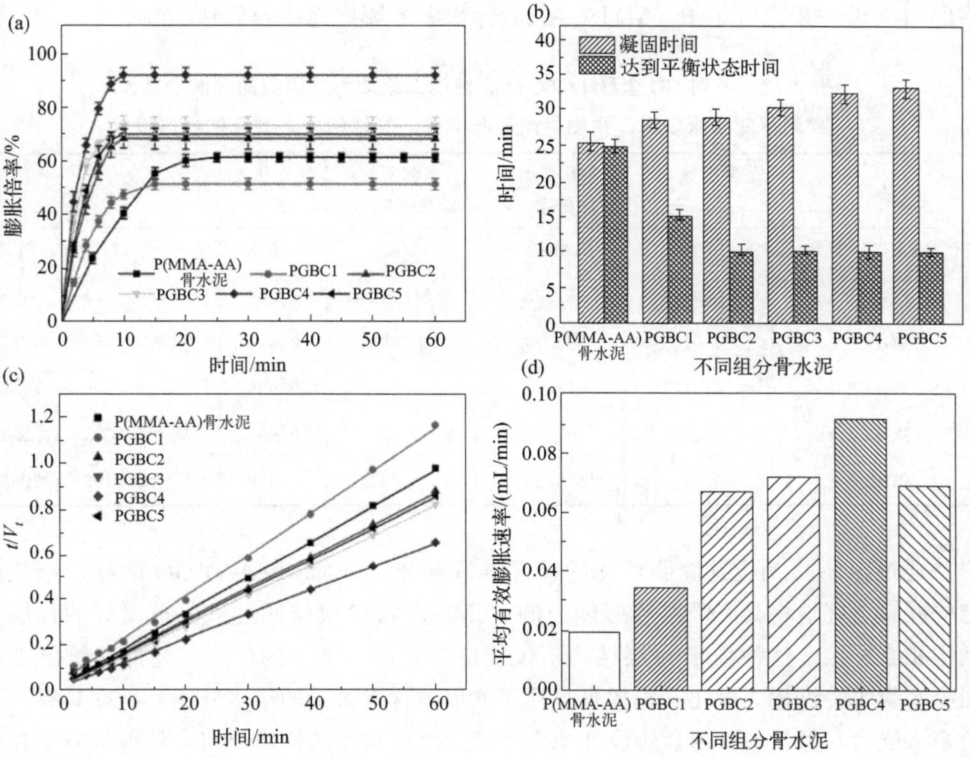

图 3-32　不同 GO 含量 PGBC 在 SBF 中的膨胀性能

(a) 动态膨胀曲线；(b) 达到平衡膨胀状态的时间与凝固时间的对比；
(c) 二级动力学模型；(d) 平均有效膨胀速率对比

为了进一步研究 PGBC 的膨胀速率，选用二级动力学模型对不同组分骨水泥的膨胀数据进行了模拟计算，结果如图 3-32(c) 所示，各组的线性相关系数都大于 0.998，表明 t/V_t 与 t 之间存在良好的线性关系。通过对比发现实验测得的平衡膨胀倍率与通过模型计算出的平衡膨胀倍率较为接近，说明 PGBC 的膨胀行为符合二级动力学模型，并可以通过拟合得到的方程对不同时间的膨胀倍率进行准确预估。不同氧化石墨烯含量 PGBC 膨胀性能二级动力学模型的膨胀速率、实际平衡膨胀倍率、预测平衡膨胀倍率、线性相关系数及拟合方程见表 3-12，各组的膨胀速率先增加后降低，当氧化石墨烯含量为 1%时具有最大值 0.019g/(g・min)，对比 HMBC（第 4 章）的膨胀倍率及膨胀速率，虽然两种改性方式的最大膨胀倍率较为接近，但是达到最大膨胀倍率时氧化石墨烯改性的二级动力学参数为 HEMA 改性的二级动力学参数的 1.2 倍。此外，图 3-32(d) 中不同组分骨水泥的平均有效膨胀速率随着体系中氧化石墨烯含量的增加呈现先升高再降低的趋势，其中 PGBC4 具有最高的数值 0.092mL/min，较 P(MMA-AA) 骨水泥和 HMBC5（见第 4 章）的平均有效膨胀速率分别提高了 338%和 99%。因此，以上结果表明多吸水通道的引入进一步提升了 P（MMA-AA）骨水泥的膨胀速率及膨胀效率。

表 3-12　不同 GO 含量 PGBC 膨胀性能二级动力学模型的膨胀速率、实际平衡膨胀倍率、预测平衡膨胀倍率、线性相关系数及拟合方程

材料	膨胀速率/[g/(g·min)]	实际平衡膨胀倍率/%	预测平衡膨胀倍率/%	线性相关系数	拟合方程
P(MMA-AA)骨水泥	0.010	61.8	61.694	0.998	$t/V_t=0.0272+t/61.8$
PGBC1	0.012	51.83	51.945	0.998	$t/V_t=0.0367+t/51.83$
PGBC2	0.013	68.74	68.922	0.998	$t/V_t=0.0195+t/68.74$
PGBC3	0.017	73.64	74.188	0.999	$t/V_t=0.0106+t/73.64$
PGBC4	0.019	91.30	93.34	0.999	$t/V_t=0.0062+t/92.51$
PGBC5	0.013	70.33	70.464	0.998	$t/V_t=0.0156+t/70.33$

通过图 3-33 对上述膨胀性能的提升进行解释。P(MMA-AA)-GO 微球片层状的结构能够更好地将具有吸水膨胀能力的 P(MMA-AA)微球通过氧化石墨烯的片层状结构相互连接。这种微球-片层结构不仅能够起到协同吸水的作用，还能从维度上增加吸水膨胀的纵深。氧化石墨烯自身片层的周边含有大量的亲水基团，因此具有较好的亲水能力，但从 GO 薄片边缘到中央呈现亲水至疏水的性质分布，使得水分子在氧化石墨烯内部的传递较为困难。而通过原位聚合法制备出了 P(MMA-AA)-GO，由于 P(MMA-AA)微球的尺寸小于氧化石墨烯片状的长度及宽度，因此会有部分 P(MMA-AA)微球通过氢键或范德瓦耳斯力与氧化石墨烯在其内部发生结合，含有亲水基团羟基的 P(MMA-AA)聚合物改善了氧化石墨烯内部的疏水环境，使得水分子不仅能够在氧化石墨烯片层的边缘进行传递，也能在氧化石墨烯内部进行传递，在增强吸水能力的同时也加快了水分子在骨水泥内部的传递速度，从而使得 P(MMA-AA）内的聚合物网络快速伸展表现出优异的膨胀性能。同时，氧化石墨烯也是一种具有膨胀性能的材料，其结构中丰富的含氧基团能够与具有极性的水分子产生相互作用，捕获水分子的同时能够加快水分子在聚合物内的传递，进而促进聚合物分子链的弛豫与伸展。此外，氧化石墨烯中的羧基基团（—COO—）能够增加骨水泥内外的渗透压，从而增加了膨胀的动力。因此，氧化石墨烯在提高骨水泥吸水膨胀倍率的同时也加快了其膨胀速率，使得膨胀行为完全发生在自身固化之前，最大限度地发挥了骨水泥内部 P(MMA-AA)-GO 的膨胀能力。

3.3.5　复合骨水泥的热分析

为了进一步研究水分子在 PGBC 中的存在形式，对不同组分骨水泥达到吸水膨胀平衡状态时的热稳定性进行了研究。图 3-34(a) 热重曲线经历了三个阶段的变化：第一个阶段（40～100℃）主要是复合骨水泥内部水分子的蒸发，说明水分子

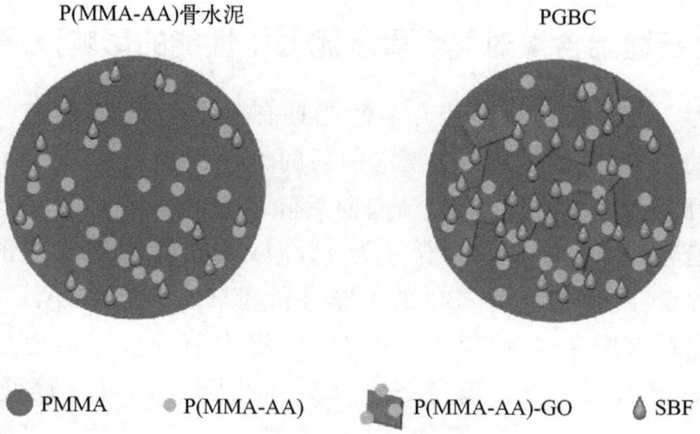

图 3-33　PGBC 快速吸水膨胀示意

在骨水泥内部主要以自由水的形式存在；第二阶段（100～350℃）是骨水泥中低分子量聚合物的分解；第三阶段（350～450℃）是骨水泥内部 P(MMA-AA)-GO 主链的断裂。

图 3-34(b) 为样品失重的 DTA 曲线，PGBC 分别在 80℃和 390℃出现了吸热峰。第一个峰归因于吸收的水分子的相转变，对于吸水倍率越高的样品，失重速率也越大，证明氧化石墨烯的引入使得 PGBC 内部所含水分子增多，与上述 PGBC 吸水性能的研究结果一致。这是由于引入的氧化石墨烯在为骨水泥整体提供了大量吸水位点的同时，能够与水分子发生氢键结合从而将水分子牢固地固定在聚合物的三维网状结构中；同时，氧化石墨烯的二维片层状结构能够起到很好的屏障作用防止水分子的流失。第二个峰处 PGBC 的失重速率显著低于 PMMA 骨水泥，说明氧化石墨烯的引入提高了骨水泥的热稳定性。由于人体正常的温度为 37℃以下，因此在该温度下 SBF 会稳定存在于 PGBC 中，并不会发生可逆的流失。

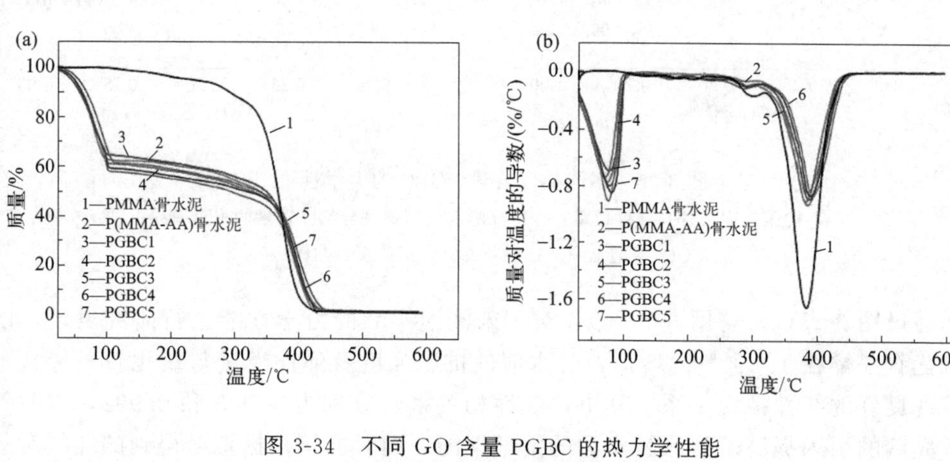

图 3-34　不同 GO 含量 PGBC 的热力学性能

（a）TG 曲线；（b）DTA 曲线

3.3.6 氧化石墨烯含量对复合骨水泥力学性能的影响及增强机制

骨水泥作为一种填充材料，其力学性能具有重要的研究意义。图 3-35 为不同氧化石墨烯含量的 PGBC 在 SBF 中浸泡前后的力学性能。图 3-35(a) 与图 3-35(b) 中 PGBC 的抗压强度和弹性模量在浸泡前后随着氧化石墨烯含量的变化都呈现先增加再减少的趋势。当氧化石墨烯含量为 1%时，PGBC 具有最高的力学性能，并且氧化石墨烯含量在 1%内，PGBC 的力学性能都较 P(MMA-AA) 骨水泥有所增加。其中，氧化石墨烯含量为 0.75%和 1%时浸泡前的抗压强度分别为 (73.7±0.6)MPa、(77.2±1.1)MPa，满足 ISO 5833 中规定的 70MPa 最低植入强度。

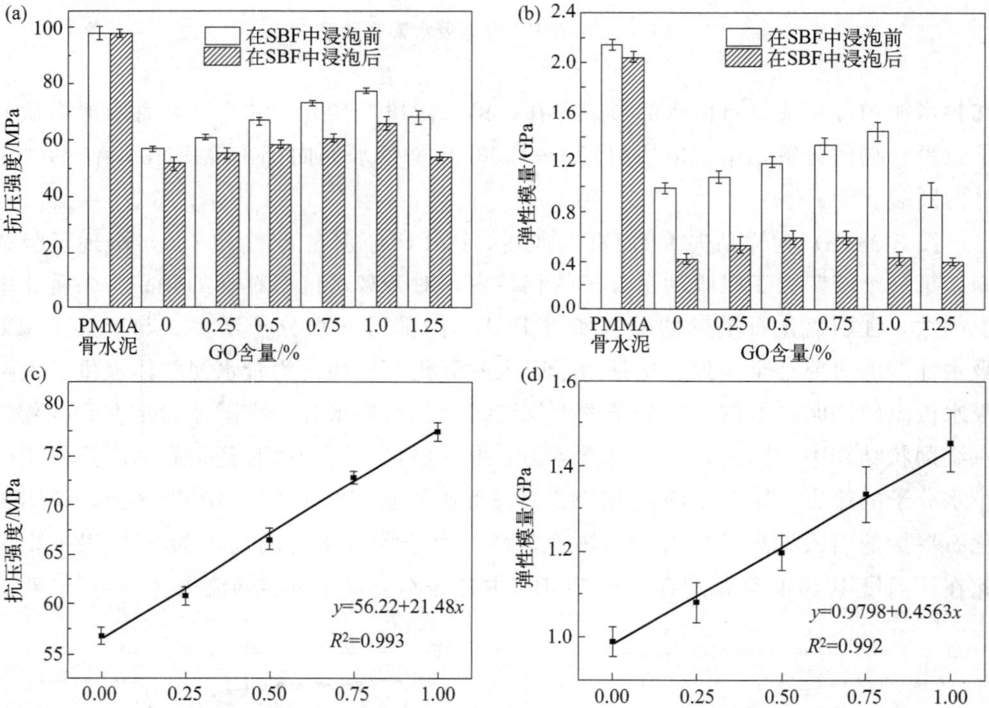

图 3-35 不同 GO 含量 PGBC 的力学性能

(a) 抗压强度；(b) 弹性模量；(c) 浸泡前抗压强度与 GO 含量的拟合曲线；(d) 浸泡前弹性模量与 GO 含量的拟合曲线

通过图 3-35(c) 与图 3-35(d)，对于未浸泡样品的力学性能进行研究发现，随着氧化石墨烯在 1%含量内增加，骨水泥的抗压强度及弹性模量与氧化石墨烯含量都呈现良好的线性拟合关系。其中，线性相关系数分别为 0.993 和 0.992，表明氧化石墨烯的引入提高了膨胀骨水泥的力学性能，同时能够根据拟合得到的曲线对氧化石墨烯含量在 1%内复合骨水泥的力学强度进行较为准确的预估。另外，浸泡后力学性能较浸泡前有所降低，虽然低于 PMMA 骨水泥的力学性能，但所有组的力学性能均较未加入氧化石墨烯的复合骨水泥有所提高。造成上述浸泡后力学性能下降的原因是 P(MMA-AA)-GO 纳米复合物在骨水泥中主要起着吸水膨胀的作用，因此浸泡后使骨水泥样品中存在着大量的水分子从而对骨水泥起到增塑效应。

通过以下公式对 GO 增强骨水泥基体的弹性模量进行了计算：

$$E_{\text{theory}}=E_{\text{GO}}V_{\text{GO}}+E_{\text{bone cement}}(1-V_{\text{GO}}) \tag{3-10}$$

式中 E_{theory}——复合骨水泥的理论弹性模量，GPa；

$E_{\text{bone cement}}$——复合骨水泥的实际弹性模量，GPa；

E_{GO}——GO 的有效弹性模量，GPa；

V_{GO}——GO 在复合骨水泥内的体积分数，%。

由图 3-36 通过对比可以看出，公式计算得到的理论弹性模量与根据实验测得的实际弹性模量具有较为接近的数值，因此能够根据上述方程对氧化石墨烯含量为 1%内的 PGBC 的弹性模量进行较为准确的预测。而理论值略高于实验值，这可能是由于制样过程中引入了部分气孔。

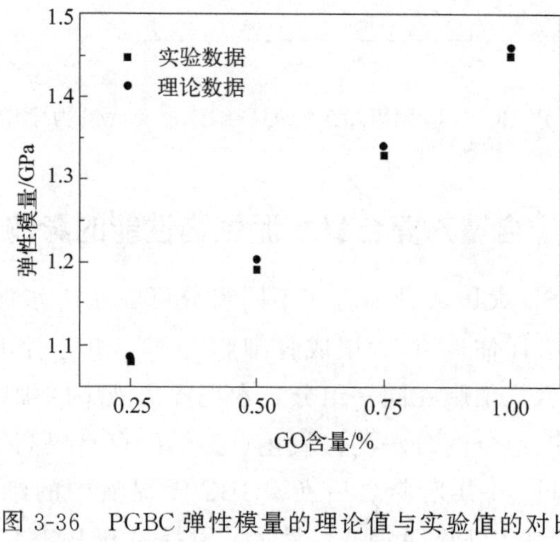

图 3-36 PGBC 弹性模量的理论值与实验值的对比

图 3-37 进一步说明了 P(MMA-AA)-GO 纳米微单元对复合骨水泥的增强机理。片层状的纳米氧化石墨烯自身具有较高的力学性能，其较大的比表面积为骨水泥中 P(MMA-AA)分子链的流动提供了更多的几何约束，从而有助于生物材料对应力的承载。由于 PMMA 骨水泥固相中存在苯乙烯共聚物 P(MMA-St)，因此氧化石墨烯含量的增加使得其与 P(MMA-St) 中存在的苯环通过 π-π 共轭作用结合的能力增强；同时，由于聚合物中含氧官能团的数目随着氧化石墨烯含量的增加而提高，氧化石墨烯中羟基与 PMMA 分子链中羰基氧形成的氢键数目也就增多，从而增强了 P(MMA-AA)-GO 纳米复合物与骨水泥基体的结合。P(MMA-AA)-GO 在骨水泥内部起到桥接的作用，作为中间体将 PMMA 与 P(MMA-St)通过氢键及

π-π 共轭作用连接起来，从而增强了聚合物与 PMMA 骨水泥的物理结合及化学键合。上述因素共同导致了 P(MMA-AA)-GO 纳米复合物对骨水泥力学性能的提高。当氧化石墨烯含量进一步提升时，在微球内可能存在着团聚的现象，使得微球更容易成为应力集中点，萌生裂纹，力学性能有所降低，与之前关于氧化石墨烯含量对于复合物力学性能的影响具有相同的变化趋势。

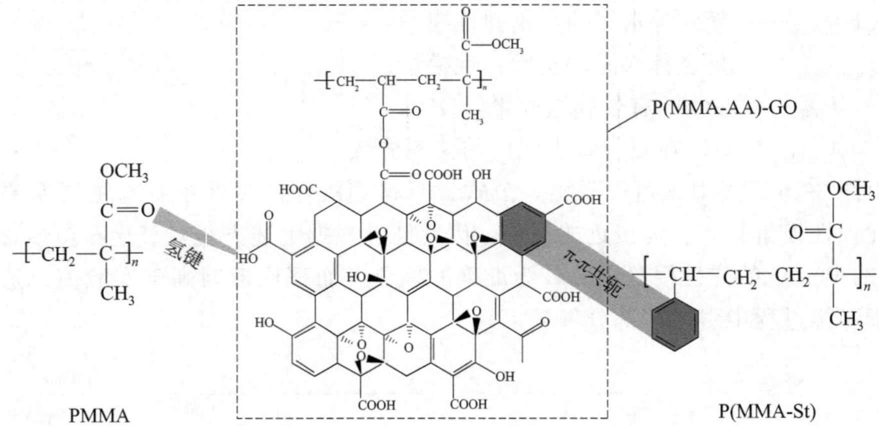

图 3-37 PGBC 中 P(MMA-AA)-GO 纳米微单元的力学增强示意

3.3.7 氧化石墨烯含量对复合骨水泥生物性能的影响

通过 MTT 法对 SD 大鼠成骨细胞在不同组分可膨胀骨水泥浸提液中及骨水泥表面的细胞活性进行了评估。SD 大鼠成骨细胞在不同组分骨水泥浸提液中的细胞活性如图 3-38(a) 所示。细胞在同一组分骨水泥浸提液中的细胞活性随培养时间的延长而提高，对于不同组分的骨水泥，氧化石墨烯的存在提高了细胞在骨水泥浸提液中的细胞活性，经过 5d 共培养之后在 PGBC 浸提液中的细胞活性达 96.1%±2.3%，细胞活性高于在 P(MMA-AA) 骨水泥浸提液和 PMMA 骨水泥浸提液中的数值，且各组之间存在着显著性差异（$^{*}p<0.05$），说明 GO 的加入降低了 P(MMA-AA) 骨水泥的细胞毒性。这是由于氧化石墨烯自身属于无毒性的生物材料，它的引入延长了骨水泥的凝固时间。凝固时间的延长有助于骨水泥固液反应的充分进行，因此减少了甲基丙烯酸甲酯的残余释放量。另外，PGBC 中的氧化石墨烯能够与液相中的甲基丙烯酸甲酯以氢键形式进行结合，因此减少了骨水泥固化之后甲基丙烯酸甲酯的残余单体含量，从而降低了骨水泥的毒性。

图 3-38(b) 中成骨细胞在 PMMA 骨水泥表面具有较低的细胞活性，而可膨胀骨水泥表面不同天数的细胞活性都较 PMMA 骨水泥明显提高，不同组之间存在着显著性差异（$^{*}p<0.05$）。其中，细胞在 PGBC 表面的细胞活性在各组中均表现出

了最高值，经过 5d 培养之后细胞活性最高可达到 89.3%±2.5%，表明 P(MMA-AA) 骨水泥中氧化石墨烯的引入增加了成骨细胞在复合骨水泥表面的增殖。

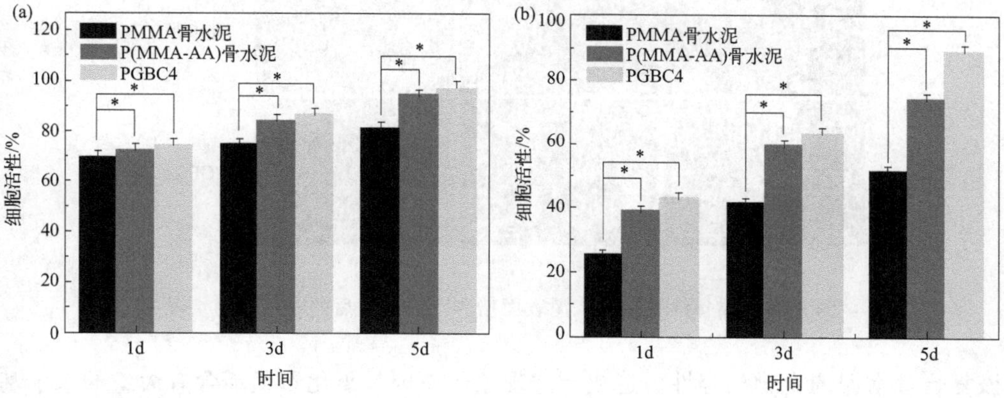

图 3-38 不同骨水泥的生物性能

(a) 细胞毒性；(b) 细胞增殖（t 检验；* $p<0.05$；** $p<0.01$）

成骨细胞在 P(MMA-AA) 骨水泥和 PGBC 表面培养不同时间后的黏附增殖情况如图 3-39 所示。随着培养时间的延长，各组中的细胞数目都有所增加，培养 1d 后的成骨细胞在骨水泥表面展现出锚固状态，3d 后各样品表面的细胞出现了典型的多角形形态，具有更明显的丝状伪足，5d 后细胞较为均匀地攀附在骨水泥的表面，细胞在 PGBC 中均展现出了更好的细胞生长形态及细胞黏附增殖情况。这些结果表明氧化石墨烯的引入进一步促进了成骨细胞在骨水泥表面的黏附。造成上述细胞在复合骨水泥表面增殖和黏附能力提升的原因是：氧化石墨烯中的 C=O 通过共价耦合和静电相互作用增强对细胞外生物分子尤其是蛋白质和 DNA 的吸附，从而加速细胞外基质的形成；同时，氧化石墨烯丰富的含氧官能团及其较大的二维片层状结构提供了更多的黏附点，利于细胞的黏附和增殖。另外，已有研究证明生物材料极性的提高能够提升细胞与生物材料的相互作用，而氧化石墨烯是一种具有良好极性的生物材料，因此氧化石墨烯的加入能够促进细胞在骨水泥表面的增殖黏附，从而增加了其生物相容性。

由于碱性磷酸酶（ALP）是成骨细胞早期分化的重要指标，因此将骨水泥样品与细胞共培养 7d 和 14d 后，检测了 SD 大鼠成骨细胞在不同组分骨水泥表面的 ALP 活性。图 3-40 中对于同一成分的骨水泥，细胞培养 14d 后的 ALP 活性均高于培养 7d 后的数值。对于同一培养时间不同组分的骨水泥，成骨细胞在 PGBC 上都具有最高的 ALP 活性，经过 7d 及 14d 培养后的 ALP 活性数值［每毫克蛋白酶活性，单位（U/mg）］分别为（11.13±0.58）U/mg 和（16.35±0.43）U/mg，且不同组之间存在着显著性差异，表明 PGBC 相对于传统 PMMA 骨水泥及可膨胀 P(MMA-AA) 骨水泥能够进一步促进成骨细胞早期在骨水泥表面的分化，从而提高

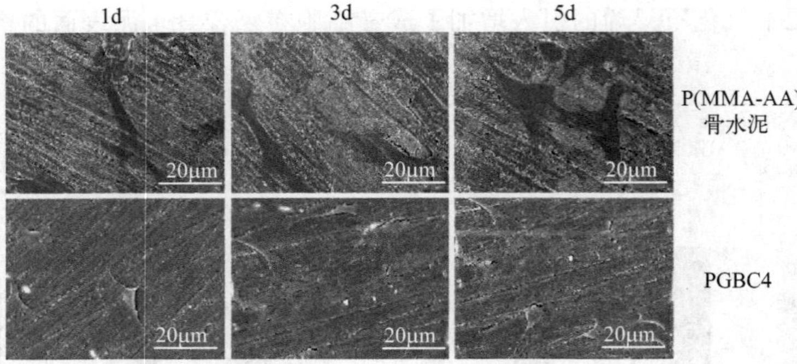

图 3-39　成骨细胞在骨水泥表面培养不同天数后的黏附增殖情况

该复合骨水泥的生物相容性。造成上述现象的原因是氧化石墨烯含有大量的亲水基团（羟基、羧基和环氧基），聚合物中氧化石墨烯的存在增加了骨水泥整体的亲水性，有利于细胞在骨水泥表面的增殖及分化；与此同时，氧化石墨烯可以通过静电吸引力吸引培养液中的蛋白质及其他生物分子从而为成骨细胞的分化提供了更为有利的条件。

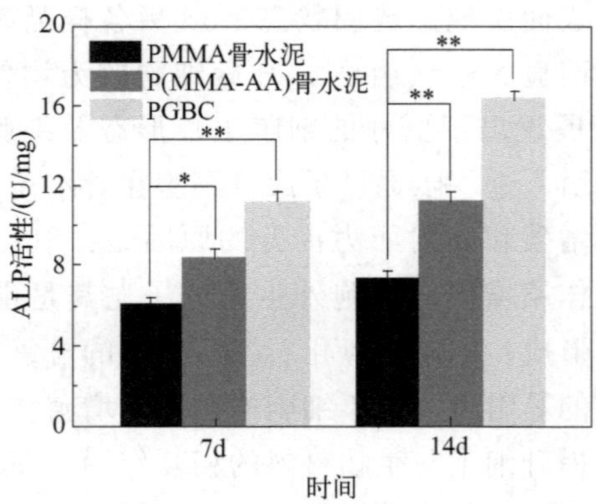

图 3-40　SD 大鼠成骨细胞在 PMMA 骨水泥、P(MMA-AA）骨水泥和 PGBC 上培养 7d 以及 14d 后的 ALP 活性（$^{*}p<0.05$；$^{**}p<0.01$）

3.4　本章小结

丙烯酸的引入大幅提高了骨水泥的吸水膨胀性能，当丙烯酸含量增加到 50% 时，所得 P(MMA-AA）骨水泥中形成三维吸水通路，骨水泥吸水后发生体积膨胀，最大膨胀倍率为 26.3%。此外，P(MMA-AA）骨水泥的凝固温度和弹性模量都较 PMMA 骨水泥显著降低。交联剂 MBA 含量能够调控 P(MMA-AA）聚合物中亲水基团的数量与三维网络结构的形态，通过工艺优化发现当 MBA 含量为 5% 时，P(MMA-AA) 骨水泥的平衡膨胀倍率可达 63.2%±2.1%。

通过原位聚合法制备了不同氧化石墨烯含量的 P(MMA-AA)-GO 纳米微单元，并研究了氧化石墨烯含量对于改性骨水泥吸水膨胀性能及力学性能的影响。该骨水泥的吸水膨胀行为在凝固之前快速完成，当氧化石墨烯含量为 1%时，PGBC 具有最大的平衡吸水倍率及平衡膨胀倍率，其数值分别为 90.2%±1.7%、91.3%±4.5%；同时，该成分复合骨水泥具有最高的平均有效吸水速率及平均有效膨胀速率。吸水和膨胀行为分别符合 Peleg 模型及二级动力学模型，水分子在 PGBC 内部仍是非菲克扩散机制。此外，PGBC 浸泡前后的力学性能都较改性前的骨水泥有所提高，浸泡前的最高抗压强度为 (77.2±1.1)MPa，克服了之前研究中骨水泥吸水膨胀性能提升的同时力学性能降低的缺点。

第4章 双吸水通路 PMMA 基复合骨水泥

上一章研究发现 P(MMA-AA）骨水泥在模拟体液（SBF）中完全凝固时还没有达到吸水膨胀平衡状态，其吸水膨胀性能未实现最大化，主要原因是骨水泥中 P(MMA-AA）聚合物的羟基数量有限，导致吸水速率不高。然而，继续增加丙烯酸含量虽然可以提高羟基的数量，促进快速吸水，但是骨水泥的力学性能却会进一步下降，从而无法满足临床使用时的强度要求。因此，骨水泥凝固前快速吸水膨胀并保证足够的力学强度是目前极具挑战性的研究。本章提出在骨水泥中构建多吸水通路的新思路，首先选择具有亲水性的甲基丙烯酸羟乙酯（HEMA）替换骨水泥的疏水性液相甲基丙烯酸甲酯，聚合反应后在 P(MMA-AA）聚合物主吸水通路间形成 P(MMA-HEMA）次级吸水通路，双吸水通路协同提升水在骨水泥中的传递速率。此外，还研究了 HEMA 添加量对骨水泥吸水膨胀性能、力学性能和生物性能的影响。

4.1 复合骨水泥的成分

通过向 P(MMA-AA）骨水泥（SMBC，固相改性骨水泥）的液相中加入甲基丙烯酸羟乙酯制备双吸水通路可膨胀 P(MMA-AA）基骨水泥（HMBC），为了评价甲基丙烯酸羟乙酯含量对于复合骨水泥中羟基含量的影响，对不同骨水泥的成分进行了红外分析。如图 4-1 所示，3400～3100cm^{-1} 范围内出现的宽峰属于甲基丙烯酸羟乙酯中羟基的伸缩振动峰，在 2995cm^{-1} 及 2953cm^{-1} 处出现的峰是甲基丙烯酸羟乙酯中═C—H 和—CH_3 的伸缩振动峰，而在 1445cm^{-1} 和 1390cm^{-1} 处的吸收峰为甲基丙烯酸羟乙酯中═C—H 和—CH_3 的弯曲振动峰。1150cm^{-1} 处的强吸收峰是甲基丙烯酸甲酯中 C—O—C 的伸缩振动峰。在 1680～1620cm^{-1} 处并没有出现甲基丙烯酸羟乙酯和甲基丙烯酸甲酯中 C ═C 双键的特征吸收峰，说明两种单体在液相中引发剂的作用下成功进行了聚合反应。1729cm^{-1} 处为甲基丙烯酸甲酯、丙烯酸和甲基丙烯酸羟乙酯中的酯羰基吸收峰，PMMA 骨水泥和可膨胀 P(MMA-AA）骨水泥中的酯羰基强度较弱，而在双吸水通路可膨胀 P(MMA-AA）骨水泥中酯羰基的强度随着甲基丙烯酸羟乙酯含量的增加而增强，也说明了甲基丙烯酸羟乙酯参与骨水泥的固液聚合反应。以上结果表明，甲基丙烯酸羟乙酯含量对于双吸水通路可膨胀 P(MMA-AA) 骨水泥内羟基含量存在影响。随着甲基丙烯酸羟乙酯含量从 10%增加到 60%，羟基的吸收强度逐渐增强，明显高于 P(MMA-AA) 骨水泥，说明 HEMA 的引入使 HMBC（HMBC1～HMBC6 分别表示 HEMA 含量为 10%、20%、30%、40%、50%、60%的双吸水通路复合骨水泥）刚性结构增加了亲水基团羟基，从而为 HMBC 在 SBF 中吸水行为的提升提供了基础。

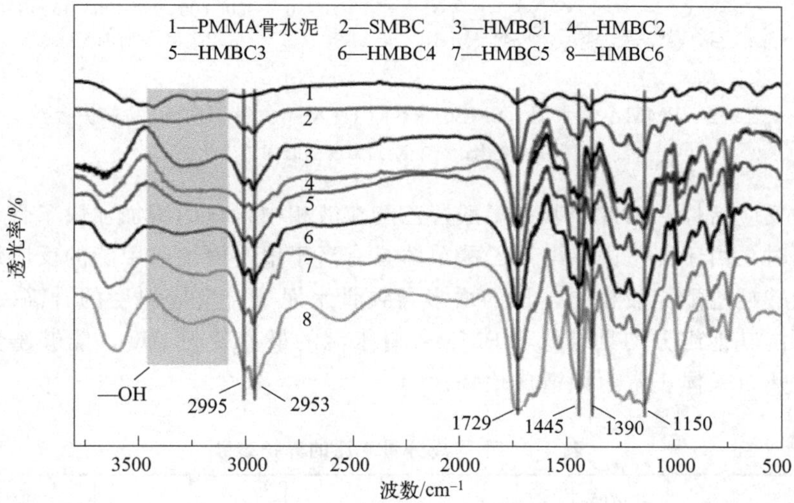

图 4-1　PMMA 骨水泥、SMBC、不同 HEMA 含量 HMBC 的红外图谱

4.2　复合骨水泥的理化参数

骨水泥液相组成的变化对于其养护参数具有一定的影响。图 4-2(a) 为不同组分骨水泥的面团时间，随着甲基丙烯酸羟乙酯含量的增加，HMBC 的面团时间从 13.5min 逐渐减少到 8.6min，虽然仍高于 PMMA 骨水泥，但是较 SMBC 有所缩短。图 4-2(b) 为不同组分骨水泥的凝固温度随时间变化的曲线，由图可以看出随着甲基丙烯酸羟乙酯含量的增加最高凝固温度逐渐升高。不同成分骨水泥的养护参数见表 4-1。当甲基丙烯酸羟乙酯含量达到 60%时，最高凝固温度为 100.4℃，高于 PMMA 骨水泥。而凝固时间与最高凝固温度呈现负相关，从 25.9min 逐渐减小到 17.5min，介于 PMMA 骨水泥与 SMBC 的凝固时间之间。

双吸水通路可膨胀 P(MMA-AA) 骨水泥的面团时间及凝固时间都较 P(MMA-AA) 骨水泥短。这是由于液相中的甲基丙烯酸羟乙酯比甲基丙烯酸甲酯具

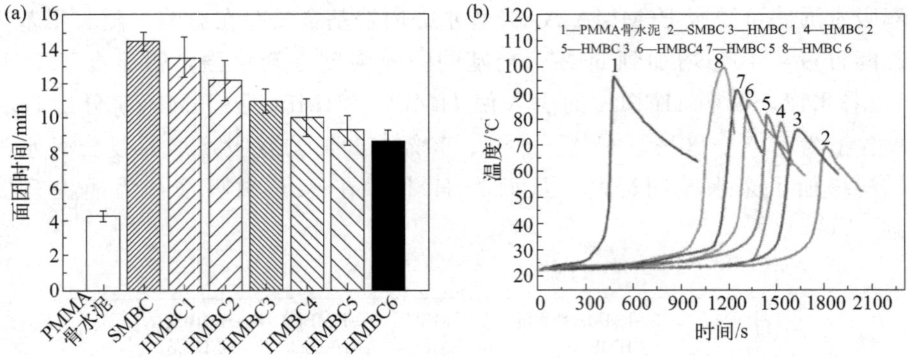

图 4-2　PMMA 骨水泥、SMBC、不同 HEMA 含量 HMBC 的养护参数

(a) 面团时间变化；(b) 凝固温度随时间的变化曲线

有更高的反应活性，因此甲基丙烯酸羟乙酯在液相中含量的增加加快了骨水泥固液反应；同时，由于甲基丙烯酸羟乙酯单体具有高于甲基丙烯酸甲酯的反应焓，因此甲基丙烯酸羟乙酯在液相中含量的增多导致骨水泥聚合反应温度的升高。除 HMBC6 之外的其他组分均具有低于 PMMA 骨水泥的最高凝固温度，能够避免骨水泥过高反应热对人体正常组织造成灼烧。

表 4-1　不同成分骨水泥的养护参数

参数	PMMA 骨水泥	SMBC	HMBC1	HMBC2	HMBC3	HMBC4	HMBC5	HMBC6
面团时间/min	4.3	14.5	13.5	12.2	11.0	10.1	9.3	8.6
凝固时间/min	13.5	29.4	25.9	24.3	23.5	21.4	19.7	17.5
最高凝固温度/℃	97.1	69.9	76.4	79.3	82.3	87.7	91.7	100.4

4.3　复合骨水泥的吸水性能及吸水动力学

为了评估 HMBC 中羟基含量的增加对于表面润湿性和吸水性能的影响，首先测定了骨水泥的亲水角来反映其表面润湿性的改变（图 4-3）。

随着甲基丙烯酸羟乙酯含量从 10%增加到 50%，亲水角从 77.6°降低到 64.5°，所有 HMBC 亲水角的数值均低于 P(MMA-AA）骨水泥的 80.3°，说明 HMBC 的表面润湿性得到了明显改善。这是因为甲基丙烯酸羟乙酯分子结构式的末端含有羟基，而甲基丙烯酸羟乙酯中的碳碳双键参加了骨水泥固液两相的聚合反应，因此亲水基团得以保留从而增强了 HMBC 表面对水分子的吸引能力。对 HMBC 亲水角的数值与甲基丙烯酸羟乙酯的含量进行拟合后发现，图 4-3(g) 中线性相关系数达到

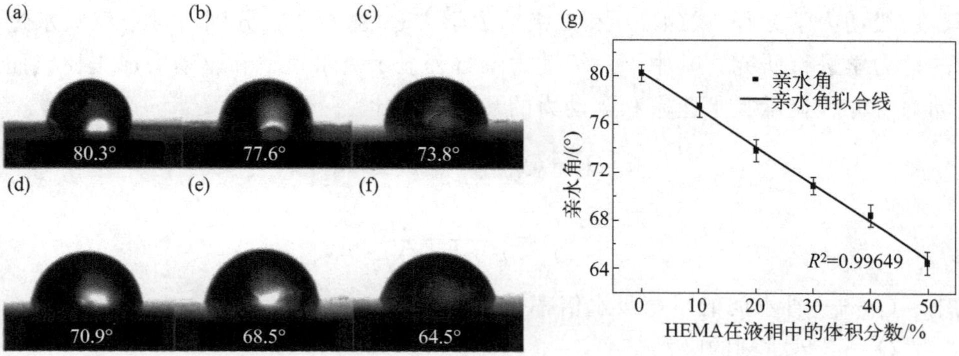

图 4-3　不同组分骨水泥的表面润湿性

（a）P(MMA-AA) 骨水泥；（b）HMBC1；（c）HMBC2；（d）HMBC3；（e）HMBC4；（f）HMBC5；（g）亲水角与液相中 HEMA 体积分数的线性拟合关系

0.99649，表明亲水角与甲基丙烯酸羟乙酯的体积分数之间存在着良好的线性相关性，因此能够根据甲基丙烯酸羟乙酯在 0%～50%之间不同的添加量对骨水泥的亲水角进行预测。

HMBC 中亲水基团数目的增加以及表面润湿性的改善对其吸水膨胀能力具有重要影响。因此，首先测定了 HMBC 在 SBF 中的吸水性能，如图 4-4 所示。其中，图 4-4(a) 为不同组分双吸水通路可膨胀骨水泥的动态吸水倍率，各组在 SBF 中的吸水倍率具有相同的变化趋势，吸水倍率随着浸泡时间的增加在初始阶段快速增加，在 30min 后达到平衡吸水状态。HMBC 达到平衡状态后的吸水倍率如图 4-4(b) 所示，随着甲基丙烯酸羟乙酯在液相中含量的增加，平衡吸水倍率从 71%±2.5%逐渐升高到 92.5%±1.7%。

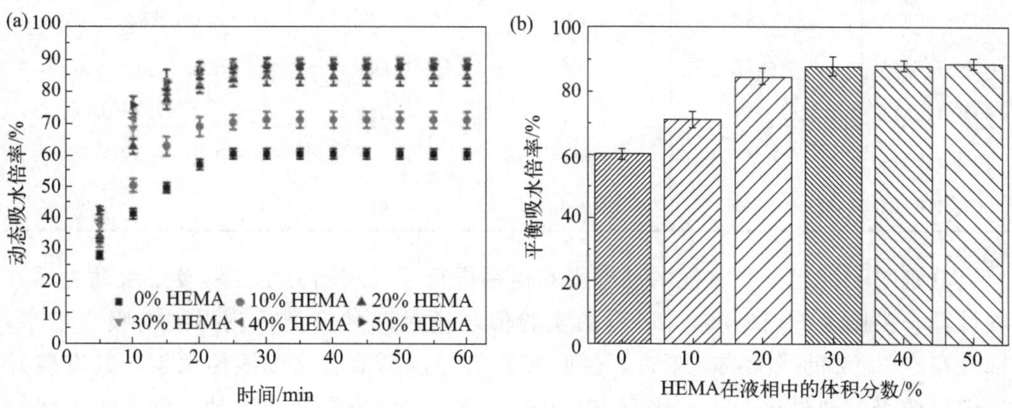

图 4-4　不同组分双吸水通路可膨胀骨水泥的吸水性能

（a）动态吸水倍率；（b）平衡吸水倍率

为了进一步研究 HMBC 的吸水行为，采用三种常见的动力学模型：Peleg 模型、一级动力学方程[式(4-1)]和二级动力学方程[式(4-2)]分别对骨水泥吸水过程中的动力学进行研究。其中，一级动力学方程显示吸水速率和驱动力成正比，而二级动力学方程显示吸水速率和驱动力的平方成正比。

$$\ln(Q_e-Q_t)=-k_1t+\ln Q_e \tag{4-1}$$

$$\frac{t}{Q_t}=\frac{1}{k_2Q_e^2}+\frac{t}{Q_e} \tag{4-2}$$

式中 Q_e——骨水泥的平衡吸水倍率，%；

Q_t——t 时刻的吸水倍率，%；

k_1——一级动力学参数，min^{-1}；

k_2——二级动力学参数，g/(g·min)。

图 4-5 中通过 Peleg 模型拟合得到的动态吸水倍率与实验测得的动态吸水倍率具有较好的线性相关性（$R^2>0.9$），其中未加入甲基丙烯酸羟乙酯的组分具有最高的线性相关系数（$R^2=0.997$）。不同甲基丙烯酸羟乙酯含量双吸水通路可膨胀 P(MMA-AA) 骨水泥在 SBF 中吸水倍率的 Peleg 参数见表 4-2。随着甲基丙烯酸羟乙酯含量的增加，各组分的线性相关系数由 0.976 逐渐降低到 0.911，表明用 Peleg 模型拟合得到的吸水倍率与实验测得的吸水倍率的线性相关性逐渐变差，因此选用 Peleg 模型进行预测会影响吸水倍率的准确性。

表 4-2 不同 HEMA 含量双吸水通路可膨胀 P（MMA-AA）骨水泥在 SBF 中吸水倍率的 Peleg 参数

材料	一级动力学参数/min^{-1}	二级动力学参数/[g/(g·min)]	线性相关系数	拟合方程
0% HEMA	0.199	0.0199	0.997	$Q_t=t/(0.199+0.0199t)$
10% HEMA	0.0882	0.0108	0.976	$Q_t=t/(0.0882+0.0108t)$
20% HEMA	0.0877	0.00832	0.943	$Q_t=t/(0.0877+0.00832t)$
30% HEMA	0.0757	0.00836	0.941	$Q_t=t/(0.0757+0.00836t)$
40% HEMA	0.0699	0.00852	0.928	$Q_t=t/(0.0699+0.00852t)$
50% HEMA	0.0595	0.00884	0.911	$Q_t=t/(0.0595+0.00884t)$

分别对不同组分骨水泥的动态吸水倍率进行了一级动力学方程及二级动力学方程计算，由图 4-6、图 4-7 可以看出实验值与通过两种模型预测得到的吸水倍率，都分布在 $r=1$ 的线上或其附近，说明实验值与预测值有高度线性关系，具有较好的拟合效果。通过进一步对比表 4-3 中的一级动力学方程及二级动力学方程的线性相关系数，一级动力学方程相较于二级动力学方程具有更为接近 1 的线性相关系数，表明用一级动力学模型拟合得到的动态吸水倍率与实验的实测值更为接近。因

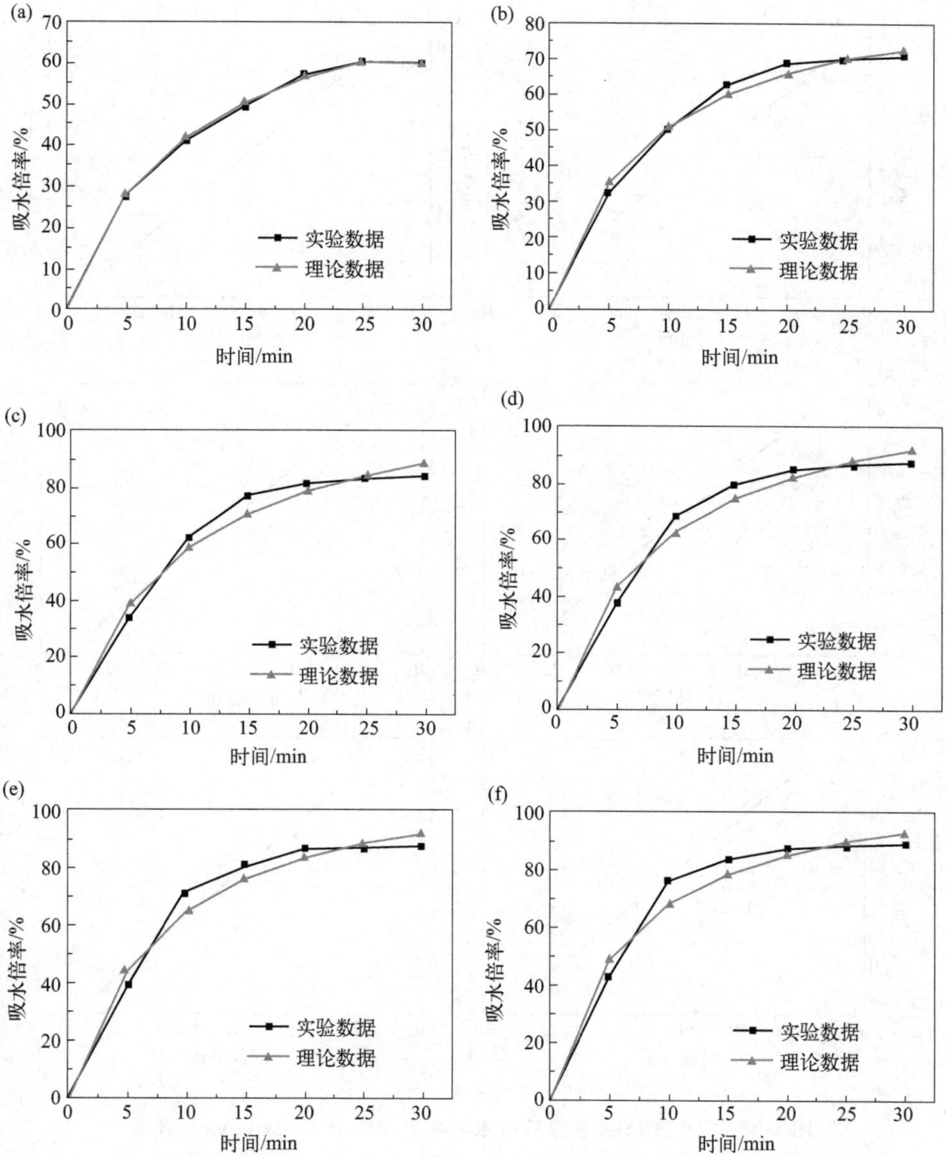

图 4-5 不同 HEMA 含量 HMBC 在 SBF 中吸水倍率的实验数据与 Peleg 模型预测数据
(a) 0% HEMA；(b) 10% HEMA；(c) 20% HEMA；
(d) 30% HEMA；(e) 40% HEMA；(f) 50% HEMA

此综合上述三种模型，一级动力学方程能够更为准确地预测不同组分双吸水通路可膨胀骨水泥在达到平衡状态之前某一时刻的吸水倍率。

不同甲基丙烯酸羟乙酯含量双吸水通路可膨胀 P（MMA-AA）骨水泥在 SBF 中吸水倍率的实验数据与二级动力学方程预测数据见表 4-3，进一步研究发现

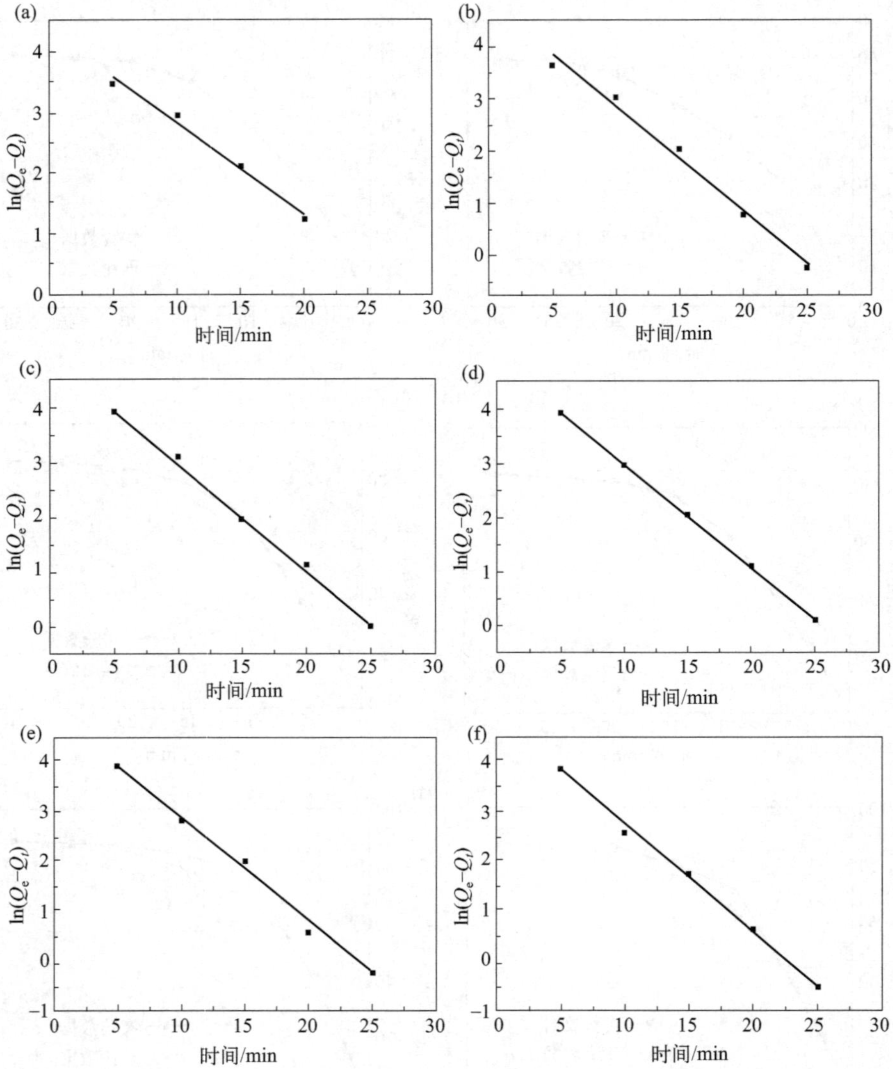

图 4-6　不同 HEMA 含量双吸水通路可膨胀 P（MMA-AA）骨水泥在 SBF 中吸水倍率的实验数据与一级动力学方程预测数据

(a) 0% HEMA；(b) 10% HEMA；(c) 20% HEMA；(d) 30% HEMA；(e) 40% HEMA；(f) 50% HEMA

HMBC 的一级动力学参数 k_1 均大于 P（MMA-AA）骨水泥的数值，表明甲基丙烯酸羟乙酯的引入加快了双吸水通路 P（MMA-AA）骨水泥的吸水速度。而随着甲基丙烯酸羟乙酯含量的增加，HMBC 的一级动力学参数 k_1 逐渐增大，当甲基丙烯酸羟乙酯含量为 50%时，达到最大值 0.212min^{-1}，较未加入甲基丙烯酸羟乙酯组分的一级速率参数提高了 40.4%，进一步表明甲基丙烯酸羟乙酯含量的增加在提高 HMBC 整体吸水倍率的同时也加快了吸水速度。这是由于甲基丙烯酸羟乙酯的引入提高了复合骨水泥中的羟基数量，增强了骨水泥对水分子的吸引能力。

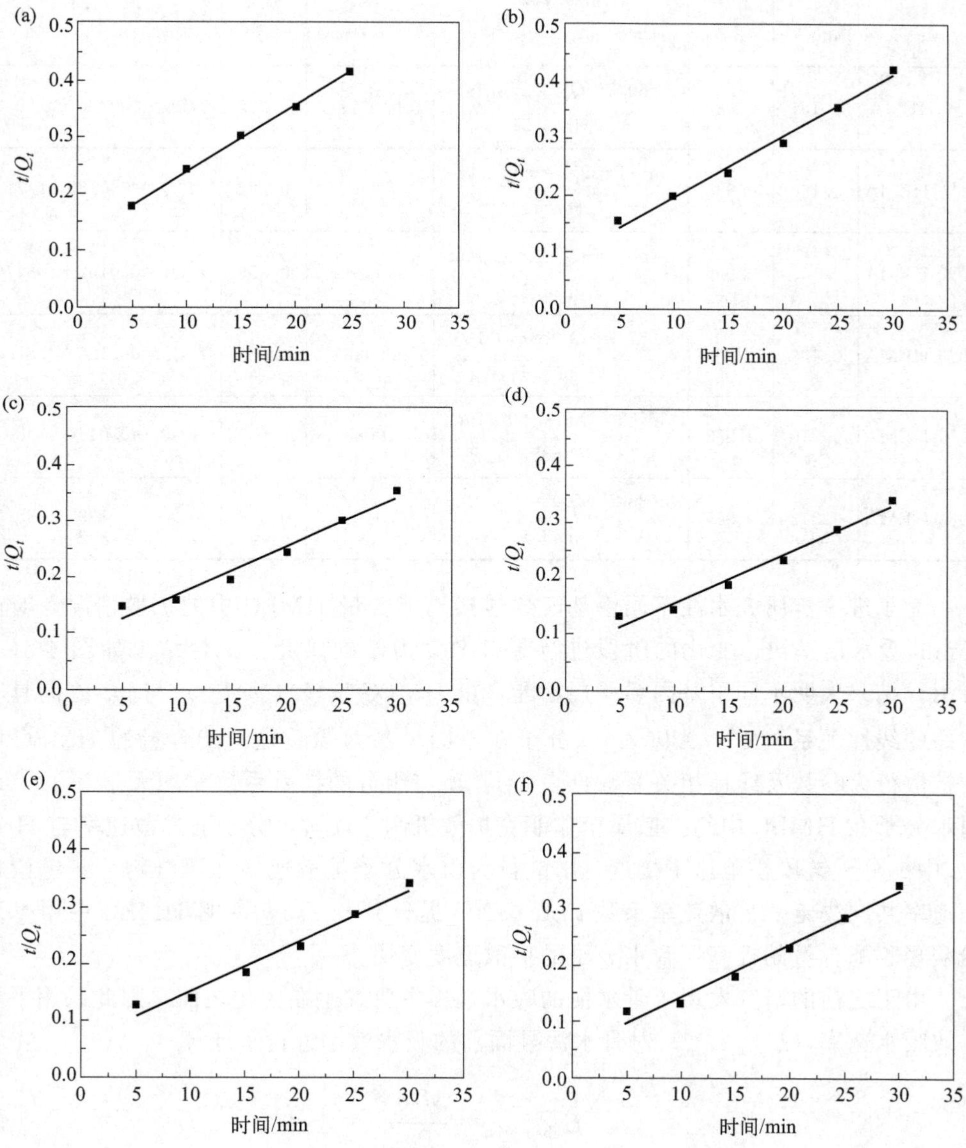

图 4-7　不同 HEMA 含量双吸水通路可膨胀 P（MMA-AA）骨水泥在 SBF 中吸水倍率的实验数据与二级动力学方程预测数据

（a）0％ HEMA；（b）10％ HEMA；（c）20％ HEMA；（d）30％ HEMA；（e）40％ HEMA；（f）50％ HEMA

表 4-3 不同 HEMA 含量双吸水通路可膨胀 P（MMA-AA）骨水泥的吸水动力学模型参数

材料	一级动力学			二级动力学		
	一级动力学参数 $/min^{-1}$	线性相关系数	拟合方程	二级动力学参数 /[g/(g·min)]	线性相关系数	拟合方程
0% HEMA	0.151	0.982	$\ln(60.2-Q_t)=-0.151t+\ln 60.2$	0.0117	0.997	$t/Q_t=0.0236+t/60.2$
10% HEMA	0.190	0.985	$\ln(71-Q_t)=-0.190t+\ln 71$	0.0107	0.987	$t/Q_t=0.0185+t/71$
20% HEMA	0.196	0.996	$\ln(84.6-Q_t)=-0.196t+\ln 84.6$	0.00862	0.958	$t/Q_t=0.0162+t/84.6$
30% HEMA	0.199	0.9996	$\ln(87.6-Q_t)=-0.199t+\ln 87.6$	0.00869	0.968	$t/Q_t=0.0150+t/87.6$
40% HEMA	0.210	0.988	$\ln(88-Q_t)=-0.210t+\ln 88$	0.00887	0.969	$t/Q_t=0.0146+t/88$
50% HEMA	0.212	0.995	$\ln(88.5-Q_t)=-0.212t+\ln 88.5$	0.00921	0.975	$t/Q_t=0.0139+t/88.5$

为了进一步研究水在不同甲基丙烯酸羟乙酯含量 HMBC 中的扩散情况，对前 25min 吸水倍率快速变化的阶段进行了扩散动力学的研究。拟合结果如图 4-8(a) 所示，结果表明不同甲基丙烯酸羟乙酯含量 HMBC lg（M_t/M_∞）与 lg$t$ 之间具有良好的线性关系（$R^2>0.99$）。水分子在不同甲基丙烯酸羟乙酯含量的 HMBC 中的扩散行为参数及线性相关系数见表 4-4。所有组分的扩散系数 n 均大于 0.43，表明水分子在 HMBC 中的扩散属于非菲克扩散机制，此时水分子的扩散速率与 HMBC 中高分子链段松弛速率接近，扩散行为由水分子扩散速率和聚合物分子链段松弛速率共同决定。扩散速率系数 k 从 0.209 提升到 0.276，说明 HMBC 中甲基丙烯酸羟乙酯含量的提高导致水分子的扩散速度变快。

由于之前的研究发现了骨水泥的吸水过程主要发生在固化之前，因此采用平均有效吸水速率（$E_{\text{absorption}}$）对骨水泥凝固前的吸水效率进行了计算：

$$E_{\text{absorption}}=\frac{M_{\text{Tset}}}{T_{\text{equ}}} \tag{4-3}$$

式中 T_{equ}——骨水泥达到平衡吸水状态的时间，min；

M_{Tset}——到达凝固时间单位质量骨水泥的吸水质量，g。

结果如图 4-8(b) 所示，随着甲基丙烯酸羟乙酯含量的增加，平均有效吸水速率逐渐增大。其中，当甲基丙烯酸羟乙酯含量为 50% 时，平均有效吸水速率可达 0.0439g/min，且各组分的数值显著高于 SMBC，说明甲基丙烯酸羟乙酯的引入提高了骨水泥固化之前的吸水效率。

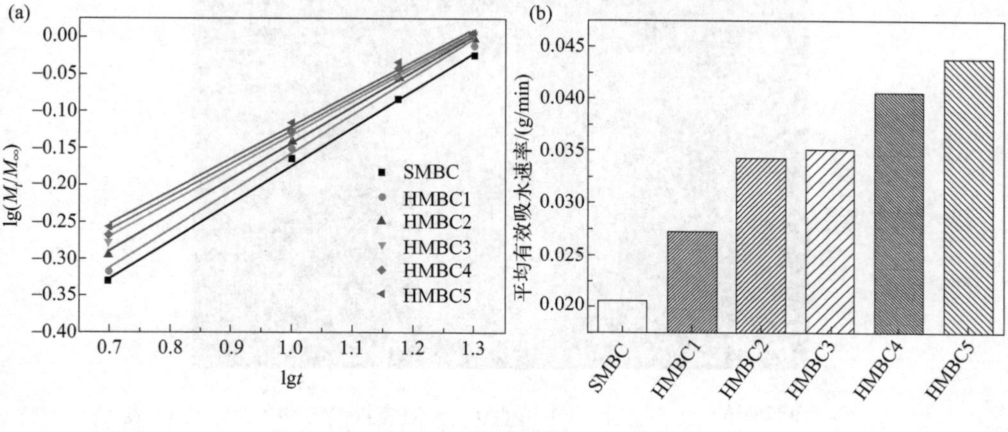

图 4-8 不同组分可膨胀骨水泥的吸水性能

(a) 吸水动力学；(b) 平均有效吸水速率

表 4-4 水分子在不同 HEMA 含量 HMBC 中的扩散行为参数及线性相关系数

项目	SMBC	HMBC1	HMBC2	HMBC3	HMBC4	HMBC5
线性相关系数	0.997	0.991	0.993	0.987	0.990	0.992
扩散系数	0.506	0.519	0.485	0.461	0.452	0.438
扩散速率系数	0.209	0.211	0.234	0.254	0.263	0.276

以上结果表明甲基丙烯酸羟乙酯的引入在提高骨水泥平衡吸水倍率的同时加快了吸水速度，这一性能提升不仅是由于骨水泥中羟基数目的增多提高了骨水泥的吸水动力，还与 HMBC 中水分子传递通道数目的增加有着密切关系。选择吸水性能最优的 HMBC5 对其进行 Micro-CT 扫描观察 P（MMA-AA）和 P（MMA-HEMA）聚合物在骨水泥中的分布情况。如图 4-9 所示，经过图像处理去除 PMMA 骨水泥基体后，白色微球代表 P（MMA-AA）聚合物，而小的灰色微球由于与 PMMA 和 P（MMA-AA）聚合物存在一定的密度差，因此其代表了由甲基丙烯酸羟乙酯参与骨水泥聚合反应生成的 P（MMA-HEMA）聚合物。白色和小的灰色微球在样品的三维结构中分布均匀，说明吸水组分 P（MMA-AA）和 P（MMA-HEMA）能够在基体中形成相互贯通的双吸水性网络，其中白色微球形成了主吸水网络，而小的灰色微球则是次吸水网络。双吸水网络结构协同作用，为水分子在骨水泥内的传递提供了更多的通道，加快了水分子的传递速度，从而提高了 HMBC 在凝固之前的吸水能力。

图 4-9 (a) HMBC 的 Micro-CT 图；(b) PMMA 骨水泥、P (MMA-AA) 骨水泥和 HMBC 的内部结构示意

4.4 复合骨水泥的热分析

为了进一步证明 HMBC 吸水能力的提高，对骨水泥达到吸水平衡状态后的热力学进行了研究。图 4-10(a) 为不同组分的热重 (TG) 曲线，结果表明 HMBC 的热量损失经历了三个阶段。第一阶段的热分解发生在 40～110℃，这是由于基质中吸收的 SBF 蒸发，证明了 HMBC 中吸收的水分子主要以自由水的形式存在。第二阶段的热分解发生在 110～350℃，主要是一些低分子量的杂质以及交联度较低的聚合物的热分解。第三阶段发生在 350～600℃，主要是含有交联剂的 P (MMA-AA) 聚合物以及 PMMA 的分解。图 4-10(b) 为不同组分的微商热重 (DTG) 曲线，结果表明 HMBC 在 50～100℃和 350～430℃出现了两个吸热峰。第一个高峰归因于 HMBC 中水分子的蒸发，该温度区间内甲基丙烯酸羟乙酯含量的提高导致热分解重量和分解率的增加，表明水分子的损失量逐渐提高，证明了甲基丙烯酸羟乙酯含量的增加提高了 HMBC 的吸水能力。此外，这一结果也表明 HMBC 达到吸水平衡状态后，在人体温度下具有稳定的保水能力。

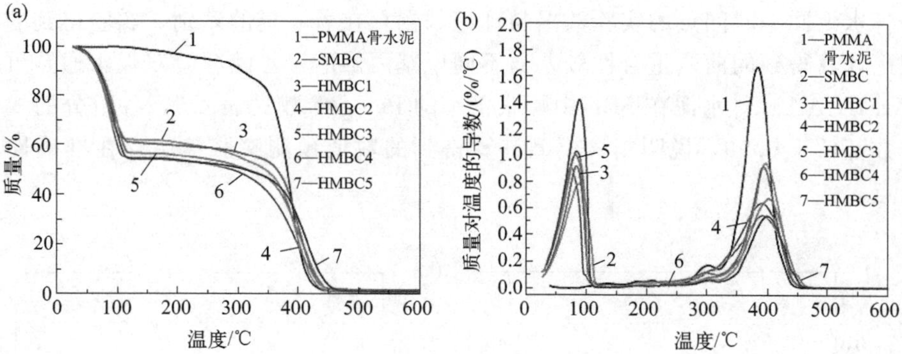

图 4-10　不同组分骨水泥的热力学性能

（a）TG 曲线；（b）DTG 曲线

4.5　复合骨水泥的膨胀性能及膨胀动力学

骨水泥中亲水基团的增加以及双吸水通路的构建对于其膨胀性能的改善也存在重要影响。图 4-11(a) 所示 HMBC 的动态膨胀倍率与吸水倍率具有相似的变化趋势，在前 20min 膨胀倍率迅速攀升，缓慢增长至 30min 达到平衡膨胀状态。图 4-11(b) 所示各组的平衡膨胀倍率随着甲基丙烯酸羟乙酯含量的增加逐渐提高，其中含有 50%甲基丙烯酸羟乙酯骨水泥的平衡膨胀倍率为 97.4%±2.1%，而 HMBC 的平衡膨胀倍率都高于 SMBC 的数值，说明甲基丙烯酸羟乙酯的引入使得 HMBC 的膨胀性能得到了有效提升。

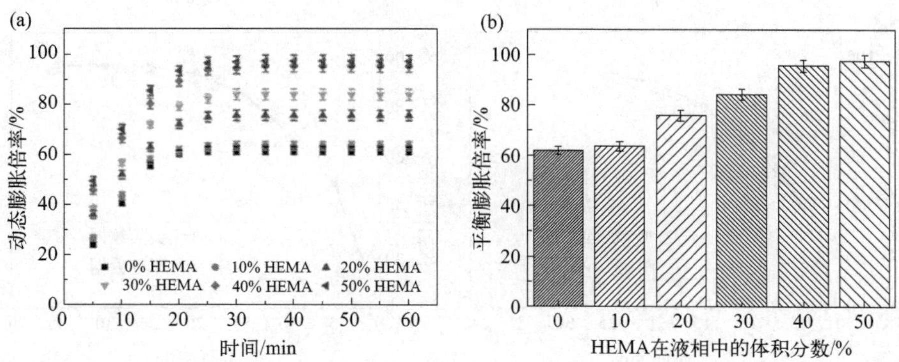

图 4-11　不同组分可膨胀骨水泥的膨胀性能

（a）动态膨胀倍率；（b）平衡膨胀倍率

由于 HMBC 膨胀倍率与吸水倍率具有相似的变化趋势，因此依然选择上述提到的三种数学模型对动态膨胀过程进行动力学研究。图 4-12 中 Peleg 模型中不同组分骨水泥同一时间点的实验数据与理论数据存在着一定的差别，实验得到的曲线与理论计算得到的曲线重合性较差。不同甲基丙烯酸羟乙酯含量双吸水通路可膨胀 P（MMA-AA）骨水泥在 SBF 中膨胀倍率的 Peleg 参数见表 4-5，各组分的线性相关系数都低于 0.99，说明用该模型计算得到的数值预测膨胀倍率存在准确性不高的缺点。

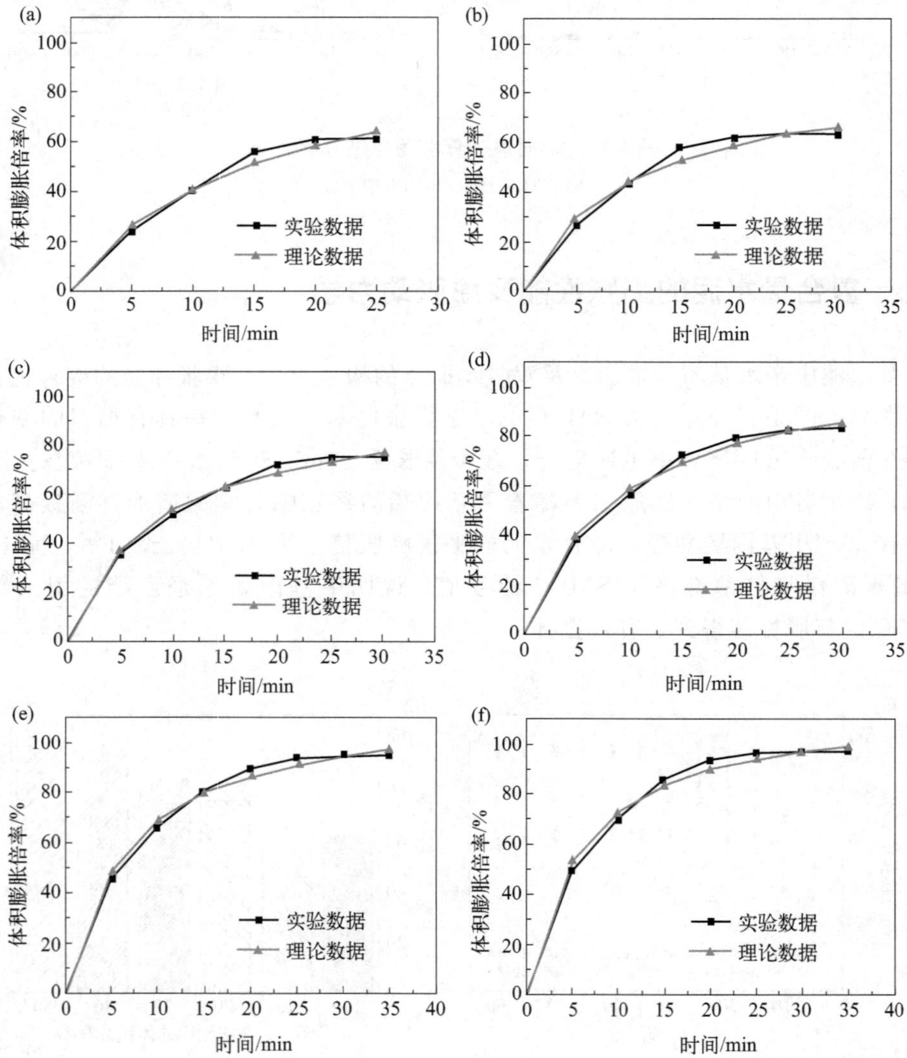

图 4-12　不同 HEMA 含量双吸水通路可膨胀 P（MMA-AA）骨水泥在 SBF 中膨胀倍率的实验数据与 Peleg 模型预测数据

(a) 0% HEMA；(b) 10% HEMA；(c) 20% HEMA；(d) 30% HEMA；(e) 40% HEMA；(f) 50% HEMA

表 4-5　不同 HEMA 含量双吸水通路可膨胀 P（MMA-AA）骨水泥在 SBF 中膨胀倍率的 Peleg 参数

材料	吸水速率参数/(h/%)	容量参数/$\%^{-1}$	线性相关系数	方程
0% HEMA	0.143	0.0099	0.970	$V_t=t/(0.1432+0.0099t)$
10% HEMA	0.112	0.0114	0.958	$V_t=t/(0.112+0.0114t)$
20% HEMA	0.0818	0.0103	0.987	$V_t=t/(0.0818+0.0103t)$
30% HEMA	0.0788	0.00908	0.987	$V_t=t/(0.0788+0.00908t)$
40% HEMA	0.0593	0.0086	0.984	$V_t=t/(0.0593+0.0086t)$
50% HEMA	0.0507	0.0083	0.974	$V_t=t/(0.0507+0.0083t)$

对各组分的动态膨胀倍率进行了一级动力学方程及二级动力学方程计算，拟合情况见图 4-13、图 4-14。

结果表明由实验值与两种动力学模型预测值组成的数据点都分布在 $r=1$ 的线上或其附近，说明实验值与预测值有高度线性关系，具有较好的拟合效果。不同甲基丙烯酸羟乙酯含量双吸水通路可膨胀 P（MMA-AA）骨水泥的膨胀动力学模型参数见表 4-6，进一步对比一级动力学方程及二级动力学方程的线性相关系数，二级动力学方程的线性相关系数介于 0.992 与 1 之间，相较于一级动力学方程更接近 1，表明用二级动力学模型拟合得到的动态膨胀倍率与实验的实测值更为接近。因此，综合上述三种模型，二级动力学方程对预测不同组分可膨胀骨水泥在达到平衡状态之前某一时刻的膨胀倍率具有更高的准确性。此外，通过二级动力学方程计算得到的 HMBC 二级动力学参数 k_2 均高于 SMBC 的数值，而甲基丙烯酸羟乙酯含量的增加也导致 k_2 由 0.011g/(g·min) 增加到 0.016g/(g·min)，表明骨水泥体系中甲基丙烯酸羟乙酯含量的增加加快了骨水泥的膨胀速度。

表 4-6　不同 HEMA 含量双吸水通路可膨胀 P（MMA-AA）骨水泥的膨胀动力学模型参数

材料	一级动力学			二级动力学		
	一级动力学参数/min^{-1}	线性相关系数	拟合方程	二级动力学参数/[g/(g·min)]	线性相关系数	拟合方程
0% HEMA	0.232	0.943	$\ln(61.8-V_t)=-0.232t+\ln61.8$	0.010	0.995	$t/V_t=0.0272+t/61.8$
10% HEMA	0.218	0.981	$\ln(63.6-V_t)=-0.218t+\ln63.6$	0.011	0.992	$t/V_t=0.0224+t/63.6$
20% HEMA	0.200	0.925	$\ln(75.8-V_t)=-0.200t+\ln75.8$	0.012	0.994	$t/V_t=0.0145+t/75.8$
30% HEMA	0.169	0.978	$\ln(84.1-V_t)=-0.169t+\ln84.1$	0.013	0.992	$t/V_t=0.0109+t/84.1$

续表

材料	一级动力学			二级动力学		
	一级动力学参数/min^{-1}	线性相关系数	拟合方程	二级动力学参数/[g/(g·min)]	线性相关系数	拟合方程
40% HEMA	0.168	0.979	$\ln(95.5-V_t)=-0.168t+\ln95.5$	0.015	0.995	$t/V_t=0.0073+t/95.5$
50% HEMA	0.214	0.969	$\ln(97.4-V_t)=-0.214t+\ln97.4$	0.016	0.994	$t/V_t=0.0066+t/97.4$

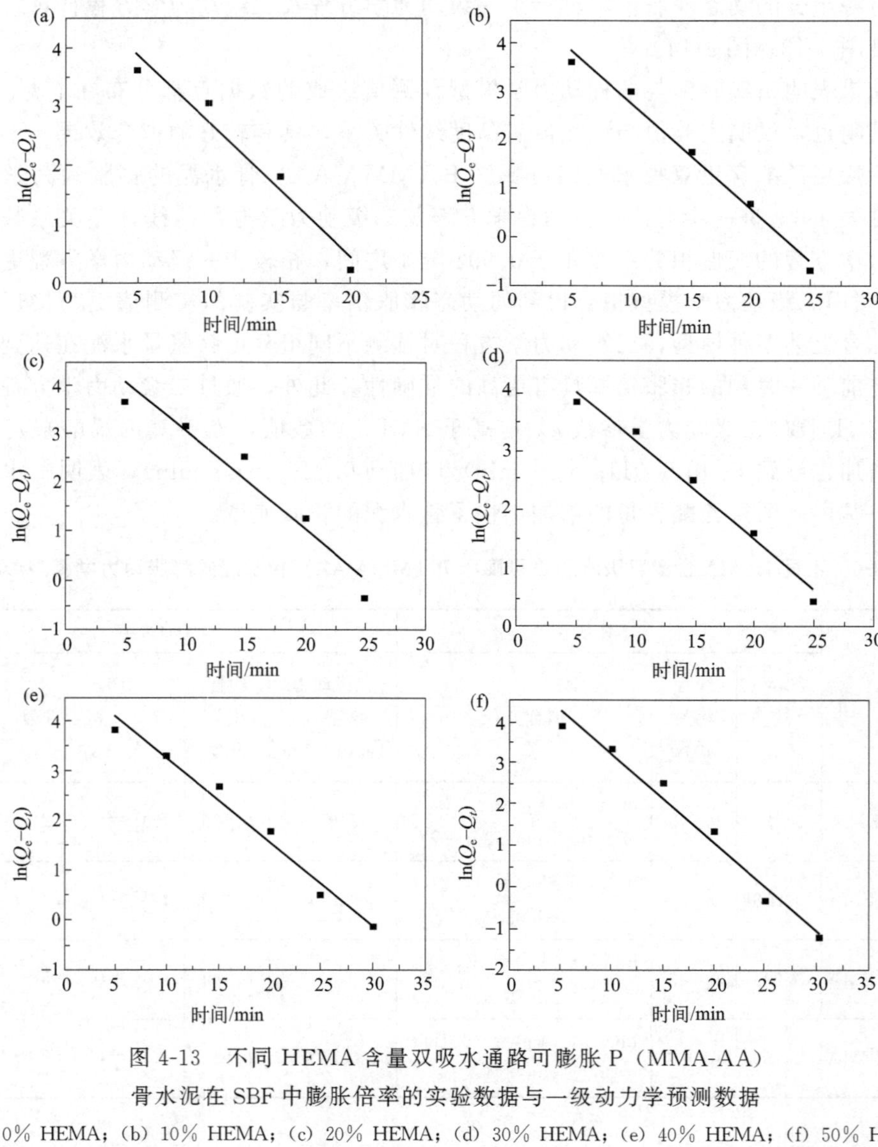

图 4-13 不同 HEMA 含量双吸水通路可膨胀 P（MMA-AA）骨水泥在 SBF 中膨胀倍率的实验数据与一级动力学预测数据

(a) 0% HEMA；(b) 10% HEMA；(c) 20% HEMA；(d) 30% HEMA；(e) 40% HEMA；(f) 50% HEMA

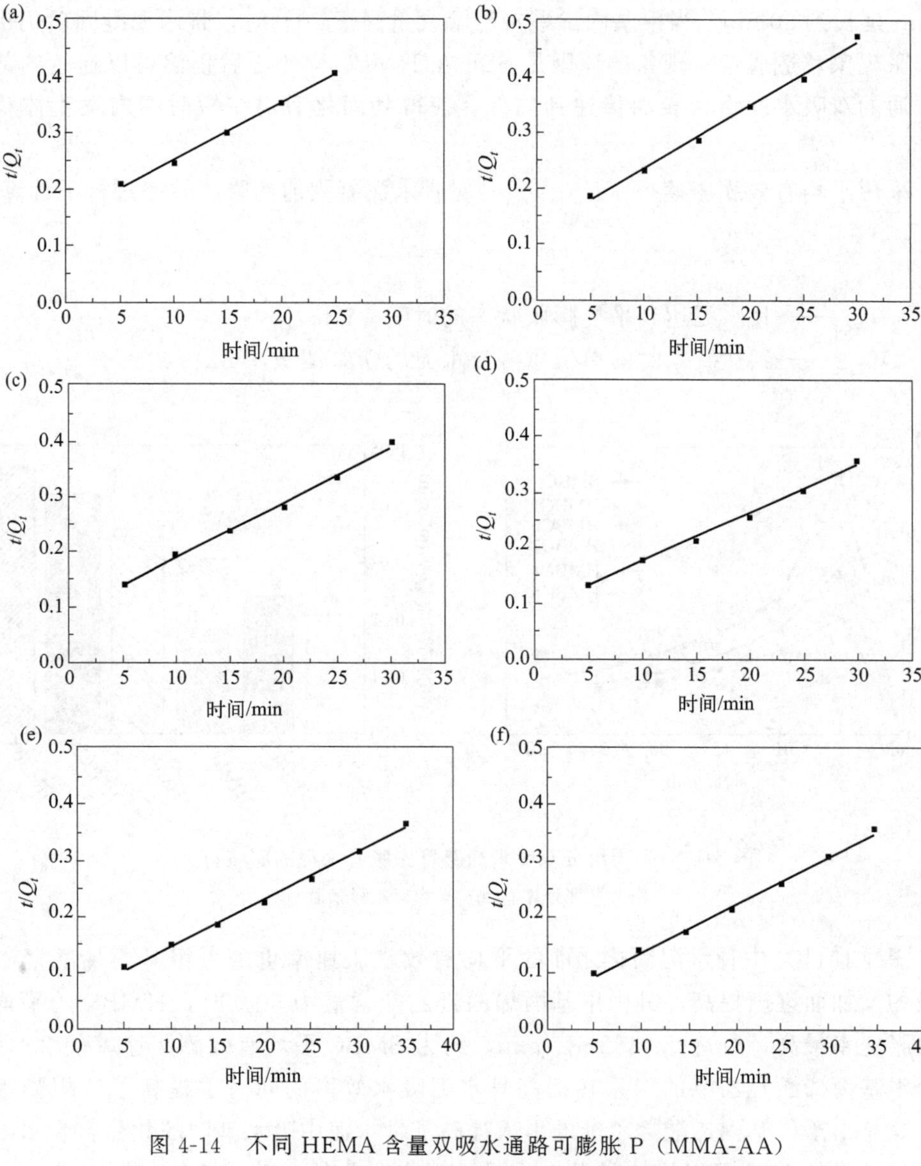

图 4-14　不同 HEMA 含量双吸水通路可膨胀 P（MMA-AA）骨水泥在 SBF 中膨胀倍率的实验数据与二级动力学预测数据

(a) 0% HEMA；(b) 10% HEMA；(c) 20% HEMA；(d) 30% HEMA；(e) 40% HEMA；(f) 50% HEMA

为了评价骨水泥中亲水基团的增加以及双吸水通路的构建对于其膨胀速率的影响，对骨水泥的膨胀速率和膨胀效率进行了计算。图 4-15(a) 所示不同组分骨水泥的体积膨胀速率在 5min 内快速变化，达到最大膨胀速率之后随着骨水泥固化的进行，膨胀速率逐渐减小；同时，随着甲基丙烯酸羟乙酯在液相中含量的增加，有效膨胀时间逐渐延长。当甲基丙烯酸羟乙酯含量超过 40%时，膨胀时间由之前的 25min 延长到 30min。当甲基丙烯酸羟乙酯含量高于 20%时，骨水泥凝固后仍出现了膨胀现象，造成这一现象的原因是 SBF 在 HMBC 固化之后仍然可以通过内部相互贯通的双吸水网络从表面传递到内部，使得其固化后仍在短时间内发生体积的变化。

采用平均有效膨胀速率（$E_{\mathrm{expansion}}$）对骨水泥凝固前的膨胀效率进行了计算：

$$E_{\mathrm{expansion}}=\frac{V_{\mathrm{Tset}}}{T_{\mathrm{equ}}} \tag{4-4}$$

式中 T_{equ}——骨水泥达到平衡膨胀状态的时间，min；

V_{Tset}——到达凝固时间单位质量骨水泥的膨胀体积，mL。

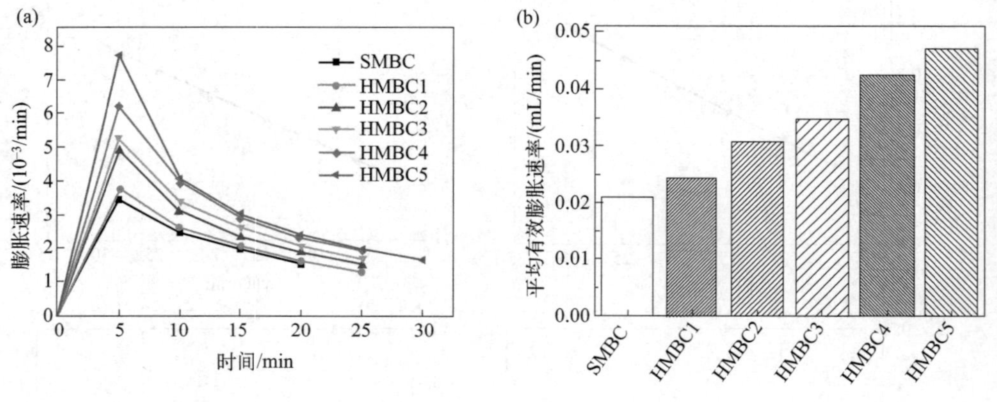

图 4-15 不同组分双吸水通路可膨胀骨水泥的膨胀行为

（a）膨胀速率；（b）平均有效膨胀速率

图 4-15(b) 中骨水泥固化之前的平均有效膨胀速率也随着甲基丙烯酸羟乙酯含量的增加而逐渐提高，其中甲基丙烯酸羟乙酯含量为 50%时，HMBC 的平均有效膨胀速率最高，可达 0.0462mL/min，约为 SMBC 平均有效膨胀速率的 2.2 倍，说明甲基丙烯酸羟乙酯的引入在提高骨水泥吸水效率的同时也提高了体积膨胀效率。这是由于甲基丙烯酸羟乙酯的引入提高了骨水泥中吸水基团的数目，骨水泥固化之前外部的 SBF 可以快速扩散进入骨水泥中。此外，P（MMA-AA）骨水泥中部分疏水性的 PMMA 微球被 P（MMA-HEMA）微球取代，P（MMA-HEMA）中存在的羟基使得之前不吸水的部分具有了传递水分子的能力，因此多吸水通路的构建促进了水分子快速进入并持续改变基体中 P（MMA-AA）聚合物的化学势，使 P（MMA-AA）聚合物中可移动分子链的体积分数随着 SBF 浸泡时间的增加而提高。P（MMA-AA）聚合物内部的三维网状结构在水分子的作用下不断伸展，从而加快了骨水泥膨胀过程的进行。

4.6 复合骨水泥的力学性能

图 4-16 为不同甲基丙烯酸羟乙酯含量 HMBC 在 SBF 中浸泡前后的力学性能。其中图 4-16(a) 为骨水泥的抗压强度对比，可以看出 HMBC 的抗压强度低于 PMMA 骨水泥和 SMBC，且随着甲基丙烯酸羟乙酯含量的增加，骨水泥的抗压强度逐渐降低。其中，含有 10%和 20%甲基丙烯酸羟乙酯组分的抗压强度数据高于 70MPa，满足 ISO 5833 规定的最小抗压强度，而甲基丙烯酸羟乙酯含量的进一步升高则会导致骨水泥抗压强度的持续降低。这是由于甲基丙烯酸羟乙酯与甲基丙烯酸甲酯聚合之后生成的 P（MMA-HEMA）较 PMMA 具有更长的侧链，从而有助于提高聚合物的变形能力。

在 SBF 浸泡后样品的抗压强度较浸泡之前明显降低，随着甲基丙烯酸羟乙酯含量的增加，HMBC 的抗压强度从 55MPa 降低到 30MPa。浸泡之后样品力学性能的降低主要是由于 HMBC 优异的吸水性能造成了增塑效应，甲基丙烯酸羟乙酯含量的增加在提高了骨水泥吸水性能的同时，使得聚合物内部分子链的移动性增强。如图 4-16(b) 所示，HMBC 的弹性模量与抗压强度具有相同的变化趋势，数值介于皮质骨和松质骨之间，在能够避免应力遮蔽现象的同时也对人体骨起到良好的支撑作用。

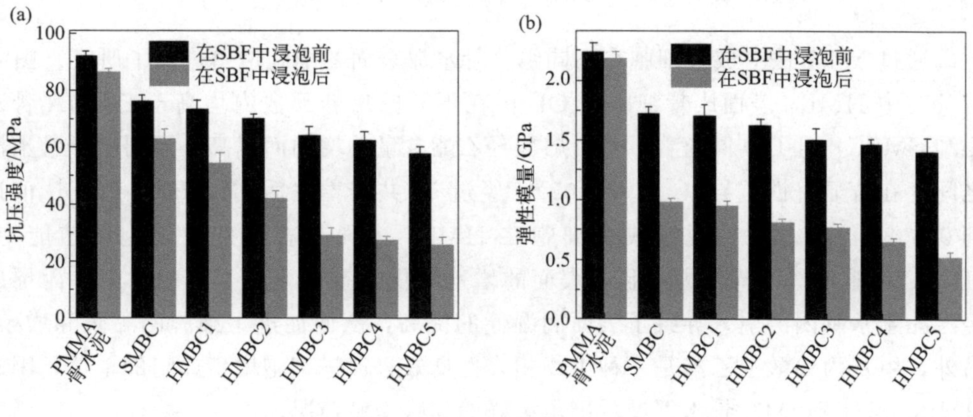

图 4-16 不同组分可膨胀骨水泥的力学性能

(a) 抗压强度；(b) 弹性模量

4.7 复合骨水泥的生物性能

选取 SD 大鼠成骨细胞对 HMBC 的生物性能进行了评价。不同组分骨水泥浸提液中的细胞活性如图 4-17(a) 所示。对于相同组分的骨水泥，细胞活性随培养时间的延长而有所提高；对于不同组分的骨水泥，甲基丙烯酸羟乙酯含量的增加提高了细胞在骨水泥浸提液中的活性，其中在 HMBC5 浸提液中培养 5d 之后细胞活性达 97.1%±3.467%。成骨细胞在 HMBC 浸提液中的细胞活性均高于 SMBC 和 PMMA 骨水泥，且各组之间存在着显著性差异（$^{*}p<0.05$），说明甲基丙烯酸羟乙酯的加入降低了骨水泥的细胞毒性。HMBC 毒性的降低是由于甲基丙烯酸甲酯自身具有一定的细胞毒性，而甲基丙烯酸羟乙酯是一种生物相容性良好且毒性低于甲基丙烯酸甲酯的单体，因此能够有效降低骨水泥的细胞毒性。

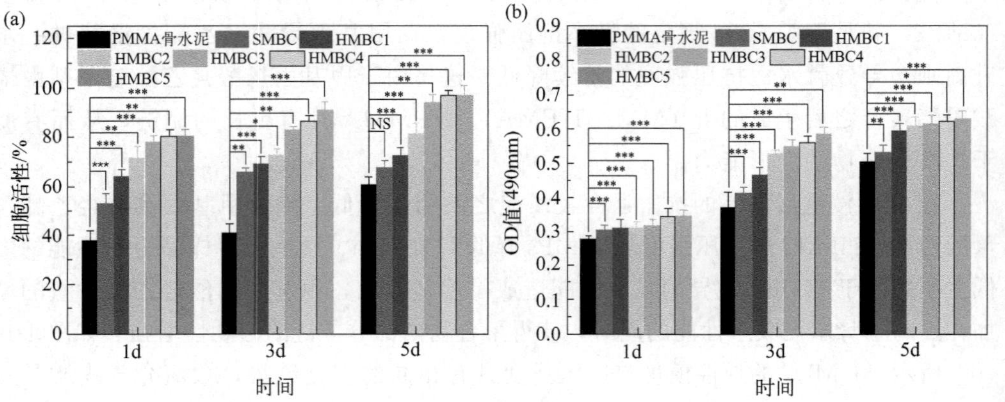

图 4-17　不同组分可膨胀骨水泥的生物性能

（a）细胞活性；（b）细胞增殖（$^{*}p<0.05$；$^{**}p<0.01$；$^{***}p<0.001$）

通过 MTT 法对成骨细胞在不同组分骨水泥表面的细胞增殖进行了研究。图 4-17(b) 中 HMBC 表面成骨细胞的 OD 值在不同的培养天数内均高于 PMMA 骨水泥和 SMBC，且 OD 值随着甲基丙烯酸羟乙酯含量的增加而提高，不同组分骨水泥之间存在着显著性差异（$^{*}p<0.05$）。经过 5d 共培养之后，HMBC5 的 OD 值达到 0.6322±0.01839，说明成骨细胞在 HMBC 表面具有良好的细胞增殖能力。HMBC 细胞毒性的降低为细胞在表面的增殖提供了基础，由于液相中甲基丙烯酸羟乙酯亲水基团的引入导致了表面润湿性的提高，从而促进了细胞的黏附和增殖。另外，甲基丙烯酸羟乙酯是一种生物相容性良好且促进细胞增殖黏附的单体，因此 HMBC 相对 PMMA 骨水泥展示出了更好的细胞增殖情况。

理想的椎体修复骨水泥不仅要在骨生长过程中提供力学稳定性，而且要在骨修复部位具有增强细胞迁移的能力。不同组分骨水泥中成骨细胞的增殖具有一致的变化趋势。成骨细胞在 PMMA 骨水泥和 HMBC5 表面培养不同天数后的生长情况如图 4-18 所示。培养 1d 后的成骨细胞在骨水泥表面展现出锚固状态，3d 后各样品表面的细胞出现了典型的多角形形态，具有更明显的丝状伪足，5d 后细胞较为均匀地攀附在骨水泥的表面。随着培养时间的延长 PMMA 骨水泥和 HMBC5 表面的细胞数目都有所增加，但细胞在 HMBC5 表面具有优于 PMMA 骨水泥表面的黏附增殖情况。

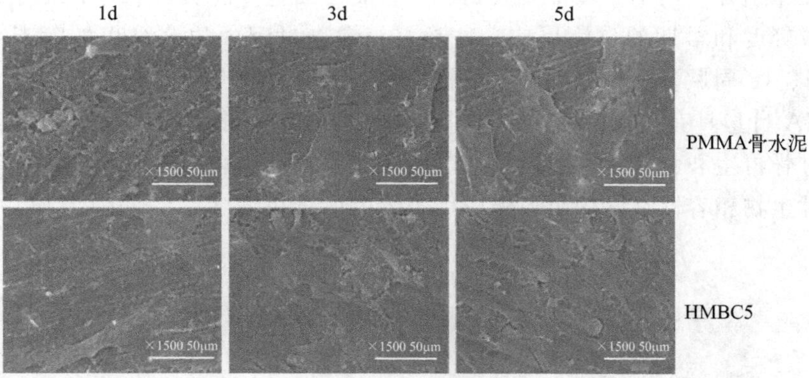

图 4-18　成骨细胞在不同组分骨水泥表面培养不同天数后的生长情况

为了评估早期成骨细胞分化的水平，对 SD 大鼠成骨细胞在不同成分可膨胀骨水泥表面培养 14d 后碱性磷酸酶（ALP）活性进行了测定，结果如图 4-19 所示。在培养的第 7 天，所有组分的骨水泥均检测出 ALP 的表达，并存在着显著性的差异（$^{*}p<0.05$）；在培养的第 14 天，成骨细胞 ALP 活性随培养时间的延长而增加，其中 HMBC5 在所有组中显示出了最高的 ALP 活性。这是由于 HMBC 表面润湿性的提高，促进了细胞在骨水泥表面的黏附和增殖，从而为成骨细胞的早期分化提供了更好的条件。综合上述生物性能的结果，甲基丙烯酸羟乙酯的引入在降低 HMBC 毒性的同时，提高了成骨细胞在骨水泥表面的增殖黏附，增强了成骨细胞的早期分化，表明 HMBC 的体外生物相容性较 PMMA 骨水泥显著提高。

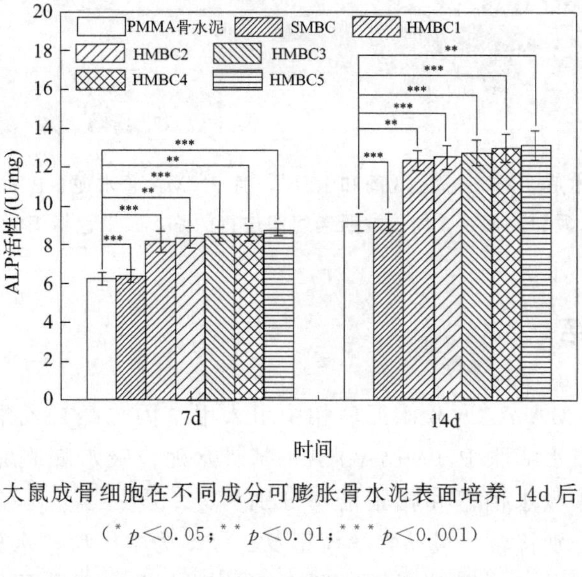

图 4-19　SD 大鼠成骨细胞在不同成分可膨胀骨水泥表面培养 14d 后的 ALP 活性

（$^{*}p<0.05$；$^{**}p<0.01$；$^{***}p<0.001$）

通过将样品植入兔子背部研究不同组分可膨胀 PMMA 基骨水泥的体内生物相容性。图 4-20 中的组织学分析显示了骨水泥周围肌肉的组织反应。结果表明植入 2

周后，在三组样本周围区域都观察到了一些炎性细胞，说明骨水泥植入后会对肌肉组织造成轻度和早期的炎症反应，这是组织愈合过程中的一个积极因素。植入 4 周、8 周、12 周后各组炎性细胞水平较低，表明引起的炎症反应程度较小。这是因为 HEMA 自身具有良好的体内和体外生物相容性，能够缓解甚至抑制早期炎症反应，促进骨再生和骨修复。上述结果表明 HMBC 具有良好的体内组织相容性，可作为一种生物相容性良好的植入体应用于体内填充和修复。

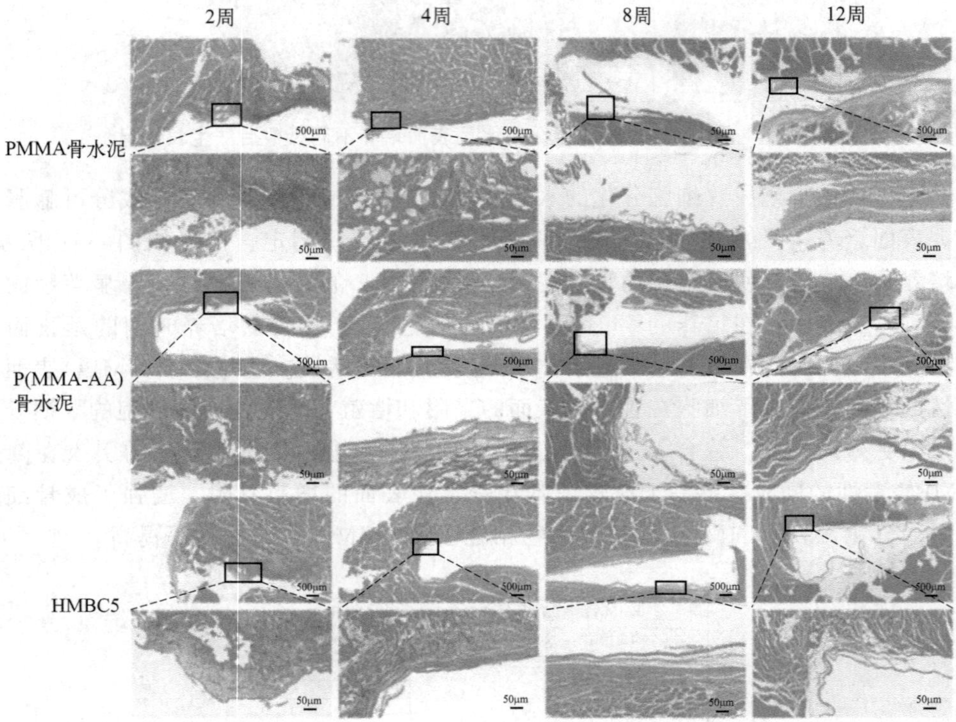

图 4-20　术后 2 周、4 周、8 周和 12 周，对 PMMA 骨水泥、P（MMA-AA）骨水泥和 HMBC5 周围的肌肉组织进行的 H&E 染色组织学分析

4.8　本章小结

通过在 P（MMA-AA）骨水泥液相中引入甲基丙烯酸羟乙酯，得到了具有双吸水通路的快速吸水膨胀 P（MMA-AA）基骨水泥。吸水膨胀完全发生在骨水泥凝固之前，其最大吸水倍率和膨胀倍率分别为 92.5%±1.7% 和 97.4%±2.1%，吸水及膨胀行为分别符合一级动力学模型及二级动力学模型，水分子在骨水泥内为非菲克扩散机制。此外，甲基丙烯酸羟乙酯的引入提高了成骨细胞在 P（MMA-AA）骨水泥表面的增殖和黏附，从而进一步提高了其生物相容性。

第5章

明胶/PMMA 复合载药骨水泥

聚甲基丙烯酸甲酯骨水泥力学性能过高会引起邻近骨的骨折甚至无菌性松动，而骨水泥聚合过程中产生的高热量以及作为药物载体存在的累计释药率低及释药周期短等问题影响该材料在临床中的应用。本章以明胶作为致孔剂，使骨水泥的弹性模量降低到与松质骨相对接近的水平。多孔结构的引入为骨水泥内部药物的释放提供了重要通道，含有 200～400μm 明胶组分的复合骨水泥具有最大的抗生素累计释放量和释放速率。此外，数据分析和拟合曲线可以指导实验，通过添加明胶作为致孔剂，获得具有特定力学性能要求的 PMMA 骨水泥，并在某些情况下预测明胶含量的变化对复合骨水泥孔隙率、力学性能和药物释放性能的影响。

5.1 复合载药骨水泥的面团时间及养护参数

由图 5-1(a) 可以看出当复合骨水泥含有相同粒径的明胶时，骨水泥的面团时间随着明胶含量的增加逐渐延长，而对于相同质量分数的明胶添加量，不同粒径并未对面团时间造成显著差异。造成上述现象的原因是复合骨水泥固相中的明胶微球并未参与丙烯酸骨水泥中的固液反应，明胶在骨水泥的反应体系中充当了缓凝剂，因此固相中明胶含量提高，导致能够与液相进行有效聚合反应的组分减少，从而延长了面团时间。而决定骨水泥固液反应速率的根本因素是固液比，因此相同质量分数条件下不同粒径的明胶并不会对面团时间有显著影响。虽然部分组分复合骨水泥的面团时间较 ISO 5833 标准中规定的面团时间（5min）有所延长，但一定程度上为外科医生提供了更为充足的手术准备时间。

由图 5-1(b) 骨水泥凝固温度随时间变化的曲线可以看出复合骨水泥中明胶含量的增加导致骨水泥的最高凝固温度逐渐降低，与 PMMA 骨水泥的最高凝固温度 105.4℃±3.2℃相比，当明胶含量达到 50%时复合骨水泥的最高凝固温度下降到 60℃左右。与此同时，复合骨水泥的凝固时间随着明胶含量的增加逐渐延长，最高可达 14.5min。图 5-1(a) 中面团时间的延长导致了复合骨水泥凝固时间的滞后，由于明胶在反应体系中为缓凝剂，因此固相中明胶含量的增加导致了固液反应速率的降低，从而增加了骨水泥的凝固时间。另外，明胶也是一种良好的散热剂，能够促进骨水泥聚合反应热的向外传导，从而降低了复合骨水泥的最高凝固温度。复合骨水泥的凝固时间介于 ISO 5833 标准中规定的 3～15min 之间；同时，最高凝固温度低于 ISO 5833 标准中规定的 90℃。作为临床植入物对患者更为安全，能够避免 PMMA 骨水泥过高的反应温度造成的热坏死及对周围正常组织的灼烧。

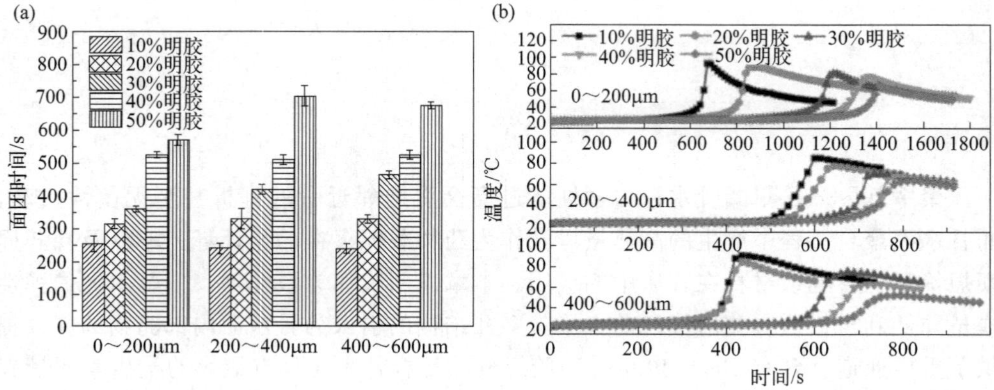

图 5-1　不同成分聚甲基丙烯酸甲酯/明胶/硫酸庆大霉素复合骨水泥面团时间及凝固温度变化曲线

(a) 面团时间；(b) 凝固温度变化曲线

5.2　复合载药骨水泥的体外失重率

图 5-2 为含有不同粒径明胶的聚甲基丙烯酸甲酯/明胶/硫酸庆大霉素复合骨水泥的失重率随时间的变化。随着 PBS（磷酸盐缓冲溶液）浸泡天数的延长，复合骨水泥的失重率在第 1 天快速变化，第 2～7 天内的失重率缓慢增加，最终达到平衡值。当明胶含量低于 20%时，各复合骨水泥表现出较低的失重率；明胶含量高于 20%时，失重率随着明胶含量的增加逐渐提高，其中含有 50%明胶的复合骨水泥最高失重率可达 18.1%。此外，在复合骨水泥中含有 10%～30%质量分数的明胶在 200～400μm 具有较高的失重率。而对于含有 40%和 50%质量分数的明胶在 400～600μm 具有较高的失重率。失重率变化曲线说明明胶的含量以及粒径对于复合骨水泥的失重率具有重要影响。造成这一现象的原因是明胶良好的生物降解性导致了复合骨水泥中明胶在 PBS 中的降解。当明胶含量低于 20%时，降解过程主要发生在复合骨水泥的表层，块体内部明胶由于疏水 PMMA 骨水泥的包裹而无法与 PBS 接触，因此失重率处于较低的数值；当明胶含量为 30%～50%时，不仅骨水泥表层的明胶能够快速溶解在 PBS 中，内部的明胶也会由于自身含量的变多而逐渐相互连通，外界的水分通过表层的明胶向内部传递，从而使内部的明胶缓慢降解。而对于含有 200～400μm 粒径明胶的组分，由于产生了渗透阈值，因此相较于

其他两种粒径的组分表现出了较高的失重率。

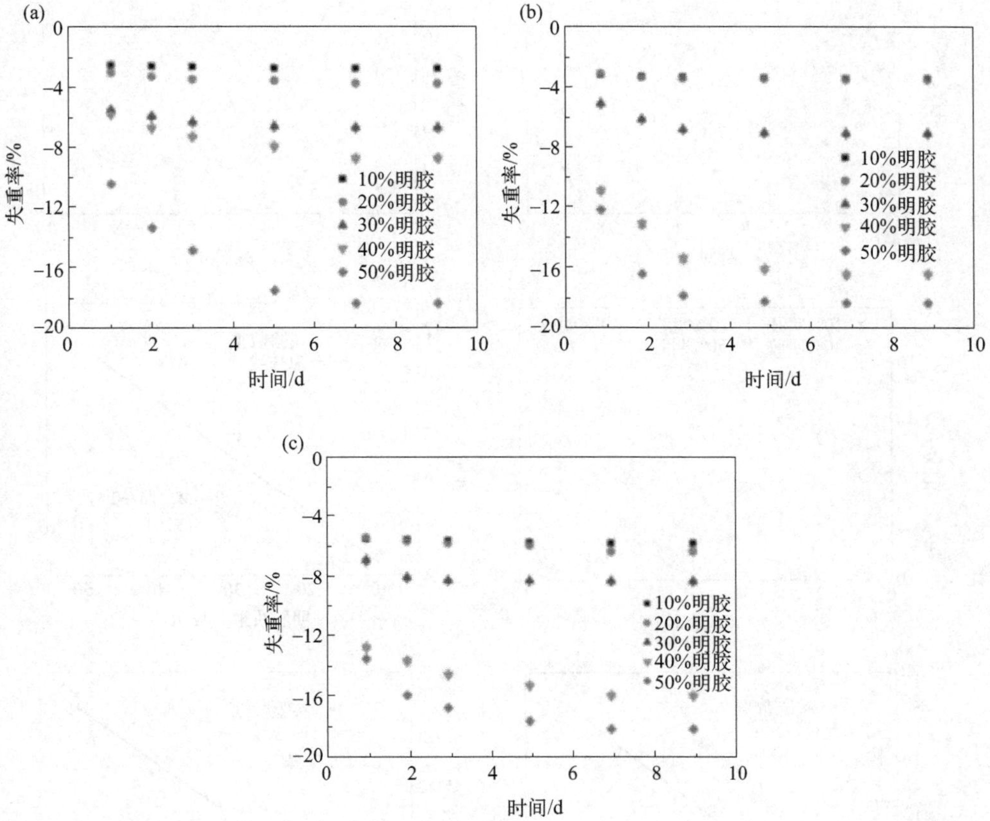

图 5-2 含有不同粒径明胶的聚甲基丙烯酸甲酯/明胶/硫酸庆大霉素复合骨水泥的失重率随时间的变化

(a) 0～200μm；(b) 200～400μm；(c) 400～600μm

5.3 复合载药骨水泥的孔隙率

图 5-3(a)～图 5-3(c)为复合骨水泥在 PBS 中浸泡时间与孔隙率之间的关系。孔隙率与失重率具有相似的变化趋势，在 1d 内迅速变化，2～7d 内缓慢增加，7d 后趋于稳定。在相同粒径下，随着明胶含量的增加，各组分的孔隙率逐渐增加，当明胶含量达到 50％时达到最大值 21.2％。在相同质量分数明胶添加量的条件下，含有 200～400μm 颗粒尺寸的复合骨水泥表现出了较高的孔隙率。最终孔隙率与明胶质量分数之间的关系如图 5-3(d)～图 5-3(f)所示，两个变量的拟合线显示了良好的线性拟合关系，其线性相关系数（R^2）分别为 0.9701、0.9836、0.9842。根据得到的拟合线可以对复合骨水泥的孔隙率进行预测。

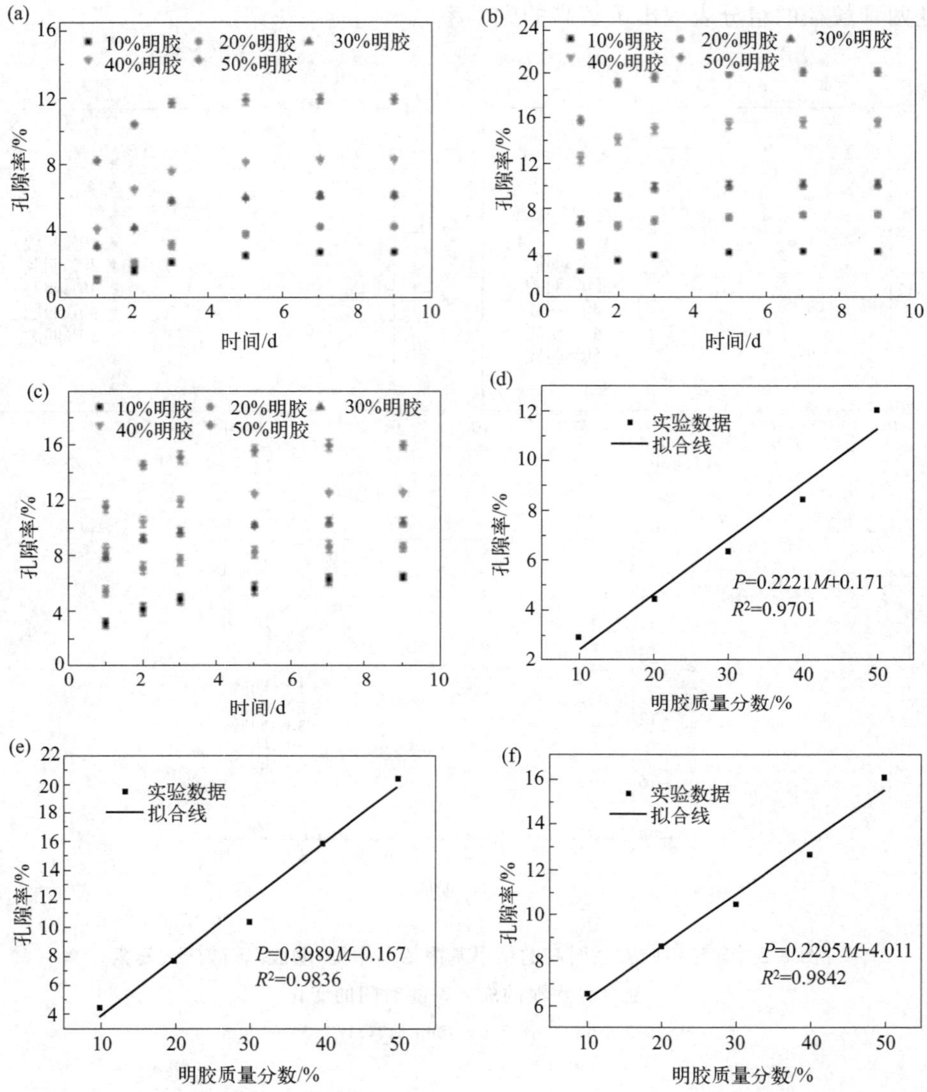

图 5-3　含有不同粒径明胶的聚甲基丙烯酸甲酯/明胶/硫酸庆大霉素复合骨水泥的孔隙率随时间的变化以及孔隙率与明胶质量分数的关系

(a) 0～200μm；(b) 200～400μm；(c) 400～600μm；(d) 0～200μm；(e) 200～400μm；(f) 400～600μm

5.4　复合载药骨水泥的微观形貌

根据上述失重率和孔隙率的研究结果，选择了不同粒径明胶骨水泥中孔隙率最高的样品进行表面微观形貌的观察。图 5-4(a)～图 5-4(c)中样品的表面形貌表明，多孔 PMMA 骨水泥中存在球形和网状孔隙，明胶的溶解导致了多孔结构及连通孔结构的产生，较大的颗粒尺寸导致复合骨水泥的表面存在较大的孔尺寸和孔深度。利用 ImageJ 软件计算了含有不同粒径明胶的复合骨水泥的孔径分布。图 5-4(d)～图 5-4(e)的结果表明，根据扫描电镜图像统计出的孔径分布与作为致孔剂的明胶粒径大小一致。造成这一现象的原因是明胶均匀分散在骨水泥中，表面明胶的降解形成了最初的多孔结构。尽管明胶在液体中具有一定的溶胀能力，但短暂的面团时间有助于明胶在骨水泥表面的溶解过程，这有利于微孔将 PBS 输送到骨水泥的内部区域，促进深层孔结构的产生；随着骨水泥的固化，被 PMMA 包埋的明胶由于受刚性结构的限制无法与 PBS 接触发生膨胀，因此样品的最终孔径完全由添加明胶的粒径决定。

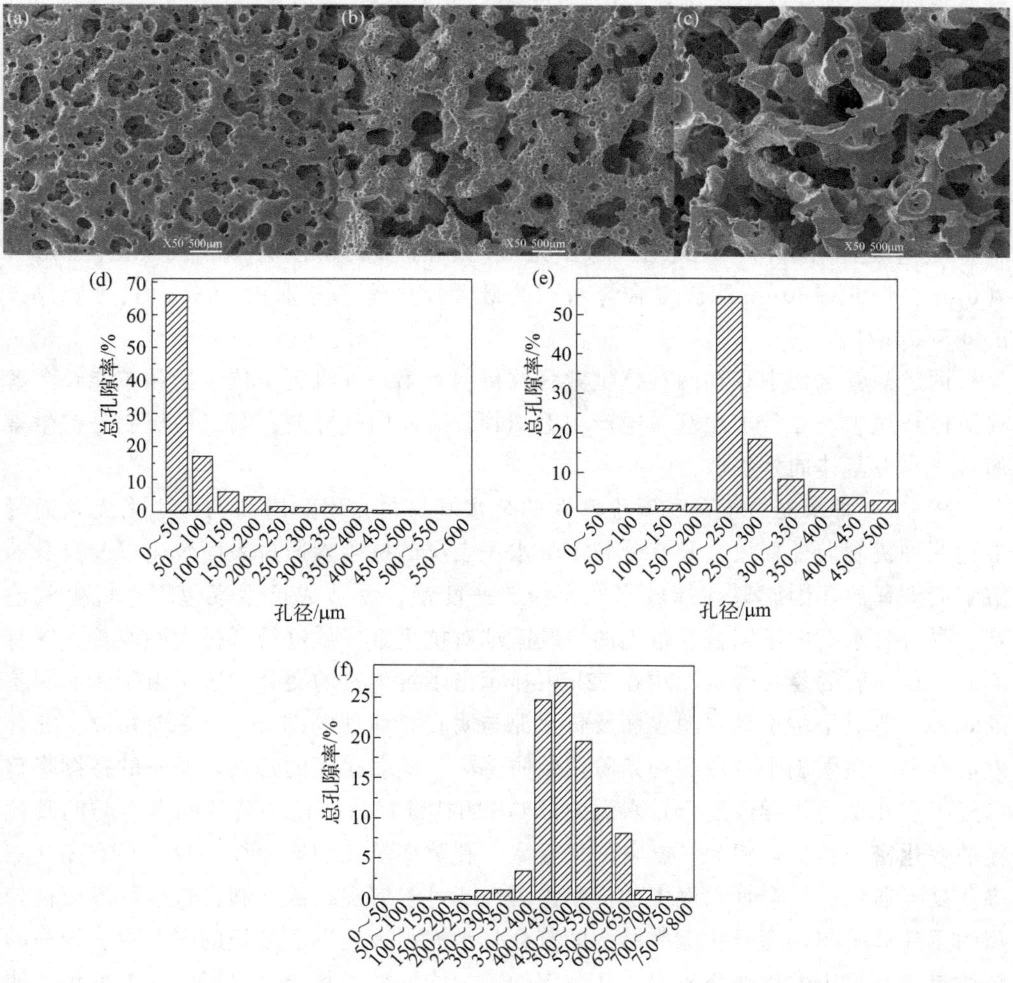

图 5-4　含有不同粒径明胶的聚甲基丙烯酸甲酯/明胶/硫酸庆大霉素复合骨水泥的微观形貌及含有不同粒径明胶的载抗生素 PMMA 骨水泥的孔径分布

(a) 0～200μm；(b) 200～400μm；(c) 400～600μm；(d) 0～200μm；(e) 200～400μm；(f) 400～600μm

5.5 复合载药骨水泥中药物的释放

复合骨水泥中明胶降解形成的多孔结构对其中抗生素的释放起到了积极的影响。根据之前测得的硫酸庆大霉素（GS）标准曲线得到了复合骨水泥中硫酸庆大霉素在PBS中的释放情况。图5-5(a)为GS的累计释放率随时间的变化，不同组分的复合骨水泥具有相似的GS累计释放率变化趋势，累计释放率随浸泡时间的延长而增大。抗生素释放经历了两个较为显著的阶段：突释阶段与缓释阶段，最终在120h后达到抗生素释放的平衡状态。其中，含有200～400μm明胶的复合骨水泥具有最高的GS累计释放率，120h后的累计释放率可以达到65.8%。与此同时，不同组分复合骨水泥中GS的累计释放率均明显高于PMMA骨水泥的释放率。图5-5(b)为根据GS的释放曲线计算出的释放速率，结果表明在最初的12h内可以观察到GS的爆发释放，在此阶段内各复合骨水泥的GS释放速率明显高于PMMA骨水泥中GS的释放速率，同时PBS中GS的累计释放浓度能够快速达到抑制大多数细菌生长的最低有效浓度（1～4mg/mL）；随着释放时间的延长，GS释放速率逐渐减小，最终在120h完成GS的释放。含有0～200μm、200～400μm、400～600μm明胶复合骨水泥的最大释放速率分别为483μg/h、1521μg/h和565μg/h。

丙烯酸骨水泥中存在两种抗生素释放机制。第一种机制是抗生素颗粒能够溶解在液体环境中，在骨水泥基质中产生毛细管效应而向外释放；第二种机制是抗生素通过骨水泥基体向外扩散。

PMMA骨水泥由于自身属于惰性的疏水基材料，因此内部的抗生素无法通过上述两种机制向外释放，只有分布于骨水泥表层的抗生素通过表面效应以及自身的溶解向外释放，因此累计释放率低，释放速度慢，易造成抗生素包埋、抗生素浪费。复合骨水泥中不同粒径范围的明胶微球对抗生素释放进行了极大的改善。含有不同粒径明胶的复合骨水泥均在12h内显示出了抗生素的突释，这是由于表面明胶的降解，造成了位于骨水泥表面及骨水泥与明胶界面处的部分GS逐渐释放。突释效应有助于在微创手术后的初始阶段预防感染。随着时间的延长，明胶的持续降解形成了多孔结构，导致复合骨水泥内部GS的持续释放，这一现象的发生与明胶粒径的变化密切相关，因为它影响了失重率、孔隙率及孔的连通性，对于具有高孔隙率及高连通性的复合骨水泥中的抗生素可以通过溶解和扩散机制在这一阶段获得较高的累计释放率，而低孔隙率结构的复合骨水泥则表现出了较低的突释率、较小的释放速率及较小的累计释放率。孔隙率的增加能够扩大复合骨水泥的比表面积，使骨水泥中的抗生素更多地溶解在PBS中；与此同时，也可以通过裂缝和骨水泥表面的小孔扩散到液体中，进而从骨水泥的基质中释放。

应注意的是多孔结构对于药物从内到外的释放非常重要，因为明胶的降解为液体渗透到骨水泥内部创造了开放的路径，从而进一步促进内部明胶的降解，新形成的孔增强了骨水泥内部孔的连接性，为包埋在骨水泥内部抗生素的释放提供了重要的通道，随后GS的扩散不仅发生在骨水泥表面，而且通过扩散和通道传输的协同作用发生在复合骨水泥的内部。综合之前失重率、孔隙率及表面微观形貌的观察，含有200～400μm明胶的复合骨水泥比其他组具有更高的孔隙率、更好的孔连通性和更大的比表面积。因此，在所有实验组中表现出了最高的累计释放率、最快的释放速度及最长的释放周期。实际上，抗生素应该在规定的时间内释放，因为亚抑制浓度下可能会引入耐药菌株从而增强细菌的抗药性。而制得的复合骨水泥中GS在120h内完成了持续释放，因此可以有效避免产生抗药性菌株的风险。

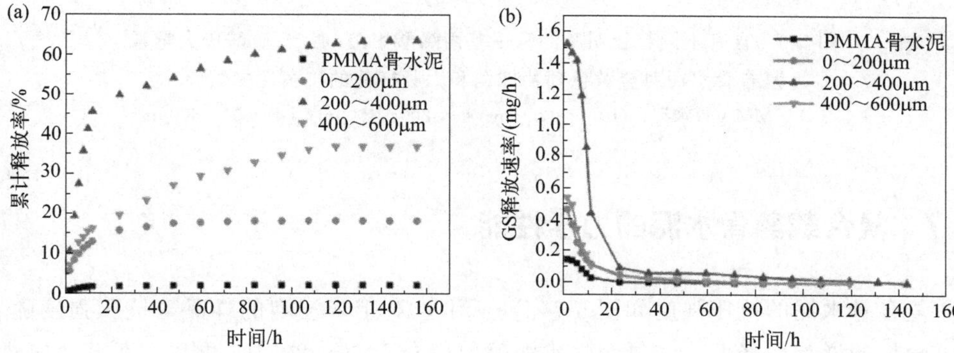

图5-5　聚甲基丙烯酸甲酯/明胶/硫酸庆大霉素复合骨水泥中硫酸庆大霉素的释放情况

(a) 累计释放率；(b) 释放速率

5.6　复合载药骨水泥的抗菌性能

含有不同粒径明胶的聚甲基丙烯酸酯/明胶/硫酸庆大霉素复合骨水泥对金黄色葡萄球菌和大肠杆菌的抗菌环试验结果如图5-6所示。随着复合骨水泥中明胶粒径的增加，对金黄色葡萄球菌及大肠杆菌的抗菌环均表现出先增大后减小的趋势，其中含有200～400μm明胶的复合骨水泥对两种细菌表现出了最大的抗菌环直径(37.08mm、40.23mm)；与此同时，复合骨水泥对革兰氏阳性菌及革兰氏阴性菌的抗菌环直径都显著高于PMMA骨水泥对两种细菌的抗菌环直径，表明复合骨水泥较PMMA骨水泥具有更好的抗菌效果。抗菌实验和GS的释放行为具有接近的趋势，造成这个现象的原因与复合骨水泥的孔隙率密切相关，含有200～400μm明胶的复合骨水泥在24h内具有最大的孔隙率，因此GS可以通过较大的比表面积扩散到培养基中，导致抗菌活性优于其他组。

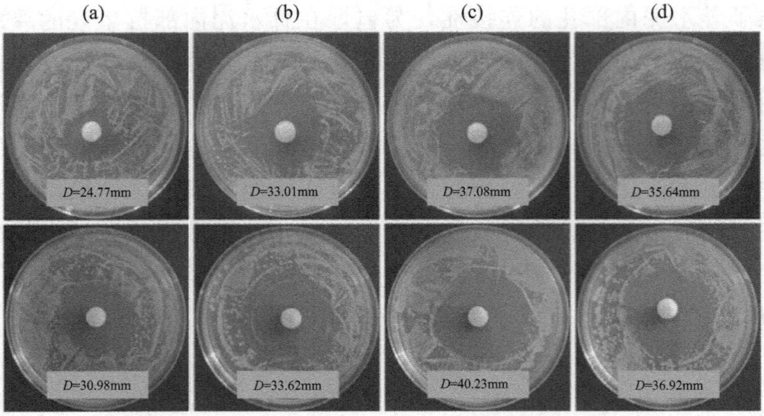

图 5-6 含有不同粒径明胶的聚甲基丙烯酸甲酯/明胶/硫酸庆大霉素复合骨水泥对金黄色葡萄球菌和大肠杆菌的抗菌性能试验

(a) PMMA 骨水泥；(b) 0～200μm；(c) 200～400μm；(d) 400～600μm

5.7 复合载药骨水泥的力学性能

复合骨水泥的抗压强度如图 5-7(a) 所示，对于未浸泡的样品，抗压强度随着明胶含量的增加而降低，各复合骨水泥的数值介于 50～80MPa 之间，低于 PMMA 骨水泥 100MPa 的抗压强度。这是由于明胶的强度低于 PMMA，固相中明胶的引入相当于第二相的加入，同时明胶并未参与 PMMA 骨水泥固液相的聚合反应，因此复合骨水泥的强度降低。样品在 PBS 中浸泡 2 周后，抗压强度较未浸泡的样品明显降低。当明胶的质量分数从 10%提高到 50%时，抗压强度降低，但仍处于松质骨（10MPa）和皮质骨（60MPa）的抗压强度之间，能够对椎体起到较好的支撑作用。图 5-7(b) 显示了复合骨水泥的弹性模量。结果表明随着明胶含量的增加，骨水泥的弹性模量降低，数据明显低于 PMMA 骨水泥 2.5GPa 的弹性模量，在 PBS 中浸泡后进一步下降到接近人体皮质骨的范围。复合骨水泥的力学性能较 PMMA 骨水泥明显降低，能够有效避免弹性模量过高对人体正常组织造成的摩擦磨损，同时也能避免应力遮蔽现象的产生，从而为人体骨骼提供更好的支撑。

浸泡之后复合骨水泥力学性能的下降与明胶吸水及其降解有着密切的关系，明胶在复合骨水泥中先经历了吸水过程。该过程对于骨水泥起到了一定的增塑作用，吸水后明胶的降解造成了多孔结构，孔的产生促进了裂纹在骨水泥中的萌生、扩展和积聚，从而降低了骨水泥的抗压强度。通过式(5-1) 和式(5-2) 对多孔骨水泥力学性能与孔隙率的关系进行了研究。

$$\sigma_{cn}=\sigma_{c0}(1-fn)^2 \tag{5-1}$$

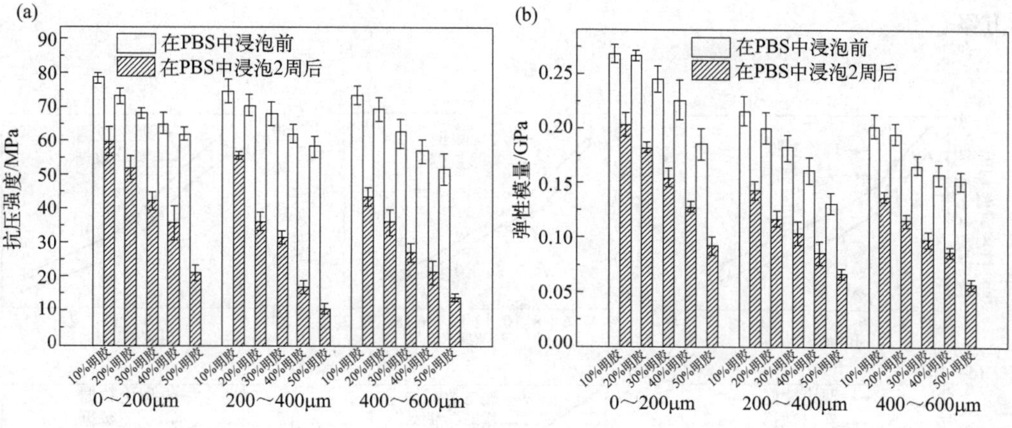

图 5-7　含有不同粒径明胶的聚甲基丙烯酸甲酯/明胶/硫酸庆大霉素复合骨水泥的力学性能

(a) 抗压强度；(b) 弹性模量

$$E_n = E_0 \frac{(1-n)^2}{1+b_e n} \tag{5-2}$$

式中　σ_{cn}——骨水泥孔隙率为 n 时的抗压强度，MPa；

E_n——骨水泥孔隙率为 n 时的弹性模量，GPa；

σ_{c0}——未浸泡前样品的初始抗压强度，MPa；

E_0——未浸泡前样品的初始弹性模量，GPa；

f——多孔结构的结构参数；

b_e——拟合常数。

当孔隙率范围在 1%～35%之间时，参数 f 和 b_e 分别为 2.7 和－0.15。由于本章中制备的多孔孔隙率满足式(5-1) 中规定的孔隙率范围，因此式(5-1) 适用于分析孔隙率与抗压强度之间的非线性关系。通过图 5-8 对理论计算值与实验测试值进行对比发现，多孔骨水泥力学性能的理论计算值与实验测试值具有相同的变化趋势，在初始抗压强度保持不变的情况下，孔隙率的增加会导致 σ_{cn} 和 E_n 的降低，其中不同明胶粒径骨水泥抗压强度的理论值和实际值较为接近，而弹性模量理论值要略高于实际值。造成这一现象的原因是多孔骨水泥固液混合过程中引入的空气由于无法在聚合过程中完全排出，因此在骨水泥中形成了一定数量的闭合孔，同时在制备样品的过程中模具的器壁效应导致与器壁接触部分骨水泥的孔结构比内部其他部位产生的孔结构更为密集，此外骨水泥中孔的形状及方向也会影响骨水泥的机械强度，这些因素的共同作用产生了相对较低的实验测试值。

明胶/PMMA 骨水泥的孔隙率与力学性能之间的关系具有重要意义，由于孔隙率的测试方法较为简单且精度较高，因此可以根据多孔骨水泥的孔隙率对其力学性能进行预测，同时根据拟合曲线可以得到孔隙率相同但力学性能不同，或具有相同力学性能但孔隙率不同的多孔骨水泥，从而为其在临床上的应用提供更多的选择方案。

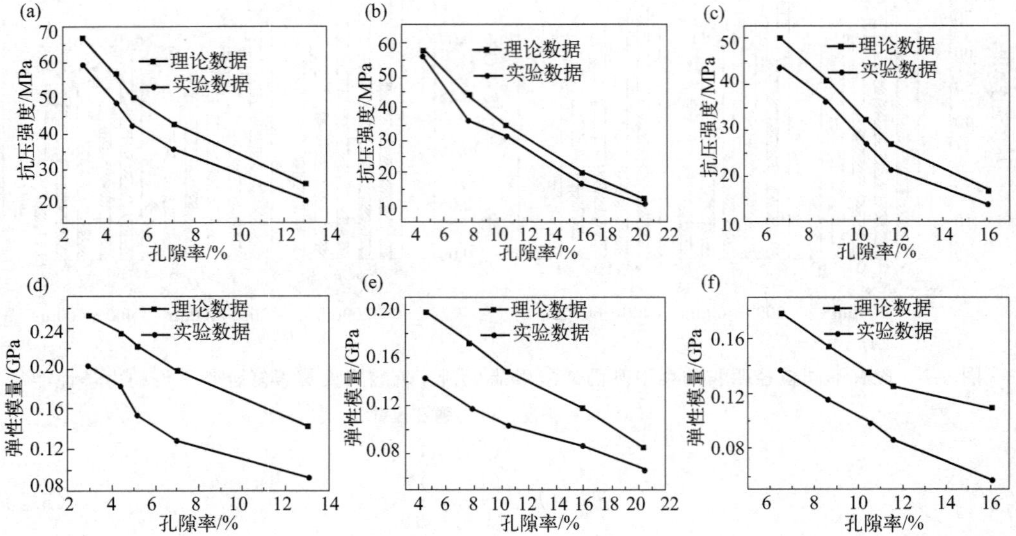

图 5-8　含有不同粒径明胶的聚甲基丙烯酸甲酯/明胶/硫酸庆大霉素复合骨水泥力学性能与孔隙率的关系

(a)、(b)、(c) 不同孔隙率下抗压强度理论计算值与实验测试值的对比；(d)、(e)、(f) 不同孔隙率下弹性模量理论计算值与实验测试值的对比

5.8　复合载药骨水泥的生物学性能

将 SD 大鼠成骨细胞置于骨水泥浸提液培养基中培养，采用 CCK-8 试剂检测其细胞活性。图 5-9(a) 中 CCK-8 试剂结果表明含有相同粒径明胶的复合骨水泥的 OD 值随着培养天数的增加而逐渐增加；对于不同粒径明胶的复合骨水泥，OD 值随着粒径的增加呈现先增大后减小的趋势，其中含有 200～400μm 组分的复合骨水泥在所有组中具有最高的 OD 值。另外，复合骨水泥的 OD 值均显著高于 PMMA 骨水泥，说明明胶的引入降低了 PMMA 骨水泥的细胞毒性。SD 大鼠成骨细胞在骨水泥表面的增殖可以一定程度反映复合材料的生物相容性。图 5-9(b) 中所有组的细胞活性均随着培养天数的增加逐渐提高，其中含有 200～400μm 组分的复合骨水泥均表现出高于其他组的细胞活性，经过 5d 的共培养之后最高值可达到 78.4%±3.1%。虽然 0～200μm 及 400～600μm 组分复合骨水泥的细胞活性略低于 200～400μm 组，但是各组的细胞活性显著高于 PMMA 骨水泥。

根据细胞毒性及细胞增殖的结果，选择含有 200～400μm 组分的复合骨水泥对

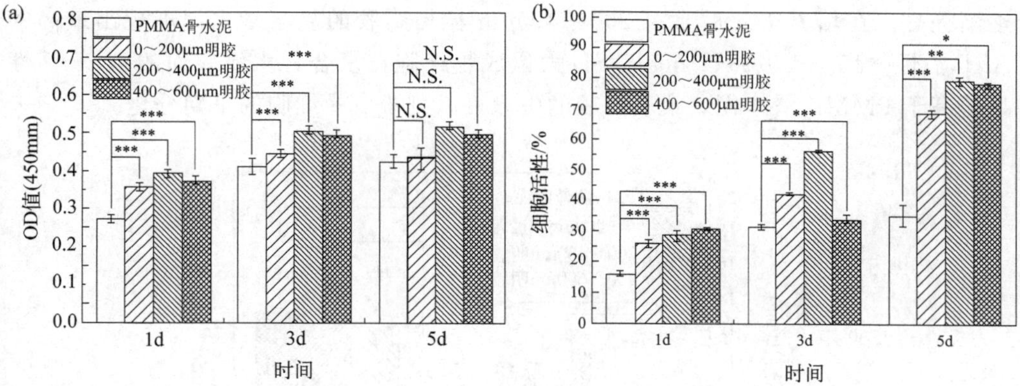

图 5-9　含有不同粒径明胶的聚甲基丙烯酸甲酯/明胶/硫酸庆大霉素复合骨水泥的生物学性能

（a）细胞活性；（b）细胞增殖（$^{*}p<0.05$；$^{**}p<0.01$；$^{***}p<0.001$）

细胞在骨水泥表面的黏附进行评估。图 5-10 的扫描电镜图片显示了 SD 大鼠成骨细胞在复合骨水泥和 PMMA 骨水泥表面培养不同天数后的细胞增殖与黏附情况。PMMA 骨水泥表面较为平整光滑，而复合骨水泥的表面存在着多孔结构，细胞均匀地分布在复合骨水泥的表面及孔内。随着培养天数的增加，细胞在复合骨水泥的表面具有更好的增殖及黏附情况，与 CCK-8 细胞活性的结果具有相同的趋势，说明明胶的引入促进了细胞在复合骨水泥表面的黏附。造成这一现象的原因是明胶良好的生物相容性能够促进细胞的黏附和增殖。此外，明胶降解形成的孔结构增大了骨水泥的比表面积，提供了利于细胞黏附的空间和物理环境。以上这些结果表明，明胶与多孔结构的存在协同促进了复合骨水泥上细胞的增殖和黏附，从而提高了复合骨水泥的生物相容性，为促进成骨细胞的生长提供了良好的生物环境。

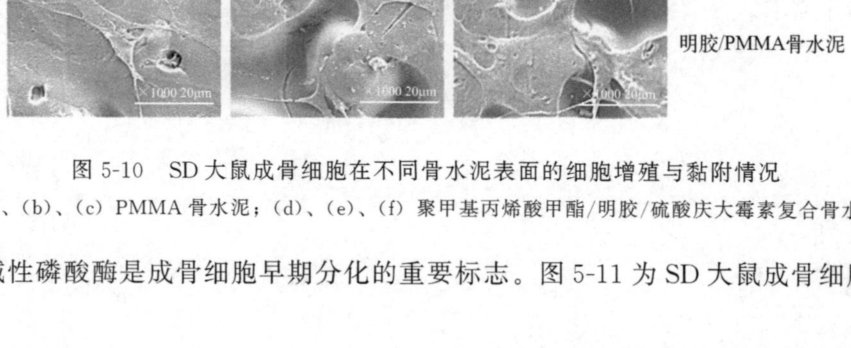

图 5-10　SD 大鼠成骨细胞在不同骨水泥表面的细胞增殖与黏附情况

（a）、（b）、（c）PMMA 骨水泥；（d）、（e）、（f）聚甲基丙烯酸甲酯/明胶/硫酸庆大霉素复合骨水泥

碱性磷酸酶是成骨细胞早期分化的重要标志。图 5-11 为 SD 大鼠成骨细胞在不

同组分骨水泥表面的 ALP 活性。结果表明碱性磷酸酶活性随着培养天数的增加而逐渐提高，在培养 14d 后含有 200～400μm 粒径明胶的复合骨水泥展现出最高的 ALP 活性[(15.8±0.9)U/mg]。SD 大鼠成骨细胞在复合骨水泥表面的 ALP 活性显著高于 PMMA 骨水泥，说明明胶的引入可以刺激成骨细胞的早期分化。

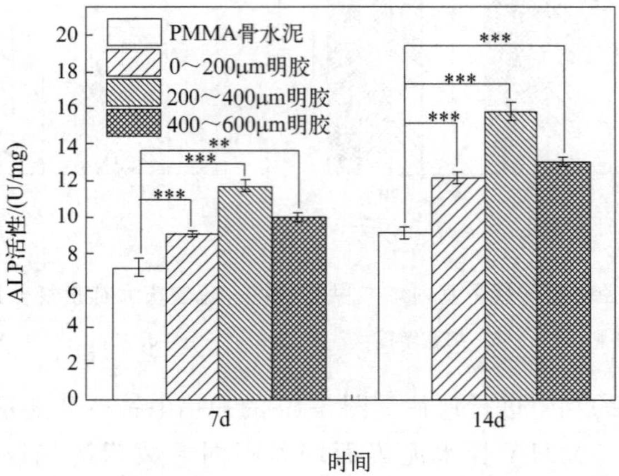

图 5-11　SD 大鼠成骨细胞在聚甲基丙烯酸甲酯/明胶/硫酸庆大霉素复合骨水泥表面的 ALP 活性（** $p<0.01$；*** $p<0.001$）

5.9　本章小结

本章制备了一种可释放抗生素的明胶/PMMA 骨水泥，随着明胶含量的增加，复合骨水泥的面团时间和凝固时间逐渐延长，而复合骨水泥的最高凝固温度显著降低，可避免正常组织因聚合反应热产生的灼伤。复合骨水泥的多孔结构是由明胶溶解产生的，孔隙率最高可达到 21.2%，有利于复合材料的抗压强度和弹性模量降低到与人骨力学性能匹配的范围。此外，骨水泥具有连通的多孔结构，能够快速释放骨水泥内搭载的抗生素，并显著增强骨水泥的抑菌活性，可用于预防术后感染。体外细胞结果表明，复合骨水泥内明胶的引入导致细胞活性、细胞增殖和成骨分化均有改善。因此，明胶/PMMA 骨水泥可作为一种多功能生物材料，以满足未来的不同临床需求。

第6章

双载药明胶微球/PMMA复合骨水泥

PMMA 骨水泥在椎体成形术和关节置换术使用过程中通常负载药物以降低植入材料的感染风险并促进成骨细胞的分化和生长，但是 PMMA 骨水泥作为药物载体使用时由于疏水性 PMMA 的包埋可导致药物释放率降低．此外，PMMA 骨水泥同时负载两种不同功能的药物时会表现出相同的药物释放规律，从而无法满足多种治疗需求。因此，提高 PMMA 骨水泥中药物释放率，同时负载两种药物并实现两者的分时段释放，是本章的研究重点。上一章是通过骨水泥内的多孔结构释放抗生素，本章则是设计一种释药通路将内部药物向外传递。选用生物相容性优异并且具有溶胀性能的明胶，负载临床上常见的抗生素[硫酸庆大霉素(GS)]和抗骨质疏松药物[阿仑膦酸钠(ALN)]，通过乳液聚合法和溶液浸渍法制备了药物呈现出核(ALN) 壳 (GS) 分布的双载药明胶微球 (GS/ALN)，并改变双载药明胶微球的粒径及在骨水泥内的含量，调控释药通路在骨水泥内的连通性，得到了具有三维通路缓释的双载药明胶/PMMA 骨水泥。两种药物“错峰”释放，可在实现快速抗菌的同时具有长效抗骨质疏松的功能。对该复合骨水泥中两种药物的释放行为进行了研究，并阐明了两种药物在骨水泥内的释放机制；对其抗菌能力以及体内体外生物相容性也进行了研究。

6.1 双载药明胶微球成分及形貌

采用乳液聚合法和溶液浸渍法将阿仑膦酸钠 (ALN) 和硫酸庆大霉素 (GS) 搭载于明胶微球中，为了研究 GS 和 ALN 在明胶微球内的结合方式和分布形式，对其成分和微观形貌进行了表征。对明胶、GS、ALN 和双载药明胶微球进行了红外光谱分析，见图 6-1。明胶中 C ═O 键的伸缩振动、N—H 键的弯曲振动和 C—N 键的拉伸耦合峰分别位于 $1650cm^{-1}$、$1540cm^{-1}$ 和 $1238cm^{-1}$ 处。

GS 红外光谱 $1650\sim1570cm^{-1}$ 处出现的双峰为—NH_2 的特征吸收峰，$1650cm^{-1}$ 处的峰为 C—N 和 N—H 的弯曲振动峰，$1570cm^{-1}$ 处的峰为 C—N 的伸缩振动峰，在 $1124cm^{-1}$ 和 $618cm^{-1}$ 处为 SO_4^{2-} 的特征吸收峰。在 $1640cm^{-1}$ 和 $1020cm^{-1}$ 处分别为 ALN 中—NH_2 和 P ═O 的伸缩振动峰。双载药明胶微球在

1570～1540cm^{-1} 和 1650～1640cm^{-1} 之间存在宽峰，在 1238cm^{-1}、618cm^{-1} 和 1020cm^{-1} 处分别发现了明胶、GS 和 ALN 的特征峰。上述结果表明通过乳液聚合法和溶液浸渍法制备的明胶微球成功搭载了 GS 和 ALN。

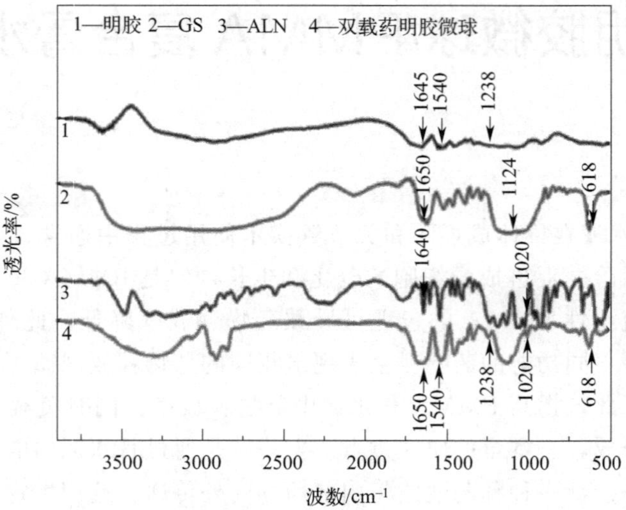

图 6-1 明胶、硫酸庆大霉素、阿仑膦酸钠、双载药明胶微球的红外图谱

通过扫描电镜对制备出的双载药明胶微球的微观形貌进行进一步观察。图 6-2(a)～图 6-2(c) 中 ALN 单载药明胶微球呈现较为规则的球形且表面光滑，三组微球的粒径范围分别为 0～35μm、35～74.5μm、74.5～109.5μm。将单载药微球在 GS 溶液中浸渍，图 6-2(d)～图 6-2(f) 中 GS/ALN 双载药明胶微球仍保持球形，微球表面呈现多孔状结构，三组微球的平均粒径(D) 分别为 (22.69±1.98)μm(P1)、(65.39±4.65)μm(P2)、(96.65±5.72)μm(P3)，较单载药明胶微球的粒径有所增加。造成这一变化的原因是单载药微球通过溶液浸渍法负载 GS，由于明胶自身具有良好的吸水膨胀性能，因此该过程中在 GS 被吸收到单载药微球的同时，明胶微球发生了快速的体积膨胀。水分子的进入使得明胶微球达到吸水平衡状态之后促进了其降解，由于明胶微球的降解过程呈现出由外向内的趋势，因此位于微球表面的明胶逐渐溶解。然而乳液聚合过程中交联剂的存在限制了明胶微球的快速降解，因此在较短的浸渍过程后双载药明胶微球仍具有球状结构，通过冷冻干燥之后得到了表面具有多孔结构的双载药明胶微球。这种结构有助于增加双载药微球的比表面积，为其内部负载药物的释放提供了重要基础。

为了进一步表征 GS 和 ALN 在明胶微球内的分布情况，对双载药明胶微球的截面形貌进行了观察。图 6-3(a) 表明多孔结构主要集中在双载药微球的表层。由于 GS 和 ALN 中分别含有特殊的硫元素和磷元素，因此通过 EDS 元素分析直接反映出两种药物在微球内的分布。图 6-3(b) 中磷元素在微球内呈现出内部多外部少的梯度分布，而图 6-3(c) 中的硫元素主要分布于微球的外层，因此两种药物在明

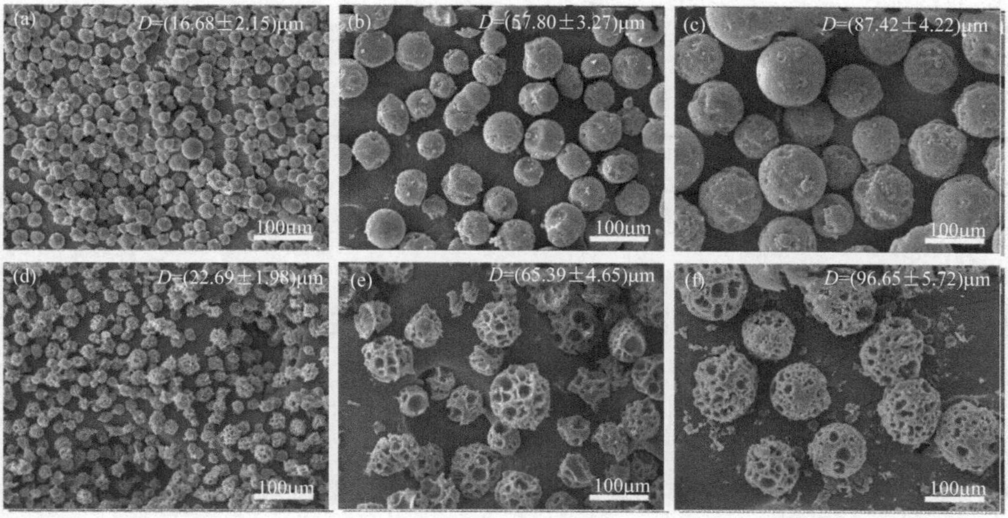

图 6-2　不同粒径 ALN 载药明胶微球(a～c)和不同粒径 GS/ALN 双载药微球(d～f)的微观形貌及其平均粒径

胶微球中呈现出核壳分布，即 GS 主要分布于双载药明胶微球的外层，而 ALN 主要分布于双载药明胶微球的内层。这是由于单载药微球在 GS 溶液浸渍的过程中，外部明胶的降解导致了一部分负载于其中的 ALN 释放，而由于浸渍过程时间较短，因此降解只发生在微球的外部，内部的 ALN 并不会快速地向外释放。不同粒径 ALN 载药明胶微球和 GS/ALN 双载药明胶微球对药物的包封率和载药率见表 6-1，其中 ALN 在双载药微球中包封率较单载药微球中略微降低，也证明了微球外部 ALN 的释放。同时，由于 GS 通过单载药明胶微球的吸水膨胀向内扩散，因此在短暂的浸渍时间内扩散行为只发生在微球的外层。两种药物在双载药明胶微球中核壳状分布为复合骨水泥中 GS 的快速释放和 ALN 的长期缓释提供了极大的可能性。

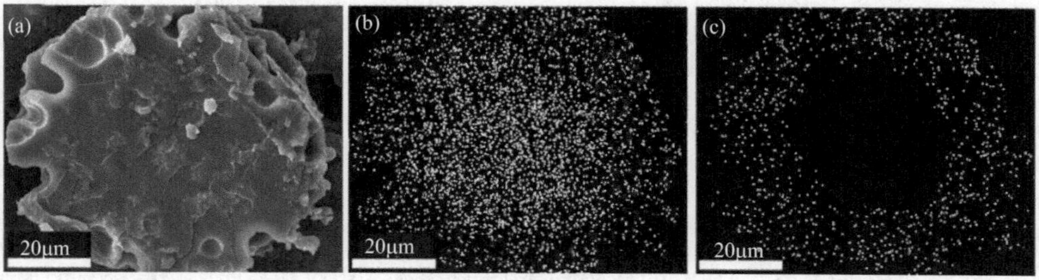

图 6-3　GS/ALN 双载药明胶微球的截面形貌和 EDS 元素分布图

(a) 截面微观形貌；(b) 磷元素分布；(c) 硫元素分布

表 6-1　不同粒径（P1＜P2＜P3）ALN 载药明胶微球和 GS/ALN 双载药明胶微球对药物的包封率和载药率

项目	ALN 载药明胶微球		GS/ALN 双载药明胶微球			
	ALN 包封率/%	ALN 载药率/%	ALN 包封率/%	ALN 载药率/%	GS 包封率/%	GS 载药率/%
P1	58.42	13.48	56.8	11.43	67.53	14.46
P2	66.63	15.38	63.5	13.02	68.37	14.61
P3	70.35	16.24	65.58	13.62	72.31	15.33

6.2　双载药明胶微球复合骨水泥的可注射性及养护参数

为了评价双载药微球对骨水泥操作特性的影响，对 GS/ALN 双载药明胶微球复合骨水泥（GAPBC）的可注射性、面团时间、凝固时间及最高凝固温度进行了研究。图 6-4(a) 中 GAPBC 的可注射率随着双载药 GS/ALN 明胶微球含量的增加而逐渐降低，在相同质量分数明胶微球添加量的情况下，粒径对骨水泥的可注射性没有显著影响，所有复合骨水泥的可注射率虽然略低于 PMMA 骨水泥，但是数值仍高于 90%，表明双载药 GS/ALN 明胶微球的引入并没有影响骨水泥的注射行为。图 6-4（b）中骨水泥的面团时间随着双载药 GS/ALN 明胶微球含量的增加逐渐延长，较 PMMA 骨水泥 3.25min 的面团时间有所增加。这是由于明胶微球作为添加相并未参与骨水泥的固液反应，导致聚合反应的有效成分含量降低，减缓了聚合反应速度，从而导致可注射率的降低及面团时间的延长。此外，在含有相同质量分数的明胶载药微球条件下，粒径对 GAPBC 面团时间的影响不显著，说明明胶微球的添加量是影响面团时间的主要因素。

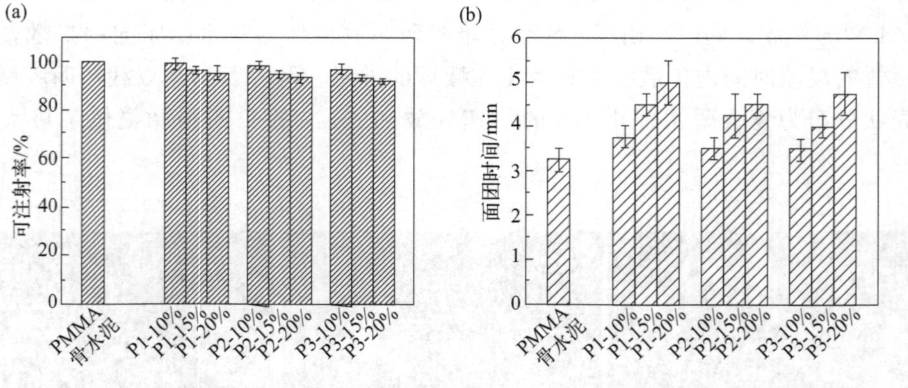

图 6-4　不同含量及粒径双载药明胶微球 GAPBC 的可注射性及养护参数

（a）可注射率；（b）面团时间

图 6-5 中不同组分 GAPBC 的最高凝固温度随着体系中双载药明胶微球含量的增加而降低，其数值都显著低于 PMMA 骨水泥。当明胶微球含量为 20%时，GAPBC 的最高凝固温度最低。这是由于明胶自身是一种良好的散热剂，因此聚合过程中减少反应热

的同时能够快速将热量向外传递。而骨水泥最高凝固温度的降低能够有效避免因反应温度过高而引起的健康组织热坏死这一问题。不同含量及粒径的 GS/ALN 双载药明胶微球复合骨水泥的最高凝固温度和凝固时间见表 6-2，GAPBC 的凝固时间随着明胶微球含量的增加而逐渐延长到 10.3～11.6min。造成上述凝固时间延长的原因是明胶微球的加入对骨水泥的固液反应有延缓作用，减慢了骨水泥固液两相的反应速度。根据临床上对于 PMMA 骨水泥的使用要求，建议凝固时间在 25min 内，以便医生完成手术。因此，双载药明胶/PMMA 骨水泥满足上述要求。

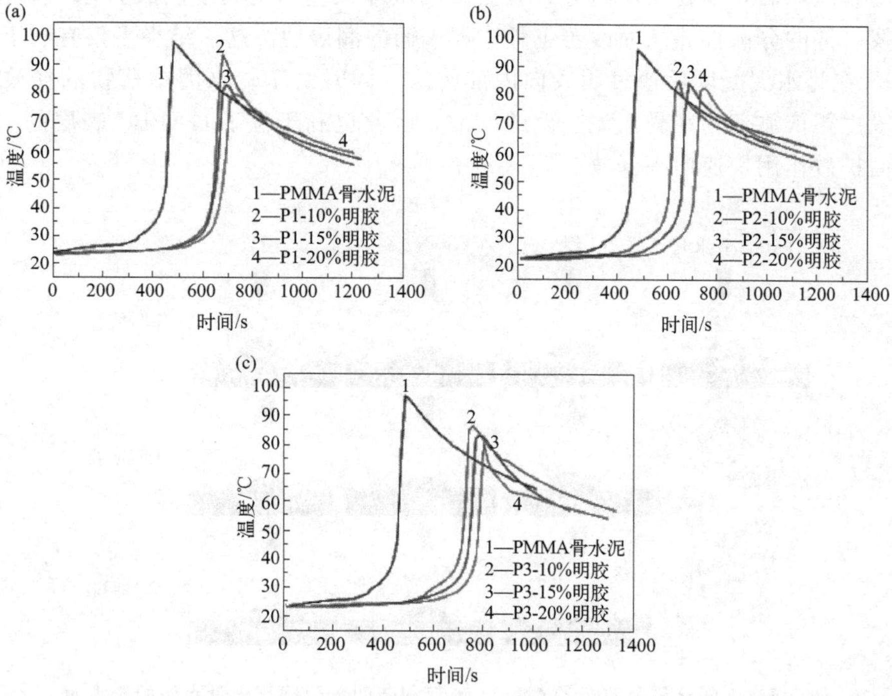

图 6-5　不同含量及粒径的 GS/ALN 双载药明胶微球复合骨水泥的凝固温度随时间变化曲线

表 6-2　不同含量及粒径的 GS/ALN 双载药明胶微球复合骨水泥的最高凝固温度和凝固时间

项目	PMMA 骨水泥	P1-10%	P1-15%	P1-20%	P2-10%	P2-15%	P2-20%	P3-10%	P3-15%	P3-20%
凝固时间/min	8.2	10.3	11.5	11.8	9.1	9.5	10.1	10.3	10.7	11.6
最高凝固温度/℃	99.2	93.5	84.6	80.3	88.6	86.5	85.7	87.2	85.1	84.7

6.3　双载药明胶微球复合骨水泥的表面润湿性及吸水膨胀性能

由于明胶是一种亲水性的大分子胶体，因此对 GAPBC 的表面润湿性进行了研究。图 6-6 通过亲水角测试对 GAPBC 的表面润湿性进行评价，如图所示在明胶微球粒径相同的情况下 GAPBC 的亲水角随着明胶含量的增加逐渐减小；而在明胶含量固定的情况下，骨水泥的亲水角随着明胶粒径的增加而增大，表明 GAPBC 的表面润湿性受双载药明胶微球含量和粒径共同影响。此外，所有 GAPBC 的亲水角数值都低于 PMMA 骨水泥的数值（84.5°），说明双载药明胶微球的引入改善了 PMMA 骨水泥的表面润湿性。这是由于明胶含量的增加导致疏水性的 PMMA 骨水泥表面含有更多的亲水性明胶微球，从而提高了表面的润湿性。而在引入相同质量分数的明胶微球后，粒径小的组分具有更多的微球数量，提高了明胶微球在 GAPBC 表面及内部的分散性，从而改善了骨水泥表面的润湿性。这一结果不仅有利于外部的 PBS 在骨水泥凝固后通过明胶向内部传送，同时由于骨水泥中药物的释放在初始阶段主要依靠药物在骨水泥表面的扩散，因此也利于位于 GAPBC 表层的 GS 通过表面扩散作用快速向外释放。

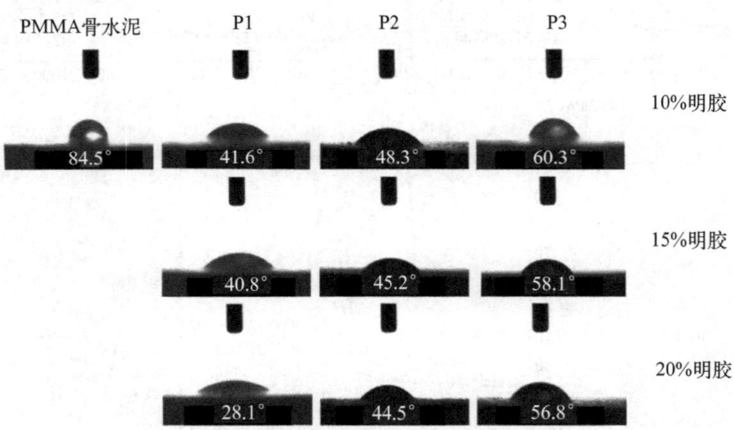

图 6-6　不同含量及粒径的 GS/ALN 双载药明胶微球复合骨水泥的亲水角

由于明胶自身具有良好的吸水膨胀性能，因此对 GAPBC 的吸水膨胀性能进行了研究。图 6-7 中 GAPBC 的吸水倍率及膨胀倍率随着浸泡时间的延长逐渐增加，在 20min 后达到了平衡状态。随着体系中双载药明胶微球含量的增加，GAPBC 的平衡吸水膨胀倍率均逐渐提高，图 6-7(a)～图 6-7(c) 中含有三种不同粒径双载药复合骨水泥的最高平衡吸水倍率分别为 15.7%±0.11%、16.2%±0.15%、15.8%±0.12%，图 6-7(d)～图 6-7(f) 中最高平衡膨胀倍率分别为 7.1%±0.15%、9.2%±0.19%、8.3%±0.23%，较 PMMA 骨水泥的吸水膨胀能力有显著提高。

GAPBC 的吸水能力取决于明胶微球中含有的大量亲水基团氨基和羧基，而微球含量的提高使得体系内明胶相互接触的概率增大，明胶微球作为有效吸水相，能够传递水分子，在骨水泥内部形成了水分子的传递通道，因此促进了整体吸水倍率

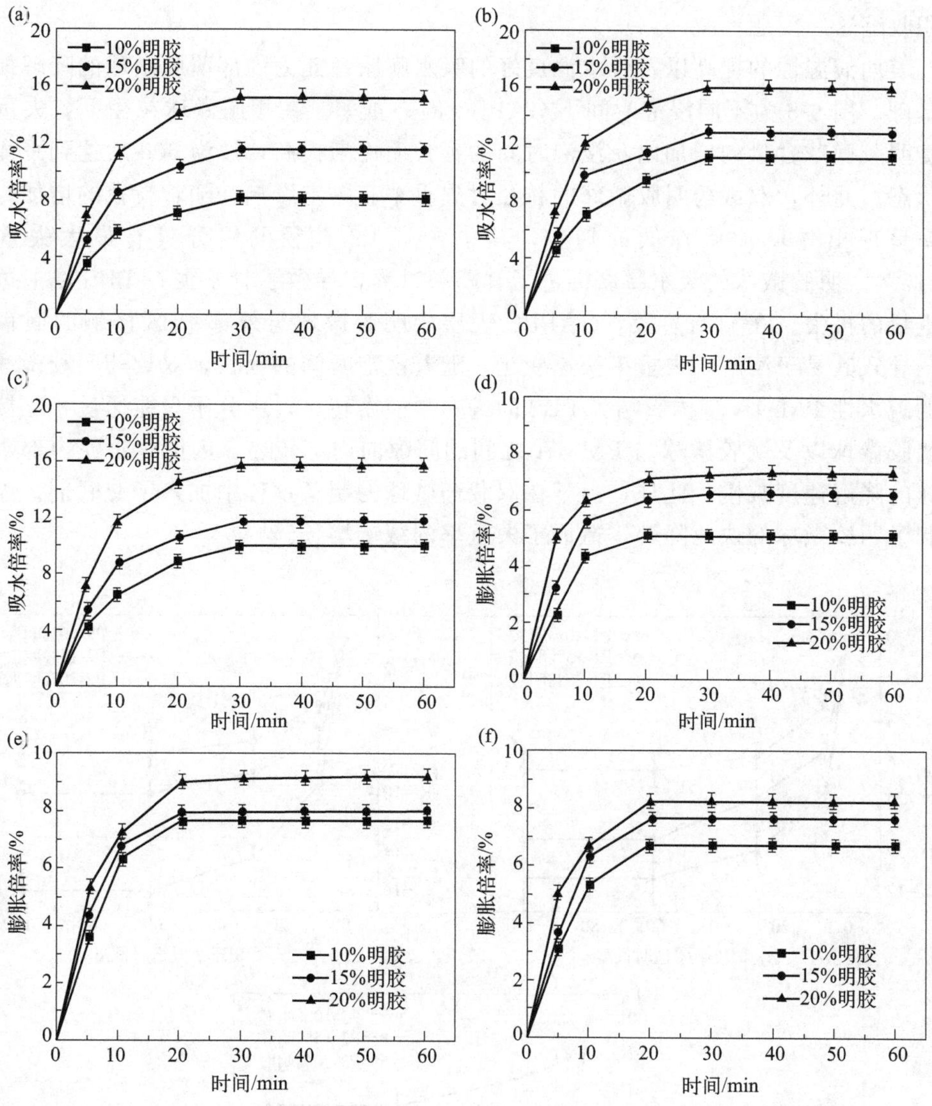

图 6-7　不同含量及粒径的 GS/ALN 双载药明胶
微球复合骨水泥的吸水性能（a～c）及膨胀性能（d～f）
（a）P1；（b）P2；（c）P3；（d）P1；（e）P2；（f）P3

的提高。同时，明胶吸水后自身会发生体积膨胀，在 GAPBC 达到凝固时间之前，并未硬化的骨水泥在内部明胶微球膨胀的作用下整体表现出了膨胀能力，随着骨水泥的硬化，周围的 PMMA 颗粒限制了明胶微球在体积上的变化，因此膨胀达到了平衡状态。GAPBC 的吸水膨胀性能具有重要的意义。通过吸水过程能够将骨水泥外部的水分子向内部进行传递，增加内部明胶微球与水分子接触的能力，从而促进明胶微球的降解以及内部药物的释放；而膨胀行为使得明胶微球内部的药物能够通过明胶分子链的伸展逐渐向外部进行扩散，同时可有效解决 PMMA 骨水泥存在的体积收缩这一问题。

表面润湿性的提高以及骨水泥良好的吸水膨胀性能为内部明胶微球的降解提供了基础。图 6-8 为不同浸泡时间下 GAPBC 的失重率。在相同微球粒径下，失重率随着明胶微球含量的增加以及浸泡时间的延长而逐渐提高，浸泡 60d 后达到平衡失重状态。此外，双载药明胶微球的粒径对失重率有一定影响，随着粒径的增加，失重率呈现出先增加后降低的趋势，其中含有 P2 粒径的组分具有最大失重率 16.15%。明胶微球的吸水膨胀促进了其降解过程，导致了骨水泥在 PBS 浸泡过程中重量的损失。在初始阶段，GAPBC 表层的明胶微球与外部 PBS 接触的面积较大，导致其易于溶解，失重率快速变化。随着浸泡时间的延长，双载药明胶微球周围的疏水性 PMMA 基体影响了 PBS 的进一步向内转移，水分子只能通过相互接触的明胶微球以及明胶微球与 PMMA 之间的间隙向内部传递，因此骨水泥内部明胶微球的降解速度减慢。此外，由于在双载药微球的制备过程中加入了交联剂，因此限制了明胶微球的快速降解，造成了失重率的缓慢增长。

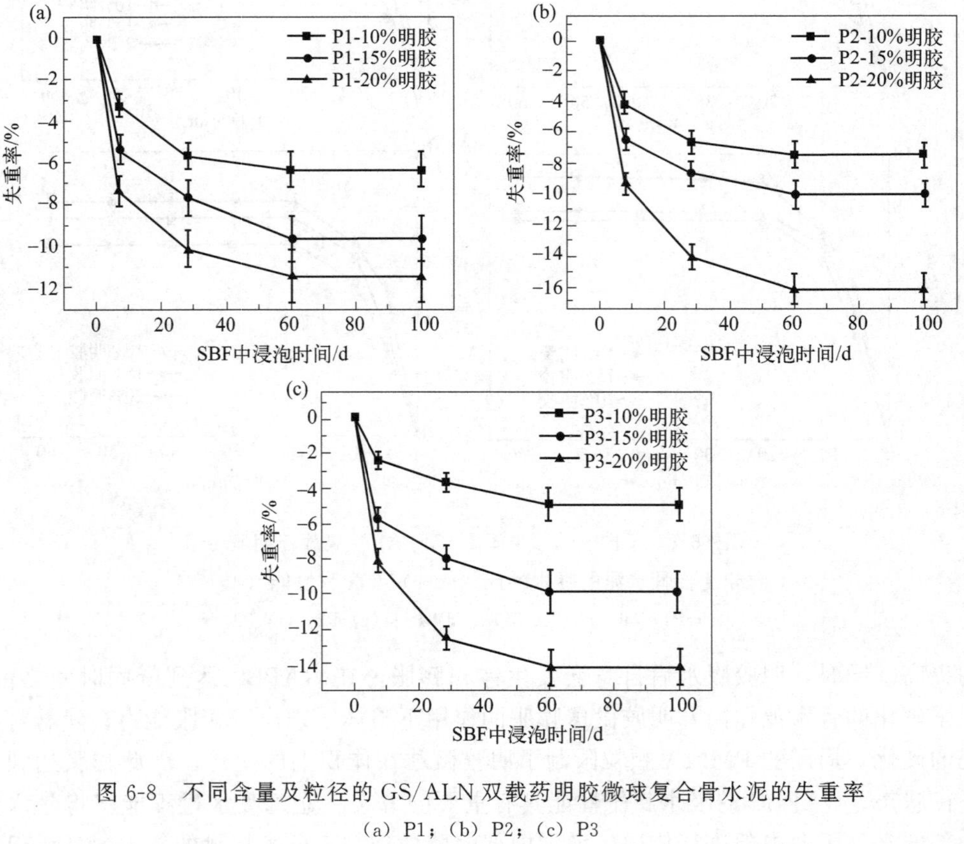

图 6-8 不同含量及粒径的 GS/ALN 双载药明胶微球复合骨水泥的失重率

(a) P1；(b) P2；(c) P3

双载药明胶微球的降解导致GAPBC中多孔结构的产生。图6-9(a)～图6-9(c)中不同组分GAPBC的孔隙率在初始7d内迅速变化，随着浸泡时间的进一步延长孔隙率缓慢增长，在60d后达到了平衡状态，孔隙率的变化与失重率的变化具有相同的趋势。图6-9(d)表示在相同粒径下，随着双载药明胶微球含量的增加复合骨水泥的孔隙率均有所提高。通过改变GAPBC中明胶微球的含量和粒径，可获得9.8%～32.1%的孔隙率。双载药微球的粒径对GAPBC的孔隙率也有一定影响。添加相同质量分数的明胶微球时，微球粒径的增加导致了其在骨水泥基体内数目的降低，粒径最小的复合骨水泥可能导致微球的团聚从而造成分布不均，影响外部PBS的向内传递，从而产生了较低的失重率和孔隙率；对于粒径最大的复合骨水泥，微球数目的减少导致其相互连通性较差，因此无法形成较为连续的水分子传递通路，制约了内部明胶微球的吸水及降解。而合适粒径的明胶微球能够形成连通性较好的水分子传递网络，利于外部水分子的向内传递，促进了内部明胶的降解以及多孔结构的产生，因此具有最高的失重率和孔隙率。

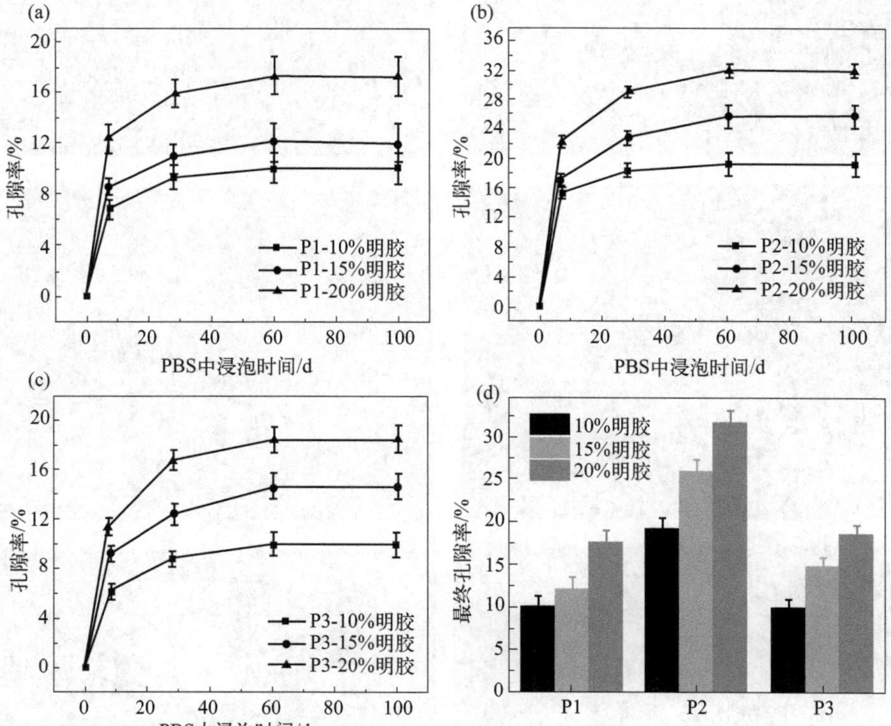

图6-9　不同含量及粒径的GS/ALN双载药明胶微球复合骨水泥的孔隙率

(a) P1；(b) P2；(c) P3；(d) 最终孔隙率

选取每组中孔隙率最高的GAPBC对其表面形貌进行观察，通过ImageJ软件对表面多孔结构的孔尺寸进行了统计。图6-10中所有组分的复合骨水泥在100倍及 500 倍放大倍数下都可以观察到明显的多孔结构，三组骨水泥中孔径分布分别为 7～38μm、32～76μm、70～108μm。通过对比孔径统计的数据与之前小节中微球的粒径可以看出两者的数值较为接近，进一步证实了多孔结构是由于 GAPBC 内双载药微球的降解所形成的。这是由于明胶虽然能够溶胀，但 PMMA 骨水泥的刚性支架和双载药微球内部的交联剂限制了明胶微球尺寸上的快速增长。因此，当明胶微球降解达到平衡状态时，其表面孔隙的粒径分布与添加的明胶微球基本一致。多孔结构的产生不仅利于 PBS 向骨水泥内部传递，促进内部明胶的降解，为 GAPBC 中两种药物的向外传递提供了路径，也能一定程度促进成骨细胞和骨组织的生长，提高作为植入材料的复合骨水泥的骨整合性。

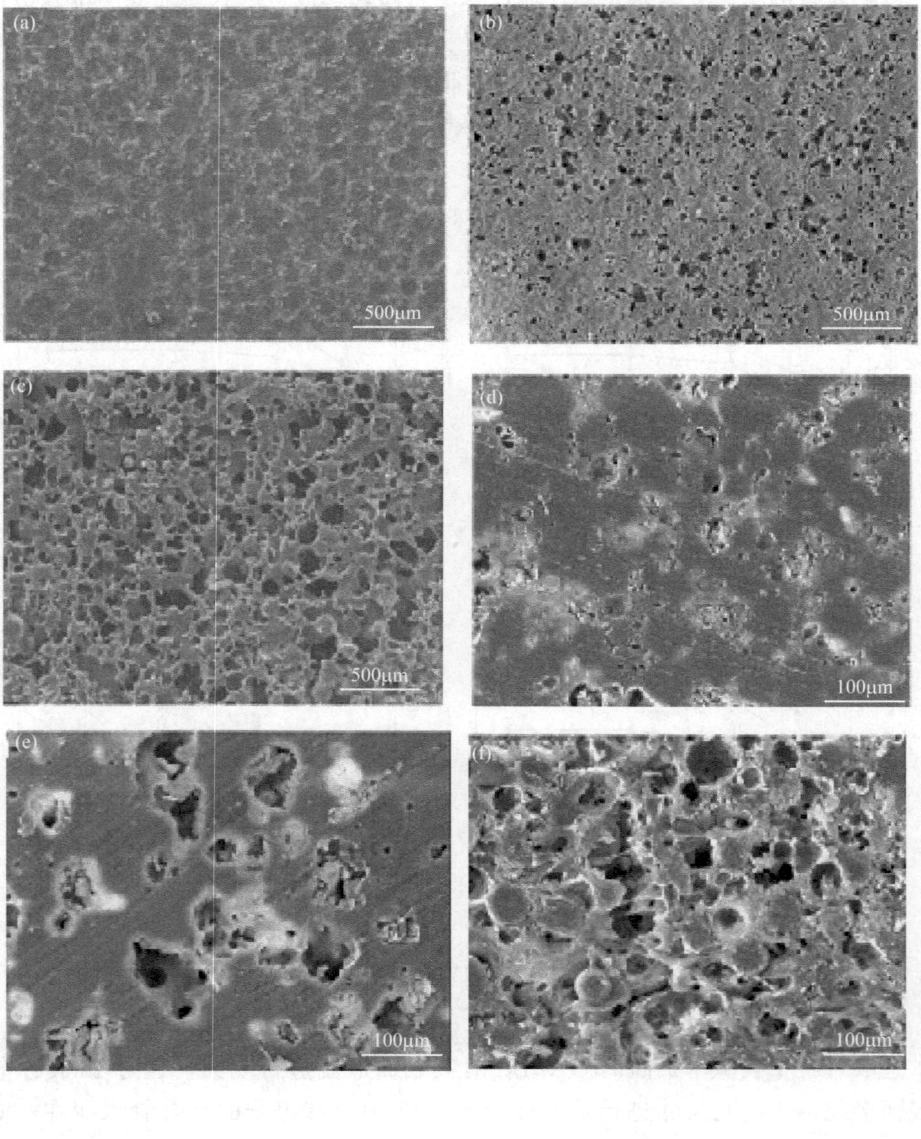

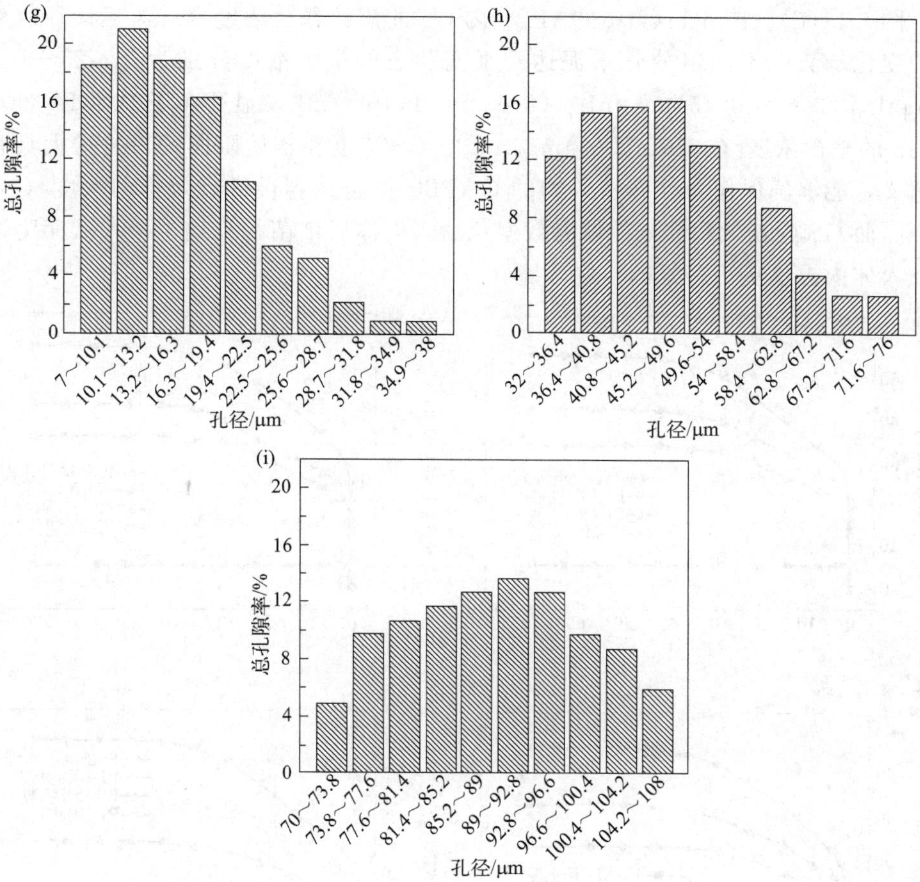

图 6-10 100 倍和 500 倍放大倍数下含有不同含量及粒径的 GS/ALN 双载药明胶微球复合骨水泥的微观形貌

(a) P1（×100）；(b) P1（×500）；(c) P2（×100）；(d) P2（×500）；(e) P3（×100）；(f) P3（×500）；(g) 图（b）的孔径统计数据；(h) 图（d）的孔径统计数据；(i) 图（f）的孔径统计数据

6.4 双载药明胶微球复合骨水泥中药物的释放

6.4.1 硫酸庆大霉素（GS）的释放动力学

图 6-11 为 GAPBC 中 GS 的累计释放率及累计释放浓度随时间的变化曲线。图 6-11(a)～图 6-11(c)中不同组分骨水泥中 GS 的累计释放率表现出相同的变化趋势：初始阶段 24h 内的突释；在 5 周内的缓释；6 周后达到最终的平衡状态。图 6-11(a)～图 6-11(c)中不同组分骨水泥中 GS 的最大累计释放率分别为 56.8%±1.2%、66.2%±0.9%、63.4%±0.6%，而 PMMA 骨水泥中 GS 在 24h 后达到了最高累计释放率，其数值仅为 5.89%±0.4%。因此，在 GAPBC 中 GS 释药周期提高的同时，累计释放率也较 PMMA 骨水泥有显著提升。

图 6-11(d)～图 6-11(f)中 GAPBC 内 GS 的累计释放浓度具有与累计释放率相同的变化趋势，不同组分骨水泥达到平衡状态的最大浓度分别为（2.25±0.13）mg/mL、(2.66±0.15)mg/mL、(2.53±0.11)mg/mL，显著高于 PMMA 骨水泥中 GS 的平衡浓度[(0.26±0.05)mg/mL]。GS 浓度在初始阶段的快速增大具有重要意义，能够确保作为外部植入物的 GAPBC 快速达到最低有效抑菌浓度（1mg/mL）。而 GS 的长效释放则能够有效避免植入人体后细菌的长期生长，从而为植入物在人体内提供更为良好的生物环境。

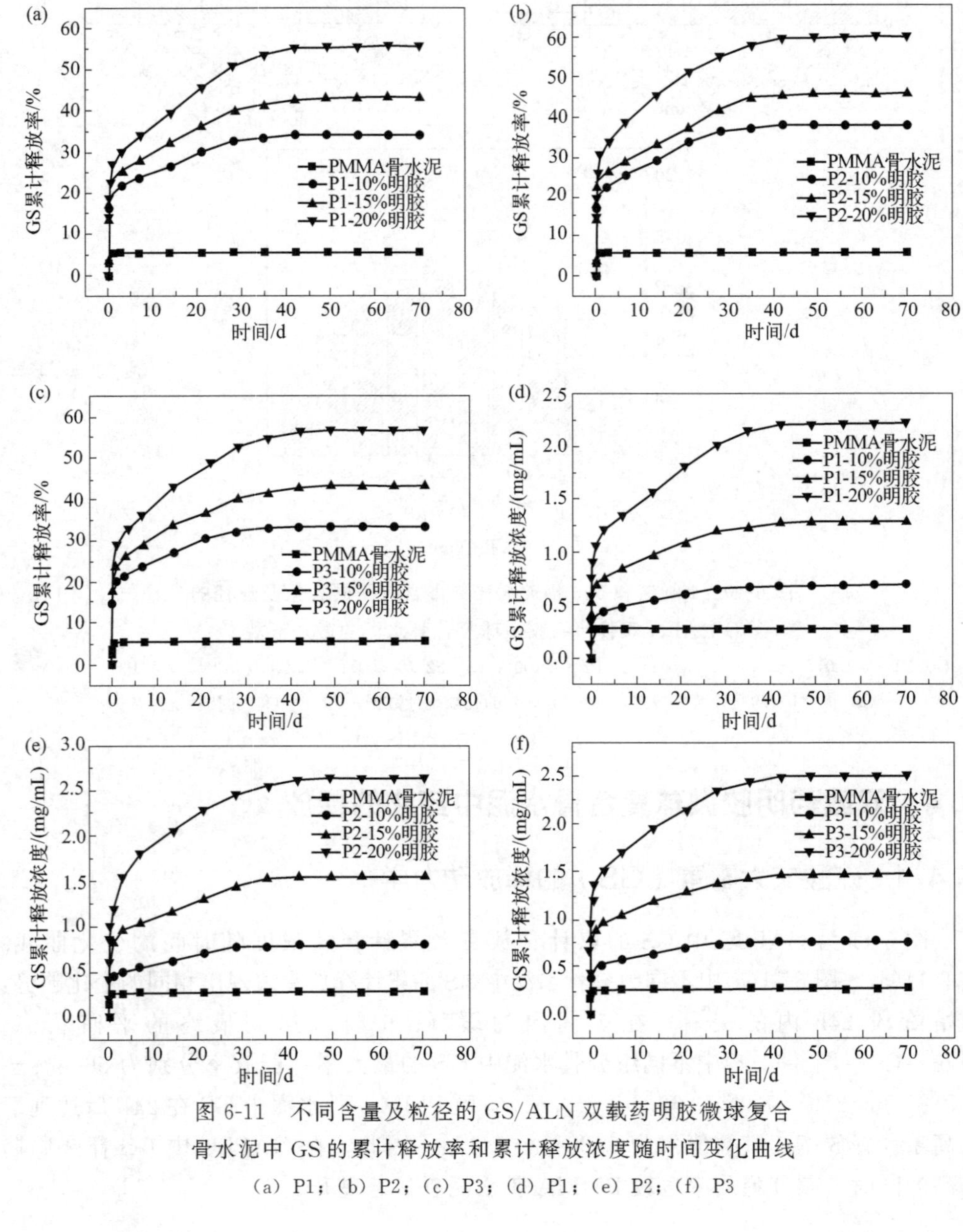

图 6-11　不同含量及粒径的 GS/ALN 双载药明胶微球复合骨水泥中 GS 的累计释放率和累计释放浓度随时间变化曲线

(a) P1；(b) P2；(c) P3；(d) P1；(e) P2；(f) P3

采用 Korsmeyer-Peppas 模型研究了不同组分中 GS 在初始 24h 内突释过程中的释放机制。

$$\frac{M_t}{M_\infty}=kt^n \tag{6-1}$$

式中 M_t——t 时间后药物的累计释放量，g；

M_∞——达到释药平衡状态后药物的累计释放量，g；

k——药物释放动力学参数；

n——药物的释放指数。

如图 6-12 所示，所有组的线性相关系数都大于 0.99，表明 $\lg(M_t/M_\infty)$ 和 $\lg t$ 之间存在着良好的线性拟合关系，因此能够通过该模型对不同时间点 GS 的释放量进行较为准确的预估。药物的扩散机制根据扩散系数 n 可以分为以下三类：$n<0.5$ 为菲克扩散释放，体系中药物的扩散速率小于聚合物内高分子链段松弛运动的速率，药物的扩散起主要作用；$0.50<n<1$ 为非菲克扩散释放，药物的扩散速率与聚合物内高分子链段松弛速率较为接近，两种扩散行为共同影响药物的释放；$n>1$ 为 case Ⅱ 型扩散释放，也属于一种典型的非菲克扩散。该情况下药物的扩散速率大于聚合物分子链段松弛速率，扩散行为主要受聚合物分子链段松弛速率调控。

含有不同粒径双载药微球的 GAPBC 中 GS 的扩散参数及线性相关系数见表 6-3，GS 的扩散系数 n 都小于 0.5，表明 GS 在骨水泥中的释放遵循菲克扩散定律。该种情况下药物与明胶微球之间存在良好的相互作用，药物的溶解扩散是其释放的主要控制步骤。双载药明胶微球的粒径越大，释放速率参数 k 越高，表明药物的释放速度越快。造成 GS 突释的原因是 GS 通过浸渍法主要搭载于明胶微球的外部，而双载药明胶微球的表面形貌呈现多孔结构，因此在增加了比表面积的同时，能够促进位于明胶外层 GS 的溶解释放。此外，GS 和明胶中的—OH 基团之间形成了氢键，产生了“拉链效应”。由于氢键强度较弱，因此外部水分子的进入破坏了氢键的稳定性，进一步通过骨水泥内外 GS 的浓度梯度差向外扩散。

随着浸泡时间的延长，双载药明胶微球表层溶解所产生的多孔结构虽然有利于外层 GS 的连续释放，但是由于明胶微球周围存在着大量的疏水性 PMMA 微球，因此 PBS 向内转移速度减慢，导致 GS 的释放速率低于初始阶段。此外，明胶微球内部的 GS 通过扩散释放，浓度梯度提供了扩散驱动力。假设 GS 浓度在两个时间点之间保持稳定，利用 Fick（菲克）第一定律进一步研究了 GS 的扩散。Fick 第一扩散定律：

$$J=-D\frac{\mathrm{d}\rho}{\mathrm{d}x} \tag{6-2}$$

式中 J——扩散流量，$\mathrm{kg/(m^2 \cdot s)}$；

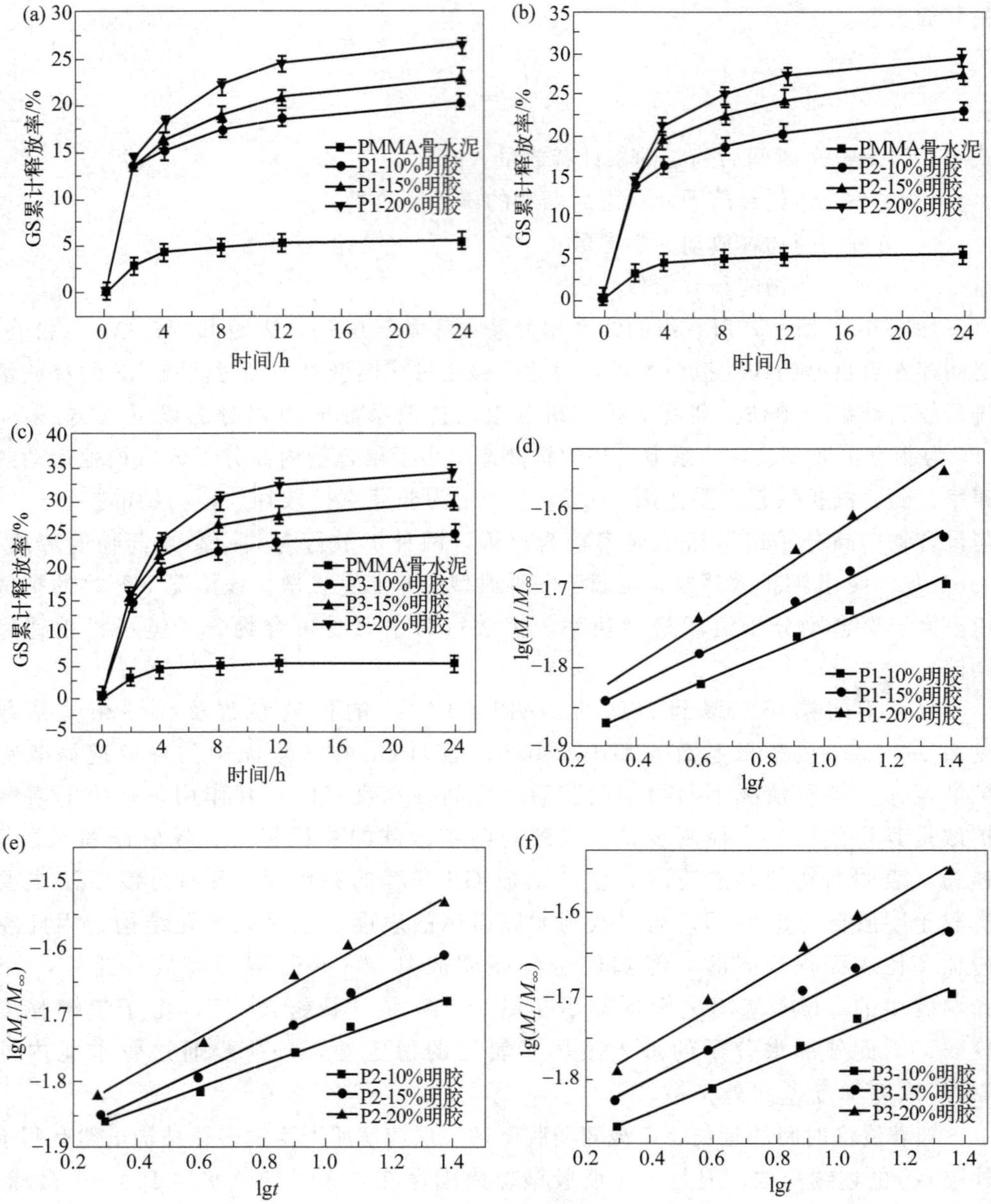

图 6-12 不同含量及粒径的 GS/ALN 双载药明胶微球复合骨水泥中硫酸庆大霉素在初始 24h 内的累计释放率及释放动力学

(a) P1；(b) P2；(c) P3；(d) P1；(e) P2；(f) P3

ρ——溶质浓度，kg/m^3；

D——扩散系数，m^2/s；

x——扩散距离，m。

骨水泥中 GS 含量越高，其浓度也越高，扩散驱动力越大。因此，在缓释阶段含有 20％明胶微球组分骨水泥的释放率高于其他组分骨水泥。随着失重率和孔隙率的稳定变化，GS 的累计释放率达到平衡状态。而随着明胶微球含量的增加，GS 累计释放率的增加主要是由于 GAPBC 亲水性的改善、吸水膨胀性能的提高以及连通性更好的多孔结构的产生共同导致。

表 6-3　含有不同粒径双载药微球的 GAPBC 中 GS 的扩散参数及线性相关系数

项目	P1-15％	P1-20％	P2-10％	P2-15％	P2-20％	P3-10％	P3-15％	P3-20％
线性相关系数	0.991	0.985	0.991	0.993	0.995	0.988	0.989	0.990
扩散系数	0.201	0.266	0.172	0.225	0.272	0.151	0.187	0.222
扩散速率系数	0.0124	0.0125	0.0123	0.0126	0.0126	0.126	0.0134	0.0142

不同组分骨水泥中 GS 和 ALN 的载药率见表 6-4。综合上述 GS 的释放情况，GAPBC 在 GS 载药率低于商用 PMMA 骨水泥的情况下，实现了累计释放率的提高以及释放周期的延长。在 PMMA 骨水泥中，GS 主要通过物理共混的方式加入骨水泥固相中，导致骨水泥表层 GS 的含量有限，而内部 GS 由于受到疏水性 PMMA 颗粒以及没有水分子传递通道存在的影响无法向外扩散。由于 GS 特殊的负载形式，使得具有良好水溶性的 GS 能够通过明胶微球相互连接形成的吸水通路以及其降解后形成的释药通道向外持续释放，因此快速抑菌的同时对骨科手术中的骨感染具有长期的治疗效果。

表 6-4　不同组分骨水泥中 GS 和 ALN 的载药率

粒径	10％明胶		15％明胶		20％明胶		PMMA 骨水泥	
	GS	ALN	GS	ALN	GS	ALN	GS	ALN
P1	1.45％	1.14％	2.17％	1.71％	2.90％	2.28％		
P2	1.46％	1.30％	2.19％	1.95％	2.92％	2.60％	2.50％	2.50％
P3	1.53％	1.36％	2.29％	2.04％	3.06％	2.72％		

6.4.2　阿仑膦酸钠（ALN）的释放动力学

释药通路的形成不仅促进了位于双载药明胶微球壳层 GS 的释放，也为处于微球核层 ALN 的释放提供了重要通道。图 6-13 中 ALN 的释放趋势与图 6-11 中 GS 的释放趋势有所不同。图 6-13(a)～图 6-13(c) 中不同组分 GAPBC 中 ALN 的累计释放率表现为四个阶段。第一阶段为 ALN 在 1 周内缓慢增加；第二阶段为 ALN 在 2～3 周内的缓慢增加；第三阶段为 ALN 在 3～9 周内的快速释放；第四阶段为 9～12 周 ALN 的持续缓慢释放，最终达到平衡状态。而 PMMA 骨水泥中 ALN 的释放周期仅为 3d，因此 GAPBC 显著延长了 ALN 的释放周期。而双载药明胶微球的粒径对于 ALN 的释放也存在影响，图 6-13(d) 中 P2 组 ALN 的最终释放率(68.5%±1.92%) 高于其他组，且不同组分的 GAPBC 中 ALN 的最终累计释放率都要显著高于 PMMA 骨水泥组。

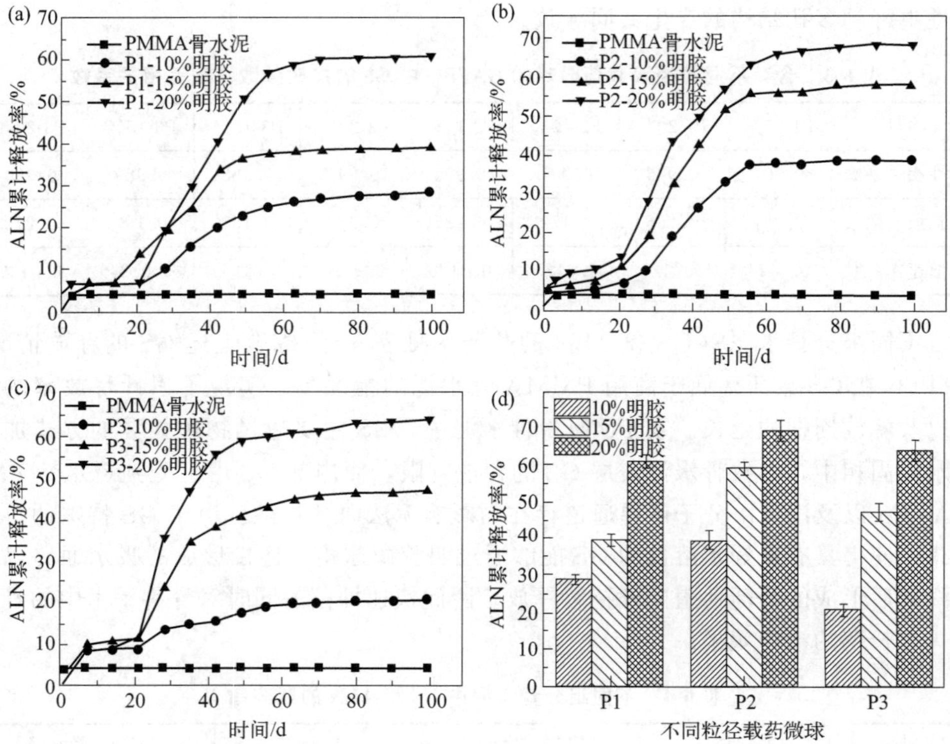

图 6-13　不同含量及粒径的 GS/ALN 双载药明胶微球复合骨水泥中阿仑膦酸钠的累计释放率

(a) P1；(b) P2；(c) P3；(d) 最终释放率

图 6-14 用于说明不同阶段 GS 和 ALN 释放示意。第一阶段 ALN 的释放主要是由于复合骨水泥表面的明胶微球与外界的 PBS 具有较大的接触面积，从而利于明胶微球的快速降解，因此伴随着 ALN 的释放。第二阶段 ALN 的缓慢释放是因为 ALN 主要分布在双载药微球内层，因此在初始阶段复合骨水泥孔隙率较低的情况下，ALN 从明胶微球内部向外扩散需要较长的路径及较长的时间。此外，ALN 由于药物与聚合物的相互作用而被固定在明胶微球中。第三阶段中 ALN 的快速释放是由于明胶微球的长期降解形成了连通的多孔结构，PBS 能够通过多孔通道向内传递促进内部明胶微球的溶解，也为 ALN 向外界的传递提供了重要途径。第四阶段是由于失重率及孔隙率都逐渐达到平衡状态，促使 ALN 的释放相对平缓，最终达到平衡状态。由于 ALN 负载于亲水性的明胶微球内部，因此相对于传统 PMMA 骨水泥，ALN 的最终释放率在显著提高的同时释放周期也明显延长，达到与人骨愈合接近的周期。这一结果不仅为骨质疏松症提供了长期可持续的治疗，也能

有效避免 ALN 早期的大量释放对人体造成的副作用。

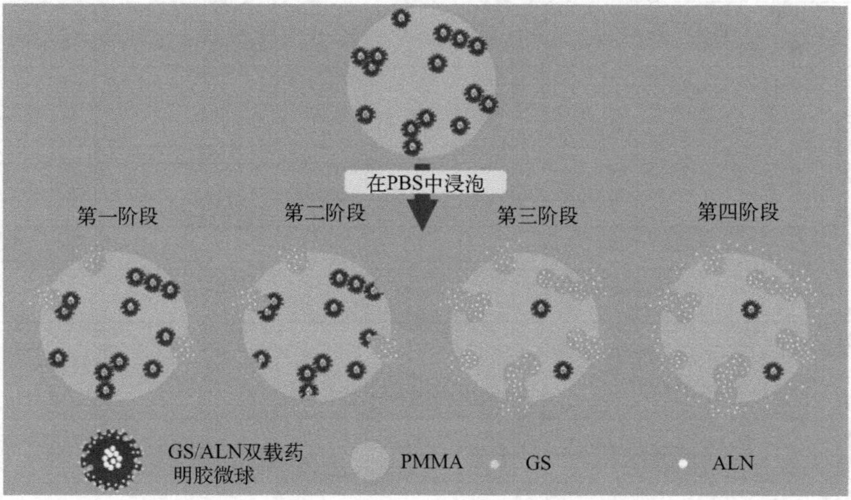

图 6-14　不同阶段硫酸庆大霉素和阿仑膦酸钠释放示意

由于 ALN 的累计释放率在第一和第三阶段经历了较为显著的变化，因此采用 Peppas 模型对 ALN 在第一阶段和第三阶段的释放机理进行了研究。含有不同粒径双载药微球的 GAPBC 中 ALN 在第一阶段和第三阶段的扩散参数及线性相关系数见表 6-5。第一阶段中除了 PMMA 骨水泥和 P1-10%组分骨水泥之外，其他骨水泥的线性相关系数（R^2）都高于 0.99，说明 Peppas 模型对 ALN 的释放具有较好的拟合度（图 6-15）。对照组和 GAPBC 的扩散系数（n）都低于 0.5，表明第一阶段 ALN 的释放为菲克扩散。此时 ALN 的扩散速率低于骨水泥中明胶分子链段松弛速率，因此扩散行为主要受药物扩散速率影响。这是由于在第一阶段，骨水泥内的明胶会快速地吸水膨胀，分子链段在水分子影响下移动速度较快，而 ALN 主要位于明胶微球内部，因此向外传递需经过较长的路径，从而使该阶段 ALN 的释放呈现出菲克扩散机制的同时具有相对较低的累计释放率。但是，ALN 并未由于搭载方式的变化而在第一阶段具有区别于 PMMA 骨水泥的扩散机制，说明该阶段 GAPBC 中 ALN 的释放主要通过骨水泥的表层向外扩散。而第三阶段中各组分骨水泥的线性相关系数（R^2）均高于 0.99，扩散系数都大于 1，因此该阶段 ALN 的释放为 case Ⅱ型扩散。该扩散属于一种典型的非菲克扩散，药物的累计扩散浓度随时间的延长呈现出线性增加，药物的释放主要受聚合物分子链松弛速率的控制。这一现象是由于 ALN 负载于载药明胶微球内部，ALN 在骨水泥中的向外扩散首先经历了诱导期，随着明胶的溶胀及缓慢降解，骨水泥内部 ALN 浓度逐渐增加，到达临界浓度后 ALN 形成了扩散前沿并以恒定的速度通过明胶微球降解形成的释药通道向外扩散。

表 6-5　含有不同粒径双载药微球的 GAPBC 中 ALN 在第一阶段和第三阶段的扩散参数及线性相关系数

项目		PMMA 骨水泥	P1-10%	P1-15%	P1-20%	P2-10%	P2-15%	P2-20%	P3-10%	P3-15%	P3-20%
第一阶段	线性相关系数	0.944	0.971	0.997	0.992	0.997	0.998	0.996	0.995	0.998	0.991
	扩散系数	0.199	0.295	0.365	0.302	0.108	0.393	0.416	0.164	0.257	0.385
	扩散速率系数	0.991	0.145	0.126	0.078	0.102	0.098	0.076	0.160	0.075	0.036
第三阶段	线性相关系数		0.991	0.997	0.995	0.992	0.999	0.996	0.998	0.991	0.995
	扩散系数		1.170	1.027	1.719	1.884	1.910	1.845	1.061	1.731	1.980
	扩散速率系数		0.0106	0.0217	0.0014	0.0006	0.0005	0.0007	0.017	0.001	0.0005

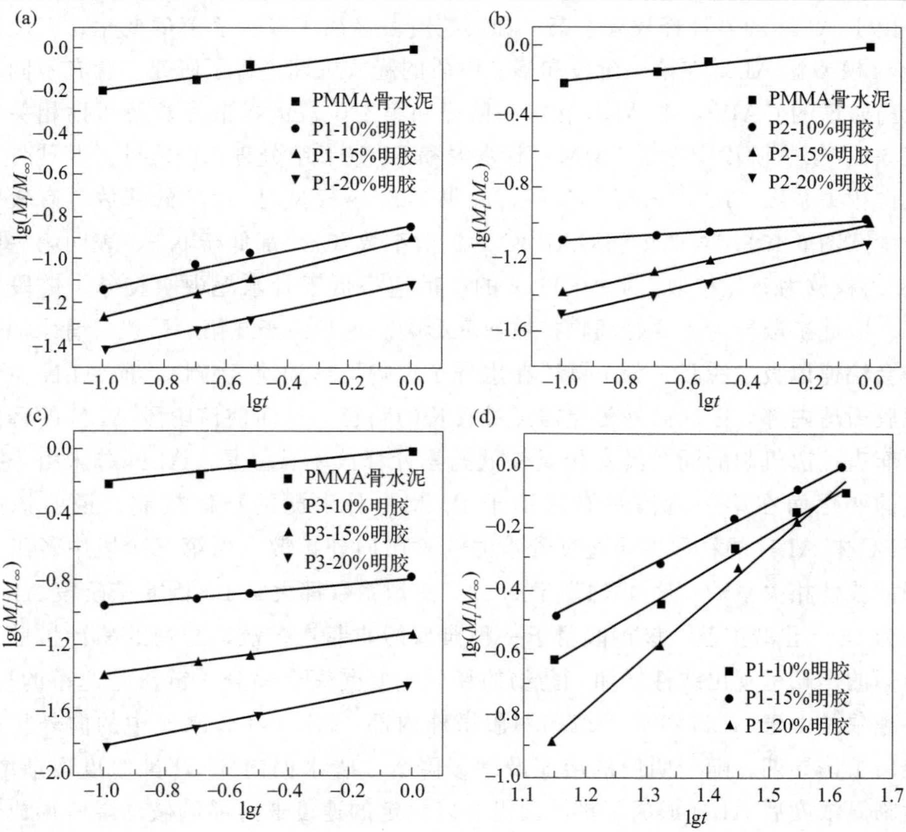

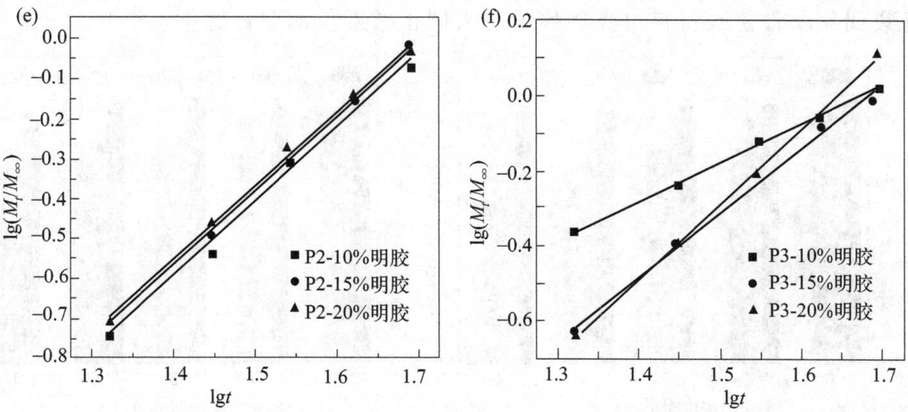

图 6-15 不同粒径双载药明胶微球的 GAPBC 中 ALN 在不同释放阶段的 Peppas 动力学模型计算

第一阶段：(a) P1；(b) P2；(c) P3。第三阶段：(d) P1；(e) P2；(f) P3

上述分析表明通过改变 GS 和 ALN 在明胶微球中的载药方式，可以实现 GS 和 ALN 的分级错峰给药。由于两种药物在明胶微球中呈现出了核壳分布，因此 GS 释放在最初 24h 内起主要作用，而 ALN 在这一阶段的累计释放率相对较低。浸泡 3 周后，明胶微球的持续降解使得位于核层的 ALN 开始迅速释放，两种药物中 ALN 的释放占主导地位。9 周后 GS 和 ALN 的累计释放率均保持在较高值。因此，GAPBC 具有快速、稳定的抗生素释放能力和长期的抗骨质疏松作用，成为一种具有临床使用潜力的功能性骨填充材料。

6.5 双载药明胶微球复合骨水泥的力学性能

为了评估双载药明胶微球的加入对于骨水泥力学性能的影响，对不同组分骨水泥浸泡不同时间的力学性能进行了研究。图 6-16(a)～图 6-16(c) 中浸泡之前所有组分样品的抗压强度数值都高于 70MPa，满足临床上对于骨水泥植入材料 70MPa 的最低力学性能要求。浸泡时间的延长使得抗压强度逐渐降低，而 GAPBC 内双载药明胶微球含量的增加也会进一步导致抗压强度的降低。图 6-16(d)～图 6-16(f) 中试样的弹性模量具有与抗压强度相同的变化趋势，浸泡 100d 后弹性模量数值仍在 1～2GPa 之间，且其数值都较 PMMA 骨水泥有所降低。

GAPBC 的吸水性能以及多孔结构的产生共同导致了力学性能的下降。水分子进入骨水泥内，促进了分子链段的移动，对骨水泥起到了增塑作用。而多孔结构的存在容易造成应力集中，因此降低了材料的力学强度。明胶微球尺寸的增加导致 GAPBC 吸水性能提高的同时孔隙率也逐渐增加，因此综合上述两种因素，含有粒径最大组分的 GAPBC 在所有组分中都表现出了最低的力学性能。由于理想骨替代品的力学性能应接近松质骨的力学性能（抗压强度和弹性模量分别为 10MPa 和 800MPa），因此 GAPBC 具有与骨组织接近的抗压强度和弹性模量，并能够避免应力遮蔽现象及骨植入材料过高的模量对人体正常部位的摩擦磨损。

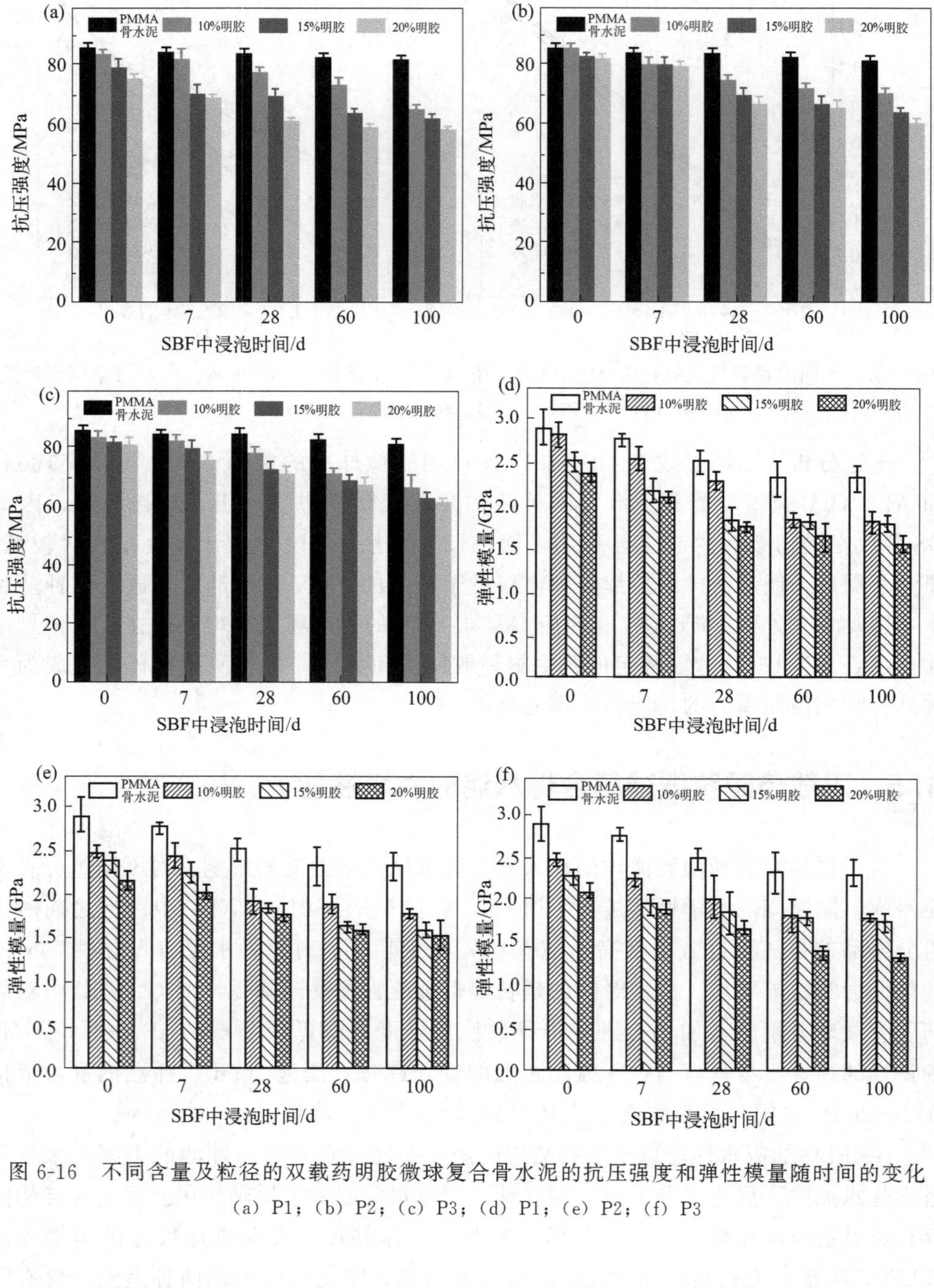

图 6-16　不同含量及粒径的双载药明胶微球复合骨水泥的抗压强度和弹性模量随时间的变化

(a) P1；(b) P2；(c) P3；(d) P1；(e) P2；(f) P3

6.6　双载药明胶微球复合骨水泥的抗菌性能

由于 GAPBC 中 GS 在初始 24h 内快速释放，因此对该骨水泥在 24h 内对革兰氏阴性菌和革兰氏阳性菌的抗菌性能进行了研究。图 6-17 中所有组分骨水泥对两种典型的细菌都表现出了明显的抗菌环。

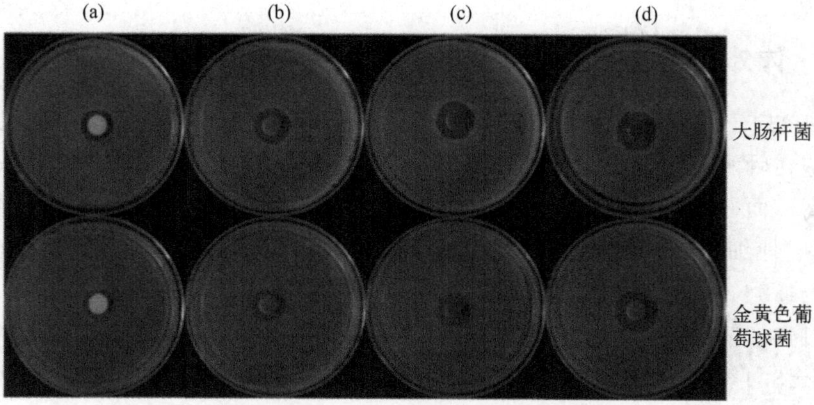

图 6-17　不同组分骨水泥对于大肠杆菌和金黄色葡萄球菌的抗菌性能

(a) PMMA 骨水泥；(b) 10%明胶；(c) 15%明胶；(d) 20%明胶

对抗菌环直径进行统计后，图 6-18 中 GAPBC 对大肠杆菌和金黄色葡萄球菌的抗菌环直径都随着双载药明胶微球含量的增加而逐渐增大，其数值介于(23.13±0.22)～(26.78±0.46)mm 和(25.89±0.23)～(28.61±0.52)mm 之间，同一组分骨水泥对金黄色葡萄球菌都具有更大的抗菌环直径。这是由于金黄色葡萄球菌的细胞壁中只含有肽聚糖成分，硫酸庆大霉素可通过抑制肽聚糖中肽链的增长和蛋白的合成而产生抑菌作用，而大肠杆菌的细胞壁主要由肽聚糖和脂多糖组成，脂多糖的保护作用导致硫酸庆大霉素对大肠杆菌的抑制作用略低于金黄色葡萄球菌。所有 GAPBC 对大肠杆菌和金黄色葡萄球菌的抗菌环直径都高于 PMMA 骨水泥的数值[(20.81±0.15)mm 和(23.86±0.11)mm]，表明 GAPBC 较 PMMA 骨水泥展示出了更优异的抗菌能力，从而保证植入物在人体具有较高的安全性。

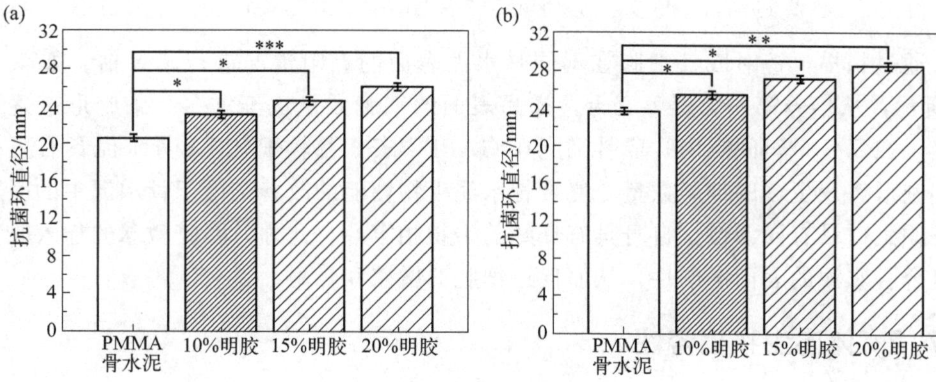

图 6-18　不同组分骨水泥的抗菌环直径（* $p<0.05$；** $p<0.01$；*** $p<0.001$）

(a) 大肠杆菌；(b) 金黄色葡萄球菌

6.7 双载药明胶微球复合骨水泥的生物性能

6.7.1 体外细胞活性

通过 MTT 法对不同组分骨水泥的体外细胞活性进行了评估。如图 6-19 所示，成骨细胞在骨水泥浸提液中和骨水泥样品上的细胞存活率都随着培养时间的延长而逐渐提高；而 GAPBC 的细胞活性随着体系内明胶微球含量的增加而逐渐提高，培养 5d 后成骨细胞在三组骨水泥浸提液中的细胞成活率分别为 68.5%±1.1%、78.9%±1.5%、88.1%±0.8%，三组骨水泥样品的细胞成活率分别为 131.5%±9.2%、141.3%±7.1%和 177.6%±12.4%，显著高于 PMMA 骨水泥中的数值（35.4%±3.4%，126.2%±7.6%），不同组分骨水泥之间都存在着显著性差异（$^{*}p<0.05$）。上述结果表明，GAPBC 具有较低细胞毒性的同时能够促进成骨细胞的增殖。

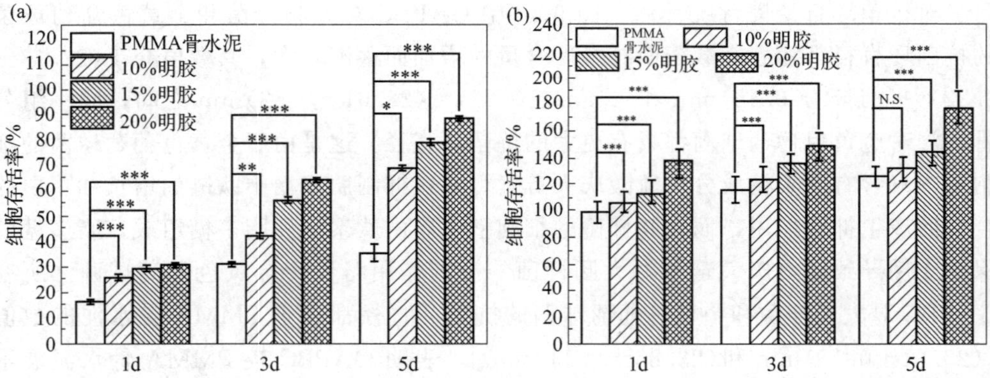

图 6-19 SD 大鼠成骨细胞在不同组分骨水泥浸提液中（a）和骨水泥表面（b）的生物学性能（$n=5$，t 检验；$^{*}p<0.05$；$^{**}p<0.01$；$^{***}p<0.001$）

通过扫描电镜对成骨细胞在不同骨水泥表面的黏附情况进行了评估。如图 6-20 所示，从培养第一天到第五天，样品表面的细胞数量逐渐增多，细胞形态逐渐伸展，在每一个时间点内，成骨细胞在 GAPBC 表面都较 PMMA 骨水泥具有更好的细胞形态及更多的细胞数量。复合骨水泥生物性能的改善是由于骨水泥中的明胶与胶原蛋白具有同源性，自身具有良好的生物相容性。此外，明胶微球的加入改善了复合骨水泥的表面润湿性，从而促进细胞的增殖和黏附。

6.7.2 体内生物相容性

通过将骨水泥样品植入兔子背部的皮下肌肉组织，对其体内生物相容性进行了研究。图 6-21(a) 为动物实验过程中的手术操作图，骨水泥植入兔子体内后对伤口

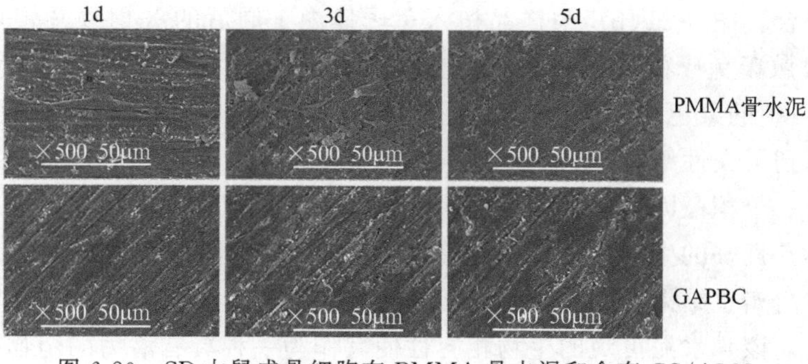

图 6-20　SD 大鼠成骨细胞在 PMMA 骨水泥和含有 GS/ALN 双载药明胶微球的复合骨水泥表面培养 5d 后的增殖黏附情况

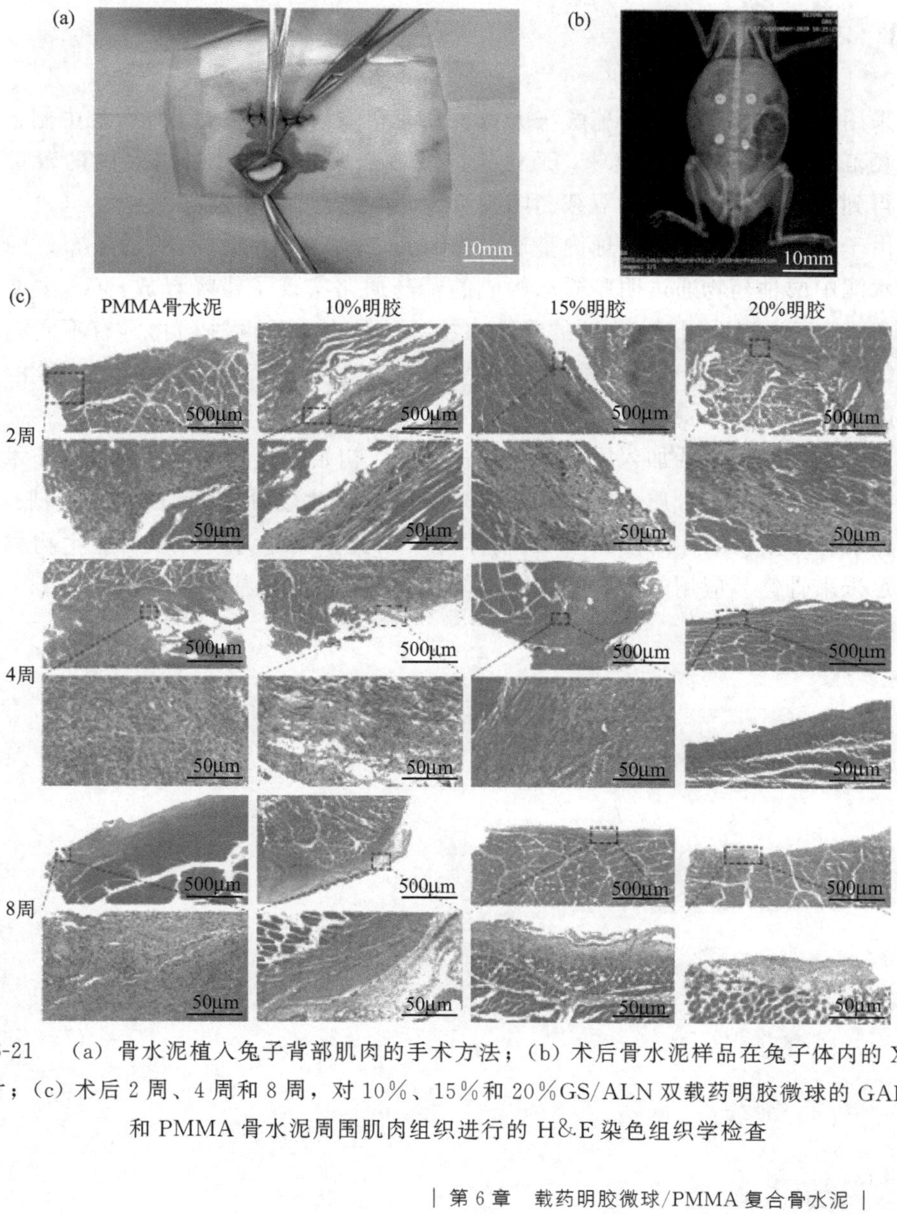

图 6-21　(a) 骨水泥植入兔子背部肌肉的手术方法；(b) 术后骨水泥样品在兔子体内的 X 射线片；(c) 术后 2 周、4 周和 8 周，对 10%、15%和 20%GS/ALN 双载药明胶微球的 GAPBC 和 PMMA 骨水泥周围肌肉组织进行的 H&E 染色组织学检查

进行快速缝合。图 6-21(b) 为样品植入兔子体内 1 周后的 X 射线片，可以看出样本均匀地分散于兔子的背部，表明手术成功地将样品植入了兔子的背部肌肉中。图 6-21（c）中的染色组织学分析表明手术 2 周及 4 周后，所有样本周围的肌肉组织中都观察到了炎性细胞，表明产生了轻微的早期炎症反应，而这一结果是组织愈合过程中的一个积极因素。植入 8 周后所有组分复合骨水泥的炎症反应减弱，这是由于明胶具有良好的生物相容性，能够促进骨细胞的生长并抑制炎性细胞的增长。上述动物体内实验结果表明 GAPBC 具有良好的体内相容性，因此综合其优异的体外细胞活性，该骨水泥可观的生物相容性使其作为一种具有潜力的药物载体应用于临床中。

6.8 本章小结

采用不同的载药方式将硫酸庆大霉素和阿仑膦酸钠搭载于明胶微球中制备了不同粒径范围的双载药明胶微球，通过控制双载药明胶微球在骨水泥内的含量和粒径，得到了具有释药通路的双载药明胶/PMMA 复合骨水泥。

由于两种药物在明胶微球内呈现出核（ALN）壳（GS）结构的分布，因此复合骨水泥中两种药物通过明胶微球构成的释药通路实现了错峰释放：GS 主要在前 24h 内释放，浸泡 3 周后 ALN 的释放占主导地位，并且两种药物具有不同的释放机理。其中，GS 为菲克扩散机制，ALN 在初始阶段为菲克扩散，而在后续的长效释放阶段则呈现出 case Ⅱ型扩散。

双载药明胶微球的加入增强了复合骨水泥在初始阶段的抗菌性能，防止术后感染，并具有长期的抗骨质疏松效果。体内和体外的生物性能表明双载药明胶/PMMA 骨水泥的生物活性高于 PMMA 骨水泥。因此，其作为一种多功能生物材料能够满足未来骨修复应用的不同临床需求，从而具有广阔的应用前景。

第7章

双载药 P(MMA-AA) 吸水膨胀复合骨水泥

上一章利用微米级别双载药明胶微球的降解形成了释药通路，提高了骨水泥内部 GS 和 ALN 的释放能力。但是，双载药明胶/PMMA 骨水泥中由明胶微球降解形成的释药通道连通性较差，仍有部分双载药明胶微球被 PMMA 骨水泥包埋从而影响了骨水泥的释药能力。此外，双载药明胶微球的引入也影响了骨水泥的力学性能，制约了其在临床上的应用范围。研究发现药物在不可降解的高分子聚合物中也具有一定的缓释能力，因此本章提出将 ALN 搭载于 P（MMA-AA）纳米微球中。聚乙烯吡咯烷酮（PVP）是一种常用的分散剂，能够防止纳米颗粒的团聚，促进纳米颗粒形成稳定的形态。此外，水溶性的 PVP 适合于组织工程的应用，经 PVP 修饰的纳米聚合物具有良好的生物相容性。因此，可通过调整 PVP 在聚合反应中的含量调控 P（MMA-AA）-ALN 纳米载药微球的粒径，使其在含有抗生素（硫酸庆大霉素）的 PMMA 骨水泥内部形成吸水通路。利用 PMMA 骨水泥快速吸水膨胀过程中形成的吸水通路反向释药，从而得到了一种长效分级释放两种药物的智能药物输送系统。对双载药 P（MMA-AA）骨水泥的吸水膨胀性能、两种药物的释放机理进行了研究。此外，对双载药 P（MMA-AA）骨水泥的抗菌性能和生物相容性进行了评价。

7.1 载药 P(MMA-AA)微球成分及形貌

通过溶液聚合法得到了不同粒径的 P(MMA-AA）-ALN 纳米载药微球，药物在微球中的结合方式是其释放的重要因素，因此对制得的 P(MMA-AA)-ALN 微球进行成分表征。图 7-1(a)为 P(MMA-AA）-ALN 的红外图谱，图中 ALN 的红外光谱吸收带主要分布：3486cm^{-1} 附近对应的为 N—H 键的吸收峰，2945cm^{-1} 处为—CH 的伸缩振动吸收峰，1240cm^{-1}、1180cm^{-1} 和 1132cm^{-1} 处为P═O和 P—O 的特征吸收峰，1060cm^{-1} 处为 P—OH 的对称振动吸收峰，1020cm^{-1} 处为P═O键伸缩振动吸收峰，926cm^{-1} 处为 OH 的弯曲振动吸收峰，548cm^{-1} 为 PO_4^{3-} 的特征吸收峰。对于 P(MMA-AA)-ALN，3600～3400cm^{-1} 处出现的是丙烯酸中羟基的特征吸收峰，1640cm^{-1}、1617cm^{-1}、1560cm^{-1} 和 1417cm^{-1} 处出现的是丙烯酸和甲基丙烯酸甲酯中—COO 的特征吸收峰，1732cm^{-1} 处出现的是丙烯酸和甲基丙烯酸甲酯中—C═O的

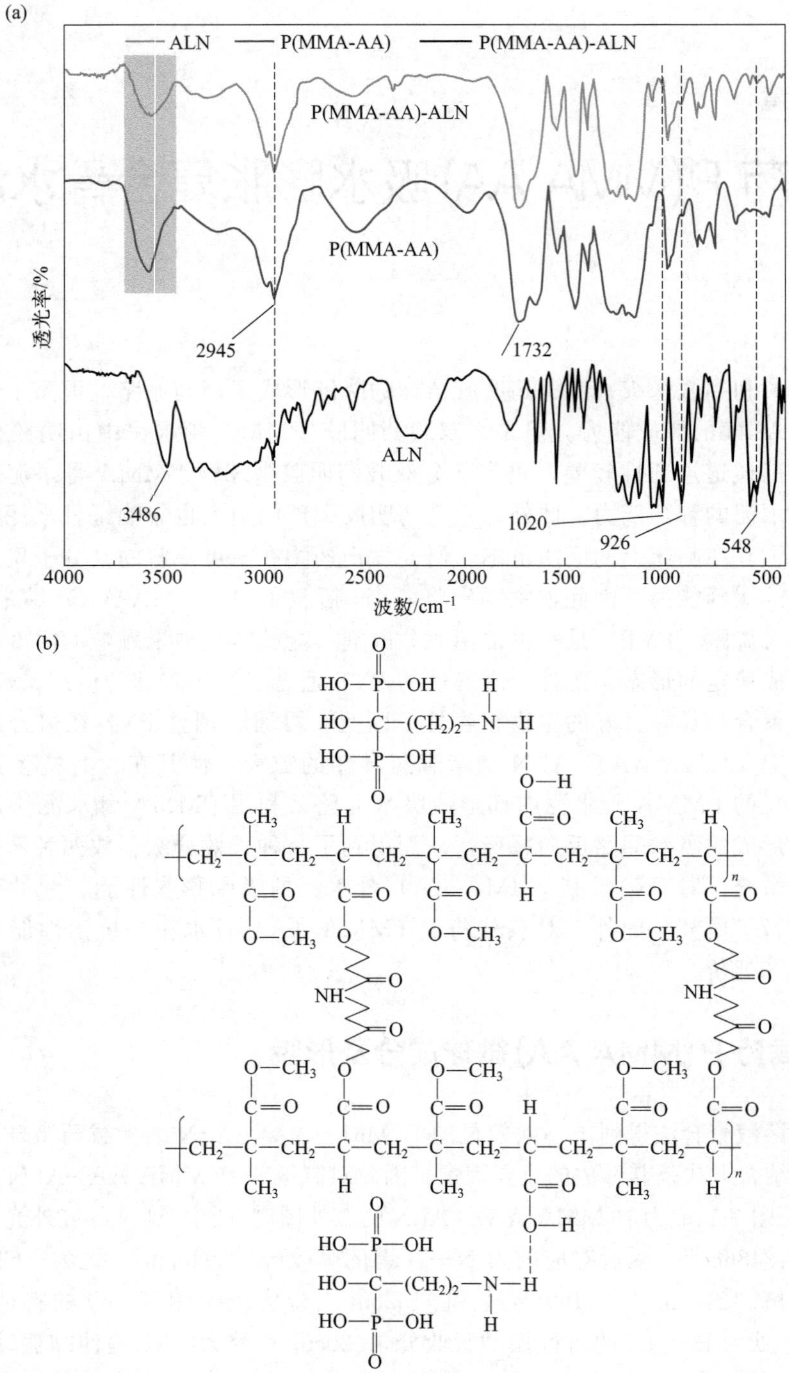

图 7-1　P（MMA-AA）-ALN 的成分分析

（a）红外图谱；（b）结构式

特征吸收峰，1145cm^{-1} 和 1013cm^{-1} 处分别是甲基丙烯酸甲酯中 C—O—C 和 C—

O 的特征吸收峰。在 $1680cm^{-1}$ 附近没有观察到C═C的特征吸收峰，表明甲基丙烯酸甲酯和丙烯酸在引发剂的作用下成功发生了聚合反应。此外，$1625cm^{-1}$ 处并未出现明显的特征吸收峰，表明聚合物中并没有出现酰胺键，因此 ALN 在聚合反应体系中并没有与 P（MMA-AA）发生共轭反应。P（MMA-AA）-ALN 在 $1020cm^{-1}$ 和 $548cm^{-1}$ 处出现了 ALN 的特征吸收峰，因此 ALN 中的—NH_2 与 P（MMA-AA）中的羟基通过氢键进行了结合[图 7-1(b)]，从而被封装在纳米微球内，利于药物的长期释放。

由于反应体系中 PVP 含量调控了微球的粒径，因此通过 SEM 对 P（MMA-AA）-ALN 微球的微观形貌进行观察，并对微球粒径进行统计。图 7-2(a)～图 7-2(f)中不同 PVP 含量下的载药微球形状规则，表面光滑。而从插图中可以看出微球粒径分布较为均匀，对不同组分微球粒径进行统计后发现微球粒径随着 PVP 含量的增加而逐渐减小。PVP 含量对 P（MMA-AA）-ALN 纳米载药微球尺寸的影响见表 7-1。此外，不同 PVP 含量的纳米微球对 ALN 的包封率都在 96%以上。

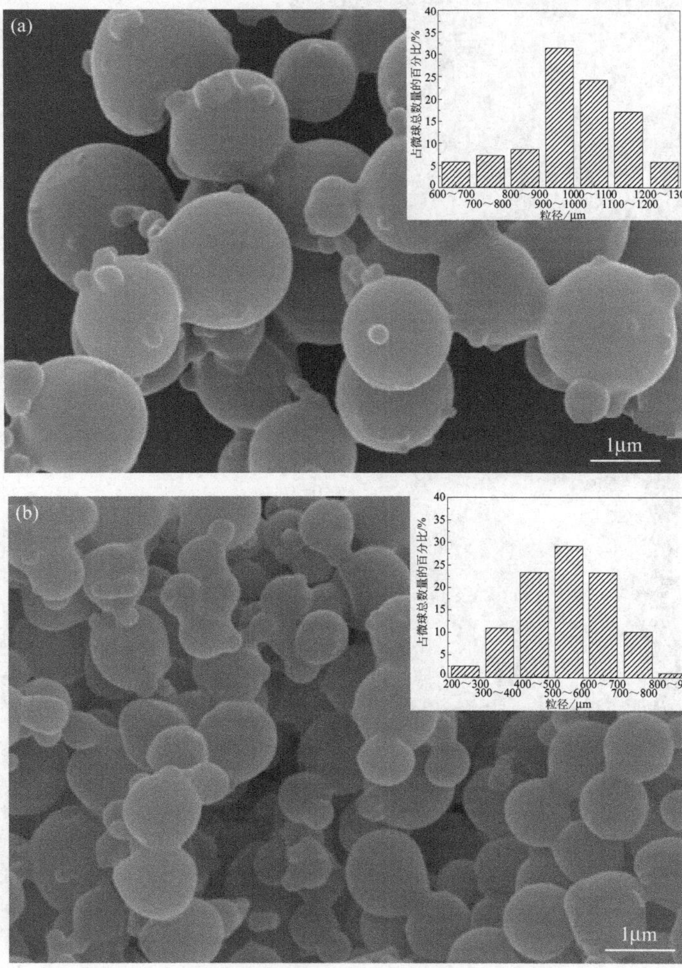

图 7-2

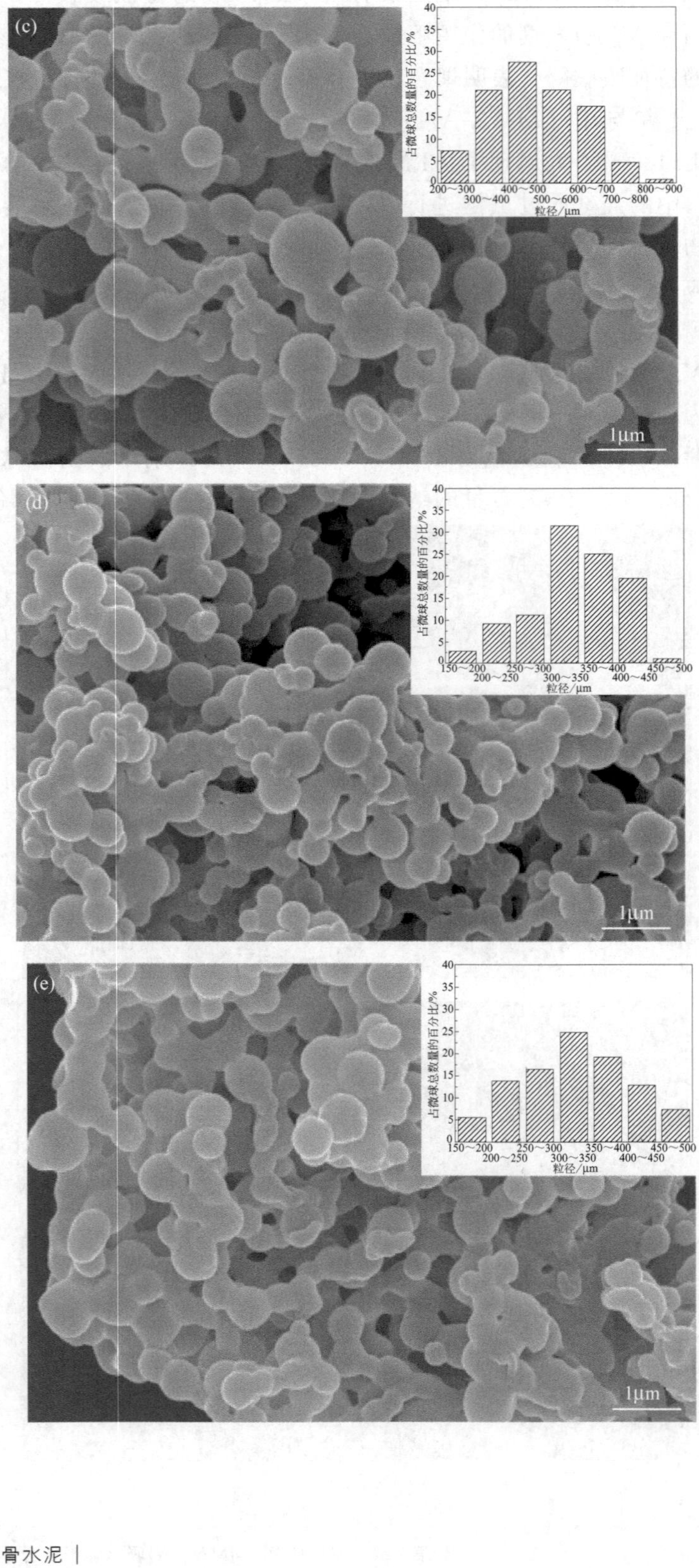
(c)
占微球总数量的百分比/%
200～300
300～400
400～500
500～600
600～700
700～800
800～900
粒径/μm
1μm
(d)
占微球总数量的百分比/%
150～200
200～250
250～300
300～350
350～400
400～450
450～500
粒径/μm
1μm
(e)
占微球总数量的百分比/%
150～200
200～250
250～300
300～350
350～400
400～450
450～500
粒径/μm
1μm

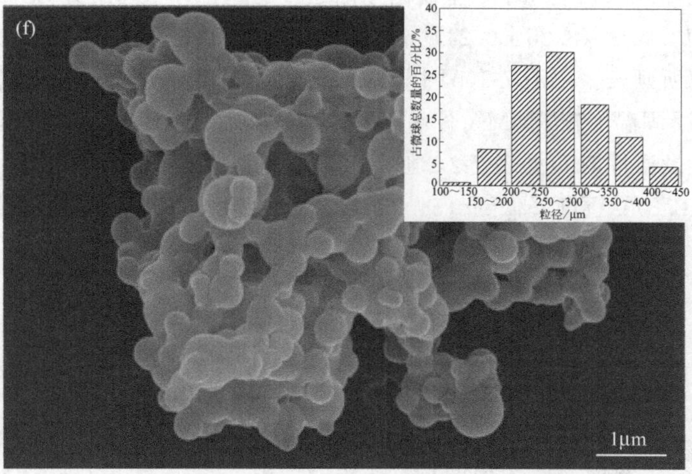

图 7-2　不同 PVP 含量 P（MMA-AA)-ALN 载药微球的 SEM 图片及粒径分布

表 7-1　PVP 含量对 P（MMA-AA）-ALN 纳米载药微球尺寸的影响

项目	5%PVP	6%PVP	7%PVP	8%PVP	9%PVP	10%PVP	GS
粒径/nm	981.91±146.36	549.20±127.80	487.26±132.41	343.03±68.09	334.67±79.96	269.49±74.55	3150±520
Zeta 电位/mV	−2.56±0.25	−2.18±0.22	−1.99±0.36	−1.88±0.23	−1.82±0.19	−1.77±0.21	1.43±0.53
ALN 包封率/%	96.34	97.7	97.61	98.22	98.15	97.2	

由于 PVP 是一种高分子表面活性剂，存在较大的空间位阻，被吸附在聚合物颗粒表面时，能有效起到分散稳定的作用。PVP 作为聚合体系的分散剂时，含量的增加会使微球的成核数目增多，每个成核粒子得到的单体量减少，最终导致生成的微球粒径变小。此外，纳米载药微球与 GS 呈现出了相反的 Zeta 电位，其中纳米载药微球的 Zeta 电位随着微球粒径的降低由（−2.56±0.25）mV 增加到（−1.77±0.21）mV。这是由于在聚集过程中，一些带负电荷表面的小颗粒被转化成一个更大尺寸的颗粒，从而产生了更大的负电荷。这一现象导致骨水泥混合过程中 GS 的重新排布，使得之前被 PMMA 包埋的药物更倾向于聚集在载药 P（MMA-AA）-ALN 微球附近，为骨水泥中 GS 的释放提供了可能性。

7.2　双载药膨胀骨水泥（SDBC）的养护参数

为了评估载药纳米微球的加入对于骨水泥养护参数的影响，对不同组分骨水泥的面团时间、凝固时间及最高凝固温度进行了测定。图 7-3（a）中 SDBC［SDBC1～SDBC6 分别为含有 PVP 含量为 5%、6%、7%、8%、9%、10%的 P（MMA-AA）-ALN 纳米载药微球的复合膨胀骨水泥］的面团时间随着载药微球粒径的降低（PVP

含量越高，载药微球粒径越小）呈现出逐渐延长的趋势，不同组分 SDBC 的面团时间介于（5.5±0.2）～（8.25±0.24）min 之间，较 PMMA 骨水泥（3.25±0.14）min 的面团时间有所延长。由图 7-3(b)中 SDBC 的凝固温度随时间的变化曲线可以看出，SDBC 的最高凝固温度较 PMMA 骨水泥明显降低，而凝固时间则有所延长。SDBC 的最高凝固温度及凝固时间见表 7-2，随着载药微球粒径的增加，SDBC 的最高凝固温度由（71.2±2.8)℃逐渐降低到（54.2±1.5)℃，而凝固时间由（13.2±1.1）min 增加到（18.8±1.1）min。

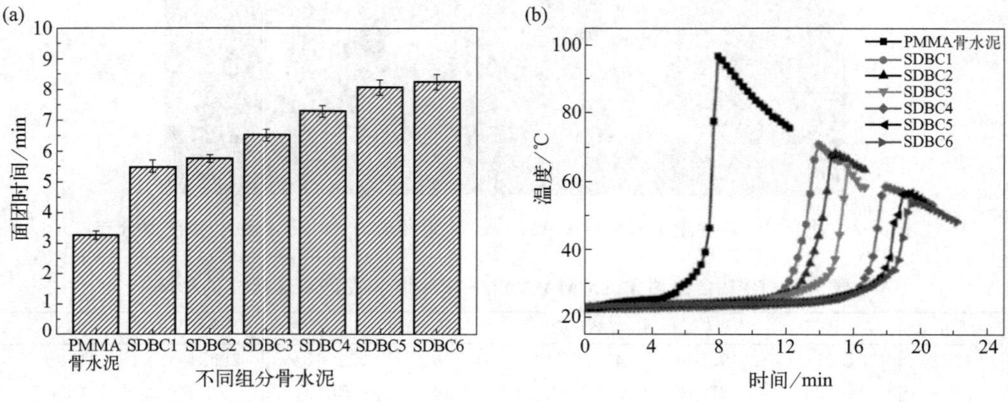

图 7-3　不同组分骨水泥的养护参数

（a）面团时间；（b）凝固温度随时间的变化曲线

表 7-2　SDBC 的最高凝固温度及凝固时间

材料	PMMA 骨水泥	SDBC1	SDBC2	SDBC3	SDBC4	SDBC5	SDBC6
最高凝固温度/℃	97±3.2	71.2±2.8	68.7±2.5	64.8±2.7	58.9±2.2	57.1±1.8	54.2±1.5
凝固时间/min	7.6±0.8	13.2±1.1	14.1±1.2	15.2±0.9	17.3±0.7	18.3±0.5	18.8±1.1

造成上述结果的原因是骨水泥固相中加入的载药微球中不存在碳碳双键，自身不参与反应过程，使引发剂的引发过程受阻，同时降低了固相中参与骨水泥固液反应的 PMMA 含量。因此，相较于 PMMA 骨水泥减缓了固液反应的速度，导致了面团时间的延长。载药微球的粒径对于 SDBC 骨水泥的养护参数也存在着一定的影响。PVP 含量的增加导致了微球粒径减小，因此在固相中加入固定质量分数载药微球的情况下，分散剂含量的增加使得加入骨水泥体系中的微球数目逐渐增多，对体系内部 PMMA 颗粒的阻隔作用逐渐增强，固液两相在引发剂的作用下链增长的过程受到了影响，从而使得凝固时间延长；同时，P（MMA-AA）-ALN 具有更高的热传导能力，体系内微球数量的增多在降低骨水泥反应热的同时也促进了热量的向外传递，因此凝固温度逐渐降低。SDBC 的凝固温度远低于 GS 和 ALN 的熔点，因而凝固过程不会对两种药物造成破坏；而面团时间及凝固时间的延长为临床医生提供了更为充裕的操作时间，也为 SDBC 中药物在初始阶段的快速释放及骨水泥快

速的吸水膨胀行为提供了较大的可能性。

7.3 双载药膨胀骨水泥的吸水性能及机理

为了评估载药纳米微球粒径对于骨水泥亲水性及吸水性能的影响，对不同组分骨水泥表面的亲水角、骨水泥的吸水倍率以及水分子在骨水泥内的扩散机制进行了研究。不同组分骨水泥的表面润湿性如图 7-4 所示。随着载药微球中 PVP 含量的增加，SDBC 的亲水角呈现出逐渐下降的趋势，其中 SDBC6 具有最低的亲水角数值（65.3°），所有组分 SDBC 亲水角的数值均低于 PMMA 骨水泥的数值（84.5°），并且与 PMMA 骨水泥存在显著性差异，说明 SDBC 的表面润湿性较 PMMA 骨水泥得到了明显改善。这是由于 PMMA 骨水泥自身具有疏水性，而通过上一节中 P（MMA-AA）-ALN 的红外分析发现载药微球中含有大量的亲水基团羟基。此外，PVP 含量的提升导致纳米微球粒径逐渐降低，在固定载药微球添加量的条件下，SDBC 内含有的载药微球数目逐渐增加，具有亲水性的载药微球分布于骨水泥内部以及表面的概率增大，从而增强了骨水泥基体对水分子的吸引能力。

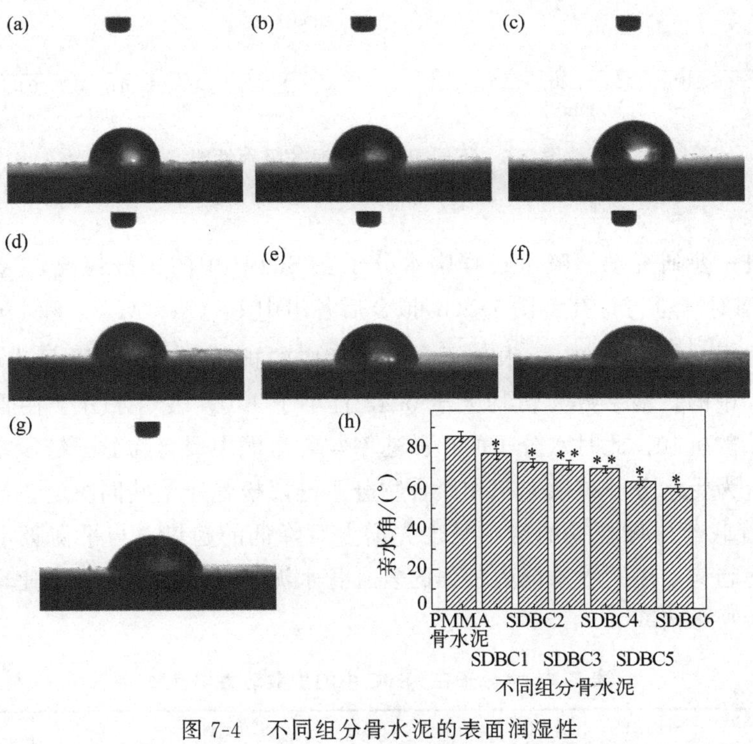

图 7-4 不同组分骨水泥的表面润湿性

（a）PMMA 骨水泥；（b）SDBC1；（c）SDBC2；（d）SDBC3；（e）SDBC4；（f）SDBC5；（g）SDBC6；（h）亲水角对比

图 7-5(a)为含有不同粒径载药微球的 SDBC 在 PBS 中的动态吸水倍率。随着

浸泡时间的延长，不同组分骨水泥的吸水倍率在 10min 内快速增加，然后缓慢增长至 20min 后达到平衡状态。不同组分骨水泥的平衡吸水倍率随着载药微球粒径的降低呈现出先增大后减小的趋势，其中 SDBC3 表现出最高的平衡吸水倍率，最大值为 55.42%±1.01%。造成上述结果的原因是随着 PVP 含量的增加，载药微球的粒径逐渐降低，在固相中加入固定质量分数的载药微球的情况下，微球数目逐渐增加，因此作为吸水微球的 P（MMA-AA）-ALN 在基体内的连通性逐渐增强，块体内部形成了连通性较好的吸水网络，从而提高了吸水倍率。但是，随着微球粒径的进一步降低，微球的数目持续增加，纳米微球容易产生团聚现象，因此造成了平衡吸水倍率有所降低。

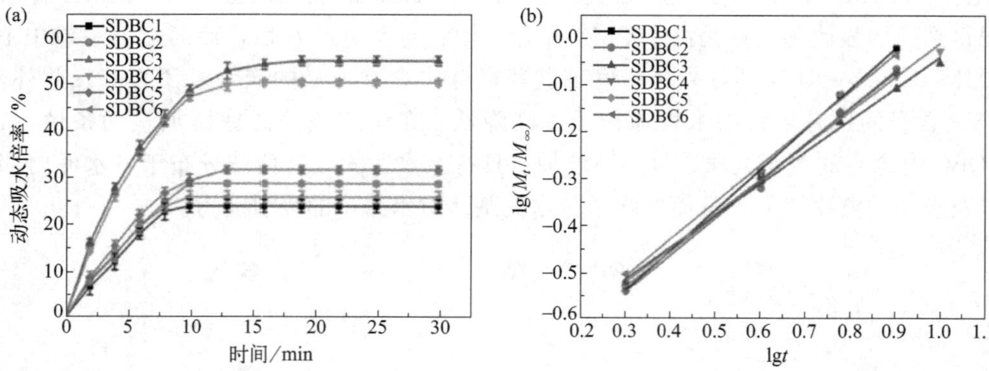

图 7-5 不同组分骨水泥的吸水性能

（a）动态吸水倍率；（b）吸水动力学

为了进一步研究动态吸水过程中水分子在 SDBC 中的扩散情况，选用 Ritger-Peppas 模型对其进行计算。图 7-5(b)拟合后各组中 lg（M_t/M_∞）和 lg$t$ 都具有良好的线性关系（$R^2>0.99$）。水分子在 SDBC 中的扩散动力学参数见表 7-3，水分子在 SDBC 中的扩散系数 n 值均大于 0.43 且小于 1.0，表示水分子在骨水泥内部是非菲克扩散机制，此时水分子的扩散速率与骨水泥中聚合物分子链段松弛速率接近，扩散行为受水分子扩散速率和聚合物分子链段松弛速率共同决定。而扩散速率系数 k 随着载药微球粒径的减小呈现先增大后降低的趋势，与平衡吸水倍率具有相同的变化趋势，表明吸水能力较强的复合骨水泥既具有较高的吸水速率，也具有较高的平衡吸水倍率。

表 7-3 水分子在 SDBC 中的扩散动力学参数

项目	SDBC1	SDBC2	SDBC3	SDBC4	SDBC5	SDBC6
线性相关系数	0.998	0.994	0.995	0.995	0.998	0.998
扩散系数	0.860	0.762	0.666	0.729	0.785	0.821
扩散速率系数	0.159	0.174	0.192	0.182	0.174	0.169

7.4 双载药膨胀骨水泥的膨胀性能及机理

为了评估吸水通路对于骨水泥膨胀性能的影响，对含有不同粒径纳米载药微球骨水泥的动态膨胀倍率及膨胀速率进行了研究。图 7-6 为含有不同粒径载药微球的 SDBC 在 PBS 中的膨胀行为。图 7-6（a）中动态膨胀行为与吸水行为具有一致的变化趋势，SDBC 在初始阶段经历了快速的体积变化，膨胀倍率缓慢增加到 20min 后达到平衡状态。SDBC 的平衡膨胀倍率随着载药微球粒径的减小也呈现出先增大后减小的趋势，其中 SDBC3 展现出最大的膨胀倍率，其数值为 72.73%±1.35%。通过 Schott 二阶动力学模型对动态膨胀过程中的膨胀速率进行了研究，图 7-6(b) 中不同组分 SDBC 在初始阶段具有最高的膨胀速率，随着浸泡时间的延长，膨胀速率逐渐减小，其中 SDBC3 在各组中具有最高的膨胀速率。因此，膨胀性能最好的复合骨水泥具有最高的膨胀倍率及最高的膨胀速率。

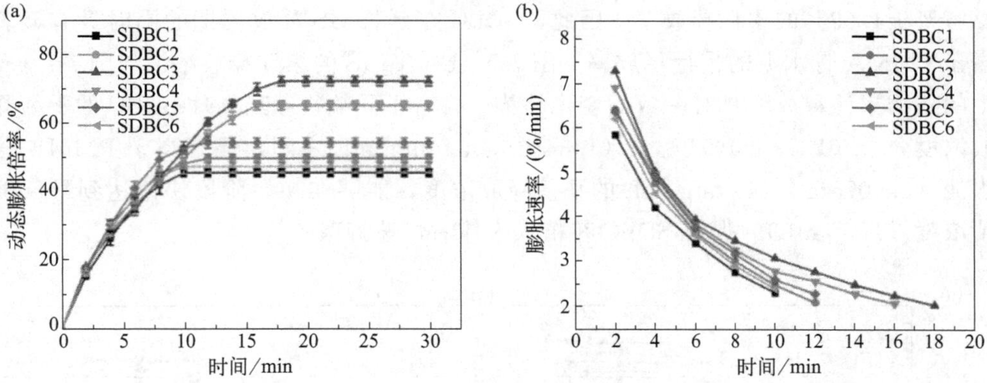

图 7-6 不同组分骨水泥的膨胀性能

（a）动态膨胀倍率；（b）膨胀速率

由于骨水泥固液相混合均匀后即注射到 PBS 中测定其吸水膨胀性能，因此膨胀速率的快速变化主要发生在骨水泥的面团期。该阶段内骨水泥的固液反应处于初始阶段，水分子能够通过亲水性较好的 P（MMA-AA）-ALN 纳米微球以及其与 PMMA 骨水泥的间隙由块体的表层向内部传递。P（MMA-AA）-ALN 纳米微球吸水后内部的三维网状结构能够快速伸展，在外界并未凝固的情况下充分发挥自身的膨胀能力，从而表现出较高的膨胀速率。随着浸泡时间的延长，骨水泥固液反应的充分进行使得 P（MMA-AA）-ALN 微球周围存在大量的 PMMA，束缚 P（MMA-AA）-ALN 的进一步膨胀。以上分析表明，微球粒径对于 SDBC 吸水膨胀性能具有显著影响。PVP 含量调控了载药微球内聚合物网状结构的形态以及微球的粒径，从而影响了吸水通路的构建以及载药纳米微球内部三维网状结构的伸展。另外，微球粒径的减小一定程度上延长了骨水泥的面团时间及凝固时间，从而增加了骨水泥的有效吸水膨胀时间，利于吸水膨胀性能的提高。此外，SDBC 内部构建的吸水网络不仅调控了吸水膨胀性能，也为内部两种药物由内向外的释放提供了重要途径。

7.5 双载药膨胀骨水泥中药物的释放

7.5.1 硫酸庆大霉素 (GS)的释放机制

SDBC 中 GS 的释放情况如图 7-7 所示。图 7-7（a）中 GS 的累计释放率随着时间的延长而逐渐提高，不同组分的 SDBC 在 28d 后达到药物释放的平衡状态，具有与临床载抗生素骨水泥在 4～6 周内持续释放抗生素从而有效地预防感染和新的耐药菌株生长的需求相匹配的周期。对于含有不同粒径载药微球的 SDBC，药物累计释放率随着微球粒径的减小呈现先增大后降低的趋势，其中 SDBC3 具有最高的累计释放率，最大值可达 74.67%±1.02%，而 PMMA 骨水泥仅在初始阶段具有 4.37%±1.59%的累计释放率。因此，SDBC 在延长 GS 释放周期的同时具有显著高于 PMMA 骨水泥的累计释放率。图 7-7（b）中 GS 的累计释放浓度与图 7-7（a）中的药物累计释放率具有一致的变化趋势，含有不同粒径载药微球 SDBC 的平衡释放浓度介于（1.59±0.04）～（1.84±0.03）mg/mL 之间，显著高于 PMMA 骨水泥（0.1075±0.04）mg/mL 的平衡释放浓度，能够在初始阶段快速达到最低抑菌浓度（1mg/mL），保证 SDBC 在植入人体后快速抑菌。

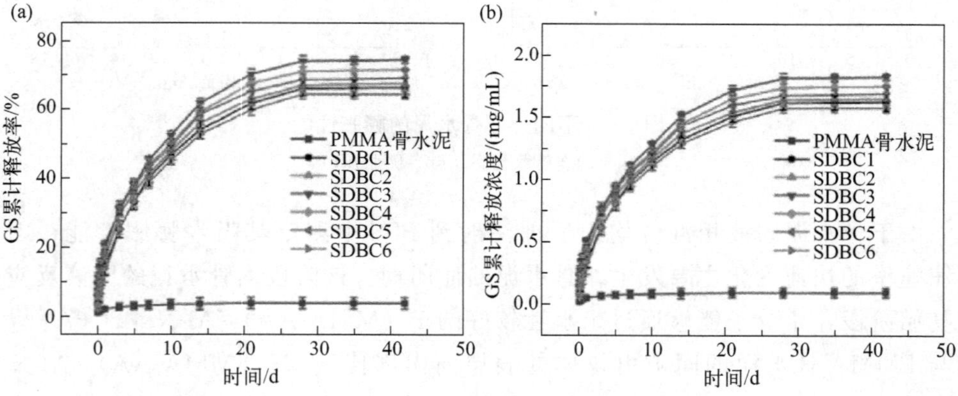

图 7-7 不同组分骨水泥中 GS 的释放情况

（a）累计释放率；（b）累计释放浓度

为了研究药物的释放动力学，将不同时间点的释药数据代入不同动力学方程中进行拟合，并根据线性相关系数确定更为准确的动力学模型。采用以下药物释放动力学模型对载药骨水泥中 GS 和 ALN 的释放机理进行了研究：

$$\text{零级模型：}\frac{M_t}{M_\infty}=kt \tag{7-1}$$

$$\text{一级模型：}\ln\left(1-\frac{M_t}{M_\infty}\right)=kt \tag{7-2}$$

$$\text{Higuchi 模型：}\frac{M_t}{M_\infty}=kt^{\frac{1}{2}} \tag{7-3}$$

$$\text{Korsmeyer-Peppas 模型：}\frac{M_t}{M_\infty}=kt^n \tag{7-4}$$

式中　M_t——t 时间后药物的累计释放量，g；

M_∞——达到释药平衡状态后药物的累计释放量，g；

k——药物的扩散速率系数；

n——药物的扩散系数。

不同组分骨水泥中 GS 和 ALN 的载药率见表 7-4。将 GS 的释药数据代入零级模型、一级模型、Higuchi 模型和 Korsmeyer-Peppas 模型，根据拟合系数（R^2）选择最优模型。拟合动力学参数见表 7-5。通过对比不同动力学公式拟合后的 GS 释放动力学参数，SDBC 中 GS 的释放在 Peppas 模型中具有最高的线性相关系数，各组分的线性相关系数都在 0.995 以上，表明用该模型拟合得到的公式具有最好的拟合度（图 7-8），并能根据拟合得到的公式对 GS 释药率进行有效预测及精准调控。

对于 Peppas 模型，GS 在不同组分中的扩散系数 n 都小于 0.5，表明 GS 在体系内的扩散机制为菲克扩散，意味着 SDBC 中 GS 的释放主要取决于药物在介质中的扩散；而扩散速率系数 k 呈现先增大后减小的趋势，其中在 SDBC3 中具有最大值 0.091，表明药物在骨水泥体系中的扩散速率随着载药微球粒径的减小呈现出先增大后减小的趋势，与图 7-7(a)和图 7-7(b)中不同组分骨水泥中 GS 的累计释放率和累计释放浓度呈现出一致的变化趋势。

造成上述结果的原因是 PVP 含量的增加导致载药微球的粒径降低，在固定质量分数载药微球添加量的情况下，微球数目增加使其在骨水泥内分布更均匀，因此相互接触的概率增大，通过静电作用吸附在微球附近的 GS 与水接触后能够通过相互连接的微球向外扩散，因此药物的扩散速率逐渐提高。但是随着微球粒径的进一步降低，微球数目的增加使其在骨水泥内容易产生团聚现象，影响吸水膨胀性能的同时一定程度破坏了吸水通路的连通性，阻碍了内部药物通过吸水通路向外传递，因此 GS 的扩散速率降低。

表 7-4　不同组分骨水泥中 GS 和 ALN 的载药率

项目	PMMA 骨水泥	SDBC1	SDBC2	SDBC3	SDBC4	SDBC5	SDBC6
GS 载药率/%	2.5	2.5	2.5	2.5	2.5	2.5	2.5
ALN 载药率/%	2.5	2.51	2.49	2.48	2.48	2.49	2.5

表 7-5　不同动力学公式拟合后 GS 释放动力学参数

材料	零级模型		一级模型		Higuchi 模型		Korsmeyer-Peppas 模型			
	线性相关系数	零级扩散速率	线性相关系数	一级扩散速率	线性相关系数	扩散速率	线性相关系数	扩散系数	扩散速率	拟合公式
SDBC1	0.857	2.29	0.863	0.027	0.986	13.08	0.996	0.478	0.049	$Y=0.049t^{0.478}$
SDBC2	0.838	2.28	0.855	0.028	0.979	13.16	0.995	0.465	0.055	$Y=0.055t^{0.465}$
SDBC3	0.873	2.41	0.885	0.034	0.989	13.71	0.995	0.369	0.091	$Y=0.091t^{0.369}$
SDBC4	0.849	2.38	0.87	0.031	0.983	13.67	0.997	0.432	0.065	$Y=0.065t^{0.432}$
SDBC5	0.833	2.26	0.853	0.029	0.978	13.10	0.996	0.413	0.074	$Y=0.074t^{0.413}$
SDBC6	0.846	2.27	0.852	0.026	0.982	13.08	0.995	0.485	0.035	$Y=0.035t^{0.485}$

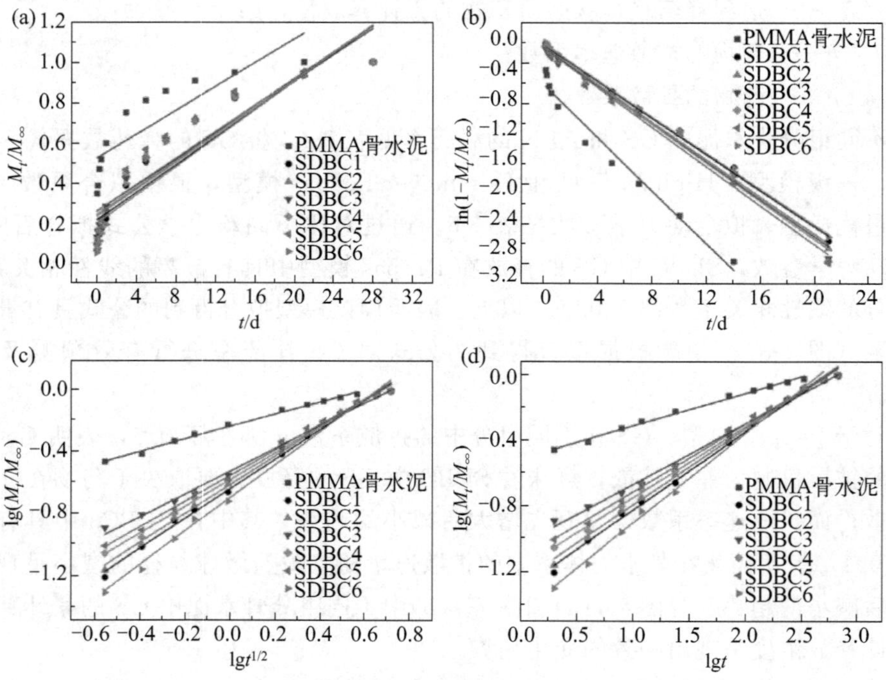

图 7-8　GS 释放在不同动力学模型中的拟合

(a) 零级模型；(b) 一级模型；(c) Higuchi 模型；(d) Korsmeyer-Peppas 模型

与第 6 章中 GS 在初始阶段的释放相比，本章并没有出现明显的 GS 突释。这是由于骨水泥体系中 GS 和纳米载药微球的 Zeta 电位相反，两者在固液两相混合后重新排布，GS 能够通过静电吸引作用被吸附到载药微球附近，而两者之间的相互吸引以及 GS 中氨基与 P（MMA-AA）中羧基的相互结合延缓了 GS 的向外扩散。但是，本章中 GS 的释放周期较第 6 章中 GS 的释放周期有所缩短，这是因为第 6 章固相中加入了 10%～20%的微米级明胶，最高的孔隙率仅为 32.1%。因此，由载药明胶微球降解形成的释药通道连通性较差。本章中在固相中加入了 33%的纳米级载药微球，微球数目的提升导致吸水后相互连接形成吸水通路的概率增大，而吸水膨胀行为快速发生在 20min 之内，因此 20min 后 SDBC 内部的水分子传递通路构建成功。该网络在初始阶段主要起传递水分子的作用，达到吸水膨胀平衡状态后，具有良好水溶性的 GS 逐渐溶解在进入基体的水分子，并通过吸水通路进行菲克扩散，从而利用吸水通路在内外浓度差的驱动下由内向外反向释药。因此，SDBC 具有与临床需求相匹配的药物释放周期，提高了抗生素的累计释放率及累计释放浓度，从而保证植入物在快速抑菌的同时能够长效地预防感染和新的耐药菌株的生长。

7.5.2 阿仑膦酸钠 (ALN)的释放机制

在 SDBC 吸水膨胀性能促进 GS 释放的同时，载药微球内部 ALN 的释放能力也得到了改善。图 7-9 对 SDBC 中 ALN 的释放情况进行了研究，其中 SDBC 内 ALN 的累计释放率随着浸泡时间的延长缓慢增大，随着载药微球粒径的降低，SDBC 中 ALN 的平衡累计释放率呈现出先增加后降低的趋势。其中，SDBC3 表现出最高的累计释放率，最大值为 74.64%±1.96%。在 SDBC3 内出现 ALN 释放的阈值与上述所描述的吸水网络的构建程度有关；在阈值之前微球粒径减小的同时微球数目逐渐增多，提高了传递药物网络的连通性；而超过阈值之后微球尺寸变小导致的释药率降低可能是由于空间尺寸的缩小促进每个微球内分子的缠绕，降低了有效的分子扩散面积。所有组的药物平衡累计释放率都在 40%以上，显著高于 PMMA 骨水泥内 ALN 的平衡累计释放率。此外，PMMA 骨水泥内 ALN 的释放周期仅为 3d，而 SDBC 内 ALN 的释放周期显著延长，在 14 周后达到了平衡状态。根据临床可知人骨的愈合周期一般在 3 个月以上，因此 SDBC 中 ALN 的释放具有与人骨愈合匹配的周期，其对于骨水泥植入人体后长效抑制破骨细胞，促进成骨细胞增殖具有积极的作用。

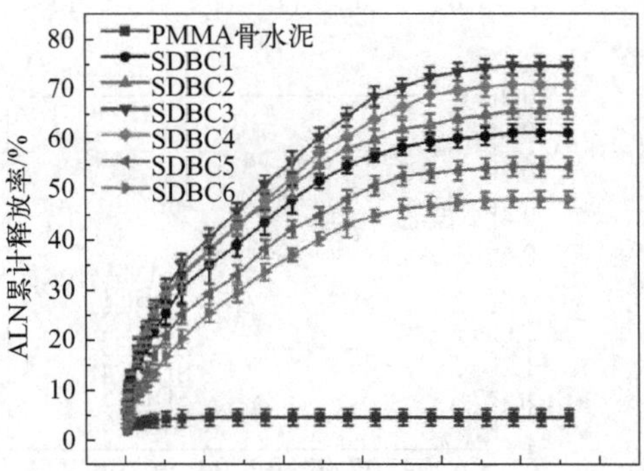

图 7-9 不同组分骨水泥中 ALN 的累计释放率随时间的变化曲线

与明胶微球降解释药不同的是，本章中制备的纳米载药微球在释药介质中不发生溶蚀，只发生膨胀，因此药物从骨水泥中的释放主要通过扩散作用实现。不同动力学模型拟合后 ALN 释放动力学参数见表 7-6，选用不同的药物释放动力学模型对 ALN 的释放进行了拟合，通过对比不同模型得到的动力学参数可以看出用 Peppas 模型拟合具有最高的拟合度[图 7-10(d)]，各复合骨水泥的线性相关系数都在 0.99 以上，表明 ALN 的释放符合 Peppas 模型，并能根据拟合得到的方程对 ALN 释药率进行较为准确的预测。

对于 Peppas 模型，各复合骨水泥的扩散系数 n 都小于 0.5，表明 ALN 在骨水泥体系中的扩散机制为菲克扩散，该情况下载药微球内部分子链的弛豫比 ALN 的扩散更占优势。而扩散速率系数 k 呈现先增大后减小的趋势，表明 ALN 在骨水泥体系中的扩散速率随着载药微球粒径的减小呈现出先增大后减小的趋势。PVP 含量的增加导致载药微球的粒径减小，在固定质量分数载药微球添加量的情况下，微球数目逐渐增加使其在骨水泥内分布得更均匀，因此相互接触的概率增大，载药微球吸水后内部分子链的缠绕结合程度降低，因此负载其中的 ALN 向微球外层扩散的能力增强，并通过相互连接的微球向外扩散，药物的扩散速率逐渐提高。但是，微球粒径的进一步降低，导致内部分子链的缠绕程度增加，致密的网状结构对水分子产生较大的斥力从而阻碍内部药物的溶解及扩散。此外，微球数目的增加使其在骨水泥内容易产生团聚现象，影响吸水通路的形成，因此降低了 ALN 的扩散速率。通过对比第 6 章 ALN 在第一阶段菲克扩散释放过程中的动力学参数，不同组分 SDBC 中 ALN 的扩散速率系数 k 整体低于 GAPBC 扩散速率系数，而 k 值越小，表明了药物的缓释效果越好，因此 ALN 具有更为长效的释放周期。

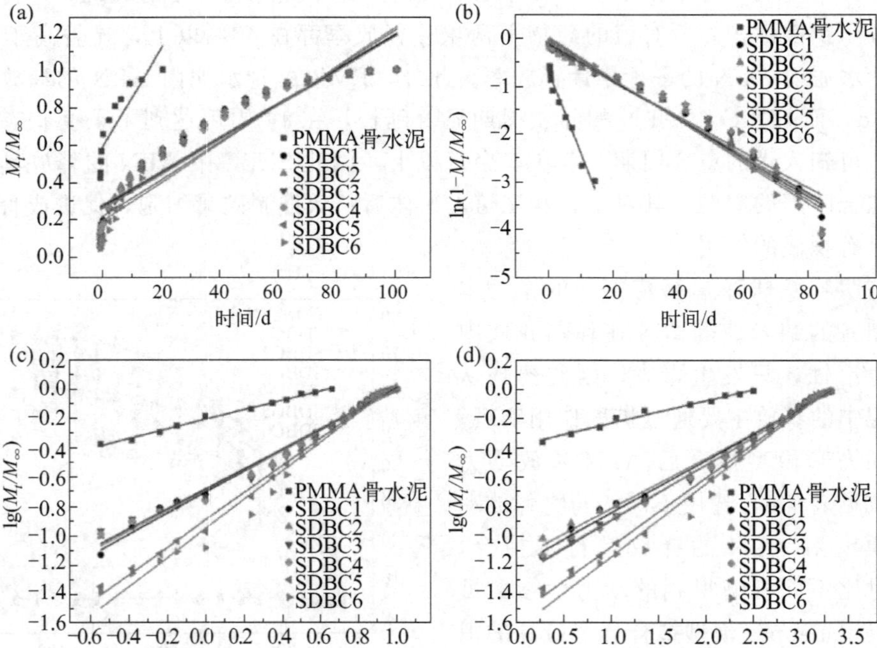

图 7-10　ALN 释放在不同动力学模型中的拟合

（a）零级模型；（b）一级模型；（c）Higuchi 模型；（d）Korsmeyer-Peppas 模型

表 7-6　不同动力学模型拟合后 ALN 释放动力学参数

材料	零级模型		一级模型		Higuchi 模型		Korsmeyer-Peppas 模型			
	线性相关系数	零级扩散速率	线性相关系数	一级扩散速率	线性相关系数	扩散速率	线性相关系数	扩散系数	扩散速率	拟合公式
SDBC1	0.888	0.569	0.942	0.009	0.989	6.06	0.991	0.357	0.064	$Y=0.064t^{0.357}$
SDBC2	0.886	0.601	0.948	0.010	0.989	6.41	0.992	0.342	0.071	$Y=0.071t^{0.342}$
SDBC3	0.914	0.698	0.927	0.014	0.994	7.35	0.995	0.336	0.076	$Y=0.076t^{0.336}$
SDBC4	0.915	0.661	0.969	0.012	0.995	6.96	0.996	0.379	0.074	$Y=0.074t^{0.379}$
SDBC5	0.891	0.551	0.937	0.008	0.988	5.86	0.995	0.464	0.059	$Y=0.059t^{0.464}$
SDBC6	0.894	0.504	0.931	0.007	0.985	5.35	0.984	0.481	0.056	$Y=0.056t^{0.481}$

综合上述 GS 和 ALN 的释放情况可以看出，在与 PMMA 骨水泥具有相近载药率的情况下（表 7-4），SDBC 中两种药物的释药率不仅显著增加，而且释药周期显著延长，并且体系中纳米微球粒径的变化能够调控两种药物的释放速率及平衡释放率。此外，不同组分骨水泥中药物的累计释放率与吸水膨胀性能都呈现正相关，表明 SDBC 的快速吸水膨胀性能对于药物的释放具有重要影响。但是，微球粒径的变化并没有改变两种药物在骨水泥内的释放机制，都遵循菲克扩散定律。SDBC 中 GS 和 ALN 的释放周期都较 PMMA 骨水泥显著延长，这是由于 P（MMA-AA）微球吸水膨胀后内部的—COO—吸引具有羟基的 GS 和 ALN，从而阻碍两种药物的扩散（图 7-11）。而 SDBC 中两者的释放周期却有较大区别，这是由于载药纳米微球内部的 ALN 经历了溶解及向界面扩散的过程，而由于 GS 通过静电作用被吸附在载药纳米微球附近，因此便于与吸引到骨水泥内部的水分子接触从而溶解并向骨水泥外部进行扩散。

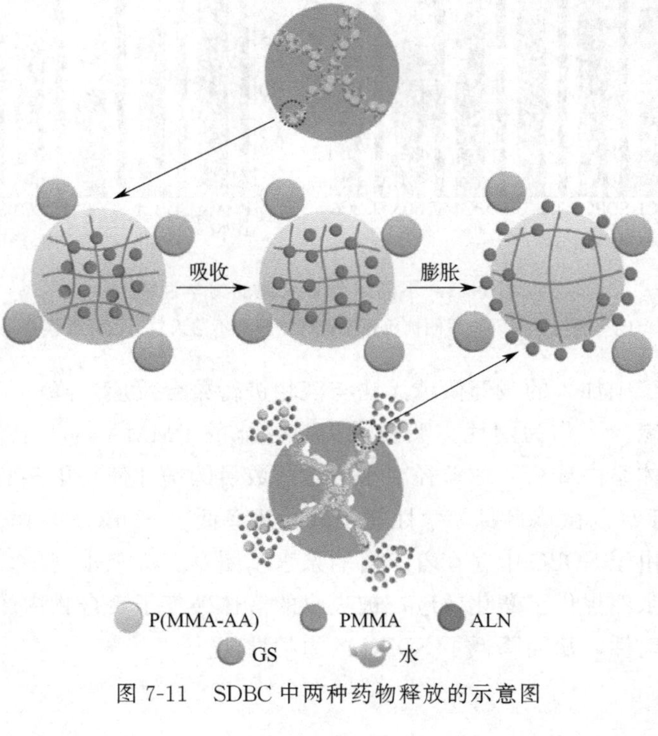

图 7-11　SDBC 中两种药物释放的示意图

两种药物在同一体系内的不同释放周期具有重要意义，植入人体后快速达到最低抑菌浓度，持续释放长达 4 周，从而在有效地预防感染和新的耐药菌株生长的同时，具有与人骨愈合周期匹配的抗骨质疏松药物释放周期（14 周），改善了 PMMA 骨水泥释药率低、药物包埋浪费、治疗效果单一等问题。因此，该双载药骨水泥能够满足临床上的多种需求，具有良好的应用前景。

7.6 双载药膨胀骨水泥的力学性能

图 7-12 为 SDBC 在 PBS 中浸泡不同时间后的力学性能。随着浸泡时间的延长，图 7-12(a)与图 7-12(b)中同一组分 SDBC 的抗压强度和弹性模量均逐渐降低。对于同一时间点，载药微球粒径的降低导致 SDBC 的力学性能有所降低，浸泡 100d 后虽然抗压强度都较 PMMA 骨水泥降低，但是不同组分 SDBC 的抗压强度都高于 70MPa，满足 ISO 5833 中规定的植入物最低 70MPa 的抗压强度。此外，SDBC 在浸泡 100d 后的弹性模量也较 PMMA 骨水泥明显降低，仍介于人体皮质骨和松质骨的范围内，与人骨力学指标匹配，因此能够有效避免骨水泥弹性模量过高对于人体正常组织造成摩擦磨损以及植入人体后可能带来的应力遮蔽现象。

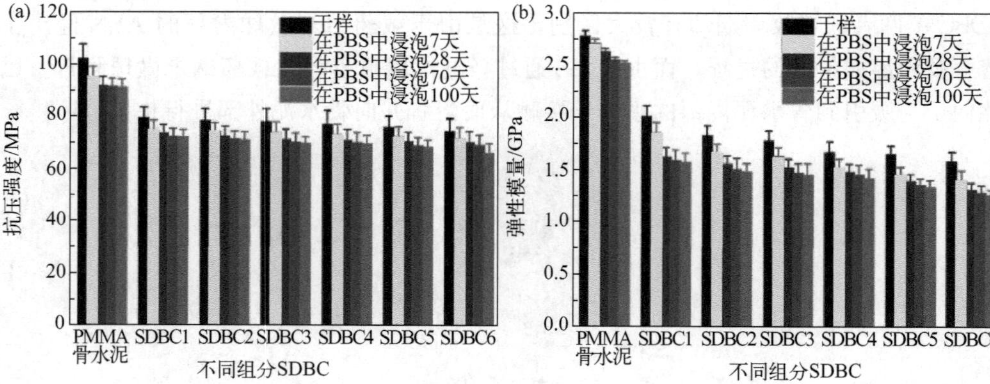

图 7-12 不同组分骨水泥的力学性能

(a) 浸泡不同天数后的抗压强度；(b) 浸泡不同天数后的弹性模量

由于 SDBC 中加入的载药微球无法与液相进行聚合反应，降低了固液反应的有效成分，从而减少了作为刚性支架提供力学性能的 PMMA 的生成量，而 PVP 含量的增加导致体系内载药微球粒径减小，微球数目的增加使得更多的第二相存在于 SDBC 中，由于载药微球自身力学性能较低因此降低了 SDBC 的力学性能。对于浸泡后的样品，由于 SDBC 中存在着丰富的亲水基团及三维吸水网络，因此水分子的大量进入为骨水泥提供了塑化效应，被吸收的液体破坏了聚合物内的分子链，提高了分子链的流动性，从而降低了 SDBC 的力学性能。

7.7 双载药膨胀骨水泥的抗菌性能

由于SDBC具有良好的抗生素释放能力，因此对其在24h内的抗菌性能进行了评估。图7-13（a）中不同组分骨水泥对金黄色葡萄球菌及大肠杆菌都产生了明显的抗菌活性。图7-13(b)与图7-13(c)对抗菌环进行量化后的数据表明，随着载药微球粒径的减小，SDBC对金黄色葡萄球菌及大肠杆菌的抗菌环均表现出先增大后减小的趋势。其中，SDBC3对两种细菌都表现出了最大的抗菌环直径[(23.19±0.28)mm、(21.45±0.38)mm]。同时，SDBC对革兰氏阳性菌及革兰氏阴性菌的抗菌环直径都显著高于PMMA骨水泥对两种细菌的抗菌环直径（$^{*}p<0.05$），表明SDBC较PMMA骨水泥在24h内具有更强的抗菌效果。产生上述现象的原因与SDBC中GS的快速释放密切相关。由于SDBC具有良好的吸水膨胀能力，内部的GS能够通过吸水通路快速地反向释药，从而达到最低抗菌浓度，因此有助于提高SDBC的抗菌能力。此外，同一组分的SDBC对于金黄色葡萄球菌的抗菌环直径都要略高于对于大肠杆菌的抗菌环直径，这是由于金黄色葡萄球菌具有相对较薄的细胞壁，从而导致了对外界刺激的不同反应。

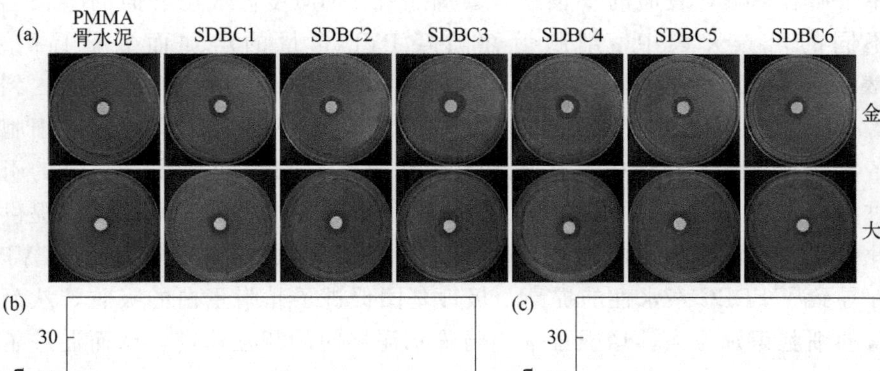

图7-13 不同组分骨水泥24h内的抗菌性能

（a）金黄色葡萄球菌和大肠杆菌的抗菌能力；（b）对于金黄色葡萄球菌的抗菌环直径；（c）对于大肠杆菌的抗菌环直径

（$^{*}p<0.05$；$^{**}p<0.01$；$^{***}p<0.001$）

7.8 双载药膨胀骨水泥的生物活性

通过 MTT 法对 SD 大鼠成骨细胞在骨水泥浸提液中及骨水泥表面的细胞活性进行评估。SD 大鼠成骨细胞在不同组分骨水泥浸提液中的细胞活性如图 7-14（a）所示。细胞在同一组分骨水泥浸提液中的存活率随培养时间的延长而提高。对于不同组分的骨水泥，PVP 含量的增加提高了细胞在骨水泥浸提液中的 OD 值，经过 5d 共培养之后在 SDBC6 浸提液中的 OD 值可以达到 0.755±0.018，显著高于在 PMMA 骨水泥浸提液中细胞的 OD 值，且各组分之间存在着显著性差异（$^{*}p<0.05$），说明载药纳米微球的加入降低了 PMMA 骨水泥的细胞毒性。造成上述结果的原因是 P（MMA-AA）和 ALN 自身都无毒性，而 PVP 属于生物相容性良好的一种分散剂，PVP 含量的增加导致微球粒径减小，延长了 SDBC 的凝固时间，有助于骨水泥固液反应的充分进行，因此减少了甲基丙烯酸甲酯的残余释放量，从而降低了 SDBC 的细胞毒性。

图 7-14(b)为 SD 大鼠成骨细胞在 SDBC 表面及 PMMA 骨水泥表面培养不同天数后的细胞增殖情况，所有样品表面的细胞活性均随着培养时间的延长而逐渐提高，其中细胞在 SDBC 表面的增长趋势要高于在 PMMA 骨水泥表面的增长趋势，且在不同的培养天数中，细胞活性随着 PVP 含量的增加而逐渐提高。SDBC6 均表现出最高的细胞活性，培养 5d 后，SDBC6 表面的细胞活性达到 88.9%±2.6%。此外，SDBC 表面的细胞活性均高于 PMMA 骨水泥表面的细胞活性，且各复合骨水泥之间存在着显著性差异（$^{*}p<0.05$），说明载药微球的引入能够促进细胞在 SDBC 表面的增殖。细胞毒性的降低为细胞在表面的增殖提供了基础。此外，细胞增殖能力的提升与 SDBC 亲水性的提高具有密切关系。PVP 含量的增加导致了 SDBC 亲水性的提高，极性基团促进了黏附蛋白的吸收，从而提供了丰富的细胞识别位点，增强了细胞与骨水泥之间的相互作用，从而促进了细胞增殖。

基于吸水膨胀、药物释放以及细胞增殖，选择 SDBC3 对于成骨细胞在样品表面的黏附情况进行了观察。成骨细胞在 PMMA 骨水泥和 SDBC3 表面培养不同天数后的生长情况如图 7-15 所示。培养 1d 后的成骨细胞在骨水泥表面展现出锚固状态，3d 后各样品表面的细胞出现了典型的多角形形态，具有更明显的丝状伪足，5d 后细胞较为均匀地攀附在骨水泥的表面。虽然两组骨水泥表面的成骨细胞数目均随培养时间延长而增加，且都表现出良好的增殖黏附情况，但是同一培养时间 SDBC 表面的细胞数目及细胞形态均优于其在 PMMA 骨水泥表面情况。因此，载药纳米微球的引入在降低 SDBC 生物毒性的同时，提高了成骨细胞在骨水泥表面的增殖黏附，改善了骨水泥的体外生物相容性。

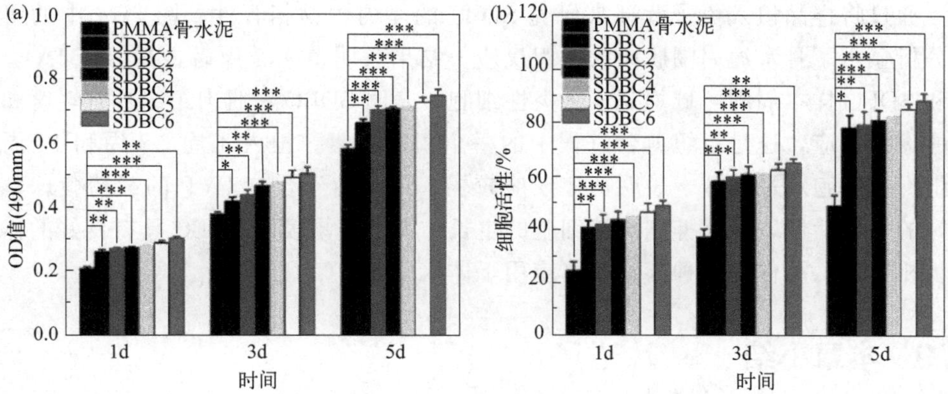

图 7-14　SD 大鼠细胞在不同组分骨水泥浸提液中及骨水泥表面的细胞活性

（$n=5$，t 检验；$^{*}p<0.05$；$^{**}p<0.01$；$^{***}p<0.001$）

（a）细胞活性；（b）细胞增殖

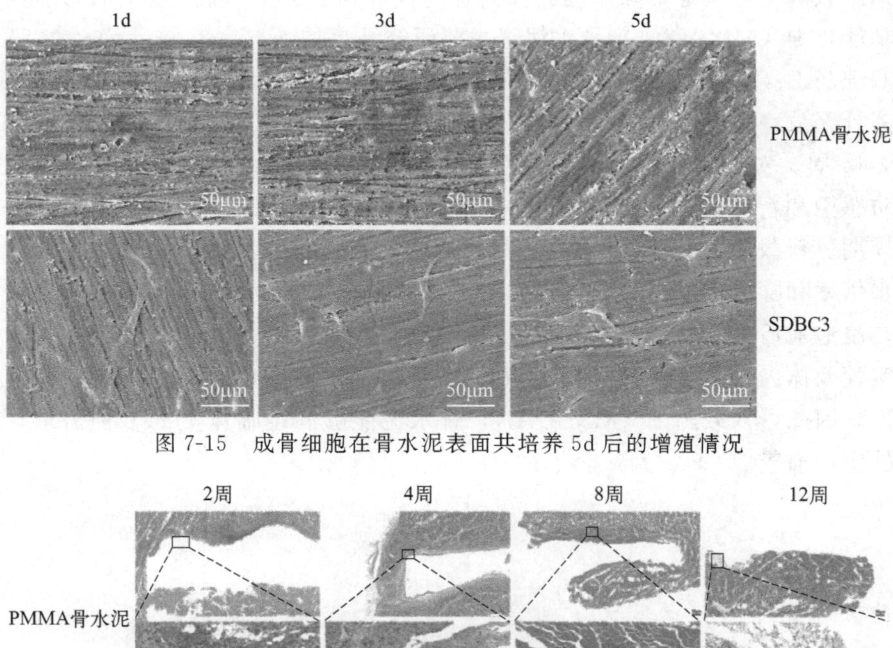

图 7-15　成骨细胞在骨水泥表面共培养 5d 后的增殖情况

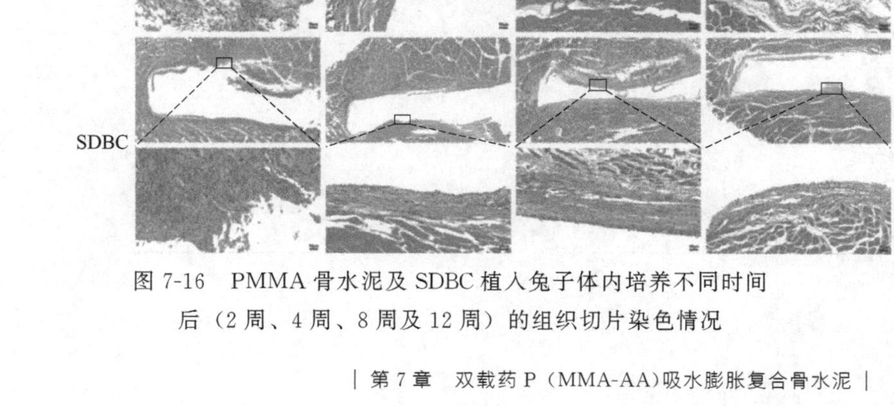

图 7-16　PMMA 骨水泥及 SDBC 植入兔子体内培养不同时间后（2 周、4 周、8 周及 12 周）的组织切片染色情况

通过将样品植入兔子背部来研究 SDBC 的体内生物相容性。图 7-16 中的组织学分析显示了骨水泥周围肌肉的组织反应。结果表明植入 2 周后，在 PMMA 骨水泥和 SDBC 样本周围区域均观察到炎性细胞，表明 SDBC 对肌肉组织具有轻度和早期的炎症反应，这是组织愈合过程中的一个积极因素。植入 4 周、8 周和 12 周后各组炎性细胞水平较低，表明炎症反应较弱。这是由于含有 PVP 的载药微球具有良好的生物活性，能够抑制炎性细胞的生长。上述结果表明 SDBC 具有良好的体内生物相容性，可作为一种药物载体应用于体内填充。

7.9 本章小结

通过溶液聚合法得到了不同粒径的 P（MMA-AA）-ALN 纳米载药微球，利用 GS 与 P（MMA-AA）-ALN 纳米载药微球的静电吸引在骨水泥内的重新排布，以及纳米载药微球构建的吸水通路反向释药，得到了快速膨胀且具有长效分时段释药的功能化 P（MMA-AA）骨水泥。主要研究结果如下。

双载药 P（MMA-AA）骨水泥内 GS 和 ALN 利用吸水通路进行菲克扩散，两者的累计释放率最高可达 74.67%±1.02%和 74.64%±1.96%，释放周期分别为 4 周及 14 周。对于大肠杆菌及金黄色葡萄球菌都具有良好的抗菌能力，能够有效地预防感染和新的耐药菌株的生长，并具有与人骨愈合周期匹配的抗骨质疏松药物释放周期。双载药 P（MMA-AA）骨水泥具有快速的吸水膨胀能力，凝固前的最高吸水倍率和膨胀倍率分别为 55.42%±1.01%和 72.73%±1.35%。此外，该骨水泥在浸泡前后力学性能都高于 70MPa，满足 ISO 5833 中规定的强度要求。体外细胞实验及体内动物实验都证明了双载药 P（MMA-AA）骨水泥具有良好的生物相容性。因此，双载药 P（MMA-AA）骨水泥能够满足临床上的多种需求，具有良好的应用前景。

参考文献

[1] Sean N N, Emily K C, Trevor H, et al. Increases in subdural hematoma with an aging population-the future of American cerebrovascular disease [J]. World Neurosurgery, 2020, 141: 166-174.

[2] Parul K, Kenneth B G, Jonathan I S. Association of psoriasis and psoriatic arthritis with osteoporosis and pathological fractures [J]. Journal of the American Academy of Dermatology, 2017, 76 (6): 1045-1053.

[3] Masanori N, Takefumi F, Eisuke I, et al. Factors associated with osteoporosis medication use in Japanese patients with rheumatoid arthritis: Results from the Institute of Rheumatology Rheumatoid Arthritis cohort study [J]. Osteoporosis and Sarcopenia, 2020, 6 (2): 82-87.

[4] Kim J H, Park Y S, Oh K J, et al. Surgical treatment of severe osteoporosis including new concept of advanced severe osteoporosis [J]. Osteoporosis and Sarcopenia, 2017, 3 (4): 164-169.

[5] Juan M C, Reid C T, Natalie V C, et al. An intracranial mass causing tumor-induced osteomalacia (TIO): Rapid and complete resolution of severe osteoporosis after surgical resection [J]. Radiology Case Reports, 2020, 15 (5): 492-497.

[6] Ramy A R, Ahmed A, Vilyn Y V, et al. Is dual mobility cup total hip replacement associated with increased incidence of heterotopic ossification compared to conventional total hip replacements in fracture neck of femur patients? [J]. Injury, 2020, 51 (11): 2676-2681.

[7] Nigel S M, Ben L H, Rishma S. The role of total joint replacement surgery in the orthognathic patient [J]. Seminars in Orthodontics, 2021, 27: 45-52.

[8] Michaël R, Julien S, Jonathan F, et al. Does hip or knee joint replacement decrease chances to complete an ultra-trail race? Study in participants at the Ultra-Trail du Mont Blanc® [J]. Orthopaedics & Traumatology: Surgery & Research, 2020, 106 (8): 1539-1544.

[9] Zhang H Q, Li M, Wang Y X, et al. Minimum 5-year follow-up outcomes for comparison of titanium mesh cage and allogeneic bone graft to reconstruct anterior column through posterior approach for the surgical treatment of thoracolumbar spinal tuberculosis with kyphosis [J]. World Neurosurgery, 2019, 127: e407-e415.

[10] Wang Q, Xu J X, Jin H M, et al. Artificial periosteum in bone defect repair-A review [J]. Chinese Chemical Letters, 2017, 28 (9): 1801-1807.

[11] Sunjeev S P, Alireza R Y, Michelle G, et al. Bone cement as a local chemotherapeutic drug delivery carrier in orthopedic oncology: A review [J]. Journal of Bone Oncology, 2021, 26: 100345.

[12] Marine B, Laure L, Anthony V, et al. Bone cement usage modalities at a multi-site university hospital centre [J]. Orthopaedics & Traumatology: Surgery & Research, 2019, 105 (2): 383-388.

[13] Haque M A, Chen B. In vitro and in vivo research advancements on the magnesium phosphate cement biomaterials: A review [J]. Materialia, 2020, 13: 100852.

[14] Han J, Ma G P, Nie J. A facile fabrication of porous PMMA as a potential bone substitute [J]. Materials Science and Engineering: C, 2011, 31 (7): 1278-1284.

[15] Nieuwenhuijse M J, Putter H, van Erkel A R, et al. New vertebral fractures after percutaneous vertebroplasty for painful osteoporotic vertebral compression fractures: a clustered analysis and the relevance of intradiskal cement leakage [J]. Radiology, 2013, 266 (3): 862-870.

[16] Marc B, Laetitia G, Nicola D. Calcium phosphate bone graft substitutes: Failures and hopes [J]. Journal of the European Ceramic Society, 2012, 32 (11): 2663-2671.

[17] Ginebra M P, Espanol M, Montufar E B, et al. New processing approaches in calcium phosphate cements and their applications in regenerative medicine [J]. Acta Biomaterialia, 2010, 6 (8): 2863-2873.

[18] Liu W Z, Zhang J T, Gildas R, et al. A novel injectable, cohesive and toughened Si-HPMC (silanized-

hydroxypropyl methylcellulose) composite calcium phosphate cement for bone substitution [J]. Acta Biomaterialia, 2014, 10 (7): 3335-3345.

[19] Yu L, Xia K Z, Gong C T, et al. An injectable bioactive magnesium phosphate cement incorporating carboxymethyl chitosan for bone regeneration [J]. International Journal of Biological Macromolecules, 2020, 160: 101-111.

[20] Britta K, Anna V, Theresa B, et al. Bone regeneration capacity of magnesium phosphate cements in a large animal model [J]. Acta Biomaterialia, 2018, 69: 352-361.

[21] Mehdi S, Nader N, Delaram P, et al. Synthesis and characterization of electrospun bioactive glass nanofibers-reinforced calcium sulfate bone cement and its cell biological response [J]. Ceramics International, 2020, 46 (8): 10029-10039.

[22] Ruan Z J, Yao D C, Xu Q N, et al. Effects of mesoporous bioglass on physicochemical and biological properties of calcium sulfate bone cements [J]. Applied Materials Today, 2017, 9: 612-621.

[23] Nils P H, Göran G, Johan K. Uncemented and cemented primary total hip arthroplasty in the Swedish Hip Arthroplasty Register [J]. Acta Orthopaedica, 2010, 81 (1): 34-41.

[24] Josh S, Juan V, Donna E, et al. Multiscale characterization of acrylic bone cement modified with functionalized mesoporous silica nanoparticles [J]. Journal of the Mechanical Behavior of Biomedical Materials, 2014, 37: 141-152.

[25] 刘仲宇，戎利民．骨质疏松椎体压缩性骨折的微创治疗进展 [J]. 中国修复重建外科杂志，2014，11 (4)：133-134.

[26] Wang C Y, Yu B, Fan Y B, et al. Incorporation of multi-walled carbon nanotubes to PMMA bone cement improves cytocompatibility and osseointegration [J]. Materials Science and Engineering: C, 2019, 103: 109823.

[27] Letchmanan K, Shen S C, Ng W K, et al. Mechanical properties and antibiotic release characteristics of poly (methyl methacrylate) -based bone cement formulated with mesoporous silica nanoparticles [J]. Journal of the Mechanical Behavior of Biomedical Materials, 2017, 72: 163-170.

[28] Kinzl M, Boger A, Zysset P K, et al. The mechanical behavior of PMMA/bone specimens extracted from augmented vertebrae: A numerical study of interface properties, PMMA shrinkage and trabecular bone damage [J]. Journal of Biomechanics, 2012, 45 (8): 1478-1484.

[29] Muller S D, Green S M, McCaskie A W. The dynamic volume changes of polymerising polymethyl methacrylate bone cement [J]. Acta orthopaedica Scandinavica, 2002, 73 (6): 684-687.

[30] 谭权昌，雷伟，刘宁，等．新型可膨胀聚甲基丙烯酸甲酯骨水泥理化性质及生物相容性分析 [J]. 脊柱外科杂志，2015，13 (003)：176-181.

[31] Unemori M, Matsuya Y, Matsuya S, et al. Water absorption of poly (methyl methacrylate) containing 4-methacryloxyethyl trimellitic anhydride [J]. Biomaterials, 2003, 24 (8): 1381-1387.

[32] Luciano F B, Rui L R. The effect of water uptake on the behaviour of hydrophilic cements in confined environments [J]. Biomaterials, 2006, 27 (33): 5627-5633.

[33] Gurruchaga M, Pascual B, Goni I. Characterization of new acrylic bone cement based on methyl methacrylate/1-hydroxypropyl methacrylate monomer [J]. Journal of Biomedical Materials Research Part B Applied, 2015, 48 (4): 447-457.

[34] Gladius L, Si J, Anuradha B. Influence of the method of blending an antibiotic powder with an acrylic bone cement powder on physical, mechanical, and thermal properties of the cured cement [J]. Biomaterials, 2005, 26 (20): 4317-4325.

[35] Roques A, Browne M, Taylor A, et al. Quantitative measurement of the stresses induced during polymerisation of bone cement [J]. Biomaterials, 2004, 25: 4415-24.

[36] Pablo S R, José A M, Manuel V M, et al. Is dual antibiotic-loaded bone cement more effective and cost-

efficient than a single antibiotic-loaded bone cement to reduce the risk of prosthetic joint infection in aseptic revision knee arthroplasty? [J]. The Journal of Arthroplasty, 2020, 35 (12): 3724-3729.

[37] Parra F J, González G A, Fernández G M, et al. Development of advanced biantibiotic loaded bone cement spacers for arthroplasty associated infections [J]. International Journal of Pharmaceutics, 2017, 522 (1-2): 11-20.

[38] 胡汉，刘欣伟，田竞，等．抗生素 PMMA 骨水泥研究进展 [J]．创伤与急危重病医学，2016，4 (4)：253-256.

[39] Samit K N, Prasenjit M, Subhasis R, et al. Local antibiotic delivery systems for the treatment of osteomyelitis-A review [J]. Materials Science and Engineering: C, 2009, 29 (8): 2478-2485.

[40] Shen S C, Ng W K, Dong Y C, et al. Nanostructured material formulated acrylic bone cements with enhanced drug release [J]. Materials Science and Engineering: C, 2016, 58: 233-241.

[41] Deramond H, Wright N T, Belkoff S M. Temperature elevation caused by bone cement polymerization during vertebroplasty [J]. Bone, 1999, 25 (2): 17S-21S.

[42] Lidia H, Eugenia M M, Isabel G, et al. New injectable and radiopaque antibiotic loaded acrylic bone cements [J]. Journal of Biomedical Materials Research Part B: Applied Biomaterials, 2008, 87B (2): 312-320.

[43] Qu G X, Ying Z M, Zhao C C, et al. Mechanical properties and porosity of acrylic cement bone loaded with alendronate powder [J]. International Journal of Medical Sciences, 2018, 15 (13): 1458-1465.

[44] Kim S J, Aaron R B, Matthew W S, et al. Mechanical, elution, and antibacterial properties of simplex bone cement loaded with vancomycin [J]. Journal of the Mechanical Behavior of Biomedical Materials, 2020, 103: 103588.

[45] Giorgio C, Federico D M, Pietro C. Mechanical and elution properties of G3 Low Viscosity bone cement loaded up to three antibiotics [J]. Journal of Orthopaedics, 2018, 15 (4): 1004-1007.

[46] Lamy O, Uebelhart B, Aubry R B. Risks and benefits of percutaneous vertebroplasty or kyphoplasty in the management of osteoporotic vertebral fractures [J]. Osteoporos Int, 2014, 25: 807-819.

[47] Koster U, Jaeger R, Bardts M. Creep and fatigue behavior of a novel 2-component paste-like formulation of acrylic bone cements [J]. Journal of Materials Science: Materials in Medicine, 2013, 24: 1395-1406.

[48] James S L, Connell D A. The effect of temperature reduction on cement working time in percutaneous vertebroplasty [J]. Clinical Radiology, 2006, 6: 1797-799.

[49] Xu X, Li D, Tsai T H, et al. Thermal conductivity, heat capacity, and elastic constants of water-soluble polymers and polymer blends [J]. Macromolecules, 2016, 49 (3): 972-978.

[50] Yong H, Bi F, Liu J, et al. Preparation and characterization of antioxidant packaging by chitosan, D-α-tocopheryl polyethylene glycol 1000 succinate and baicalein [J]. International Journal of Biological Macromolecules, 2020, 153: 836-845.

[51] Vernerey F J, Kabiri M. Adaptive concurrent multiscale model for fracture and crack propagation in heterogeneous media [J]. Computer Methods in Applied Mechanics & Engineering, 2014, 276: 566-588.

[52] Mirzaali M J, Schwiedrzik J J, Thaiwichai S, et al. Mechanical properties of cortical bone and their relationships with age, gender, composition and microindentation properties in the elderly [J]. Bone, 2016, 87: 159-160.

[53] Kuzmychov O, Koplin C, Jaeger R, et al. Physical aging and the creep behavior of acrylic bone cements [J]. Journal of Biomedical Materials Research Part B Applied Biomaterials, 2010, 91B (2): 910-917.

[54] Lai P L, Chen L H, Chen W J, et al. Chemical and physical properties of bone cement for vertebroplasty [J]. Biomedical Journal, 2013, 36 (4): 162-167.

[55] 陈萌萌，包利，唐海．甲基丙烯酸甲酯骨水泥单体毒性相关研究进展 [J]．临床和实验医学杂志，2015 (15)：1309-1311.

[56] Choi J H, Song H J, Jin J, et al. Effect of crosslink density on thermal conductivity of epoxy/carbon nanotube nanocomposites [J]. Journal of Applied Polymer Science, 2016, 134 (4): 44253.

[57] Paquet D O, Zettel V, Kohlus R, et al. Optimal design of experiments and measurements of the water absorption process of wheat grains using a modified Peleg model [J]. Journal of Food Engineering, 2015, 165: 166-171.

[58] Witono J R, Noordergraaf I W, Heeres H J, et al. Water absorption, retention and the swelling characteristics of cassava starch grafted with polyacrylic acid [J]. Carbohydrate Polymers, 2014, 103 (1): 325-332.

[59] 高山，周方，吕扬等．新型多孔聚甲基丙烯酸甲酯骨水泥的制备及性能分析 [J]. 中国组织工程研究，2019，23 (02): 46-52.

[60] Du H, Zheng Y, He W, et al. A novel expandable porous composite based on acetalized polyvinyl alcohol and calcium sulfate used for injectable bone repair materials [J]. Composites Science and Technology, 2018, 157: 10-20.

[61] 唐正海，王晓文，张友仁，等．磁性复合骨水泥的体外细胞毒性 [J]. 中国组织工程研究，2013，17 (021): 3937-3943.

[62] Yang Y, Song S, Zhao Z. Graphene oxide (GO) /polyacrylamide (PAM) composite hydrogels as efficient cationic dye adsorbents [J]. Colloids & Surfaces A Physicochemical & Engineering Aspects, 2016, 513: 315-324.

[63] Zhang C Y, Hao R, Zhao B, et al. A ternary functional Ag@GO@Au sandwiched hybrid as an ultrasensitive and stable surface enhanced Raman scattering platform [J]. Applied Surface Science, 2017, 409: 306-313.

[64] Barral M, Lalande L, Viste A, et al. Bone cement usage modalities at a multi-site university hospital centre [J]. Orthopaedics & Traumatology Surgery & Research, 2019, 105 (2): 383-388.

[65] Ma J, Yang M, Yu F, et al. Water-enhanced Removal of Ciprofloxacin from Water by Porous Graphene Hydrogel [J]. Scientific Reports, 2015, 5: 13578.

[66] Yun Y, Wu H, Gao J, et al. Facile synthesis of Ca^{2+}-crosslinked sodium alginate/graphene oxide hybrids as electro- and pH-responsive drug carrier [J]. Materials Science and Engineering: C, 2020, 108: 110380.

[67] Wang Z M, Ning A M, Xie P H, et al. Synthesis and swelling behaviors of carboxymethyl cellulose-based superabsorbent resin hybridized with graphene oxide [J]. Carbohydrate polymers, 2017, 157: 48-56.

[68] Sirousazar M. Mechanism of gentamicin sulphate release in nanocomposite hydrogel drug delivery systems [J]. Journal of Drug Delivery Science and Technology, 2013, 23 (6): 619-621.

[69] Qiao K, Guo S L, Zheng Y D, et al. Effects of graphene on the structure, properties, electro-response behaviors of GO/PAA composite hydrogels and influence of electro-mechanical coupling on BMSC differentiation [J]. Materials Science & Engineering: C, 2018, 93: 853-863.

[70] Sivashankari P R, Moorthi A, Abudhahir K M, et al. Preparation and characterization of three-dimensional scaffolds based on hydroxypropyl chitosan-graft-graphene oxide [J]. International Journal of Biological Macromolecules, 2018, 110: 522-530.

[71] Khan A A, Mirza E H, Mohamed B A, et al. Static and dynamic mechanical properties of graphene oxide-based bone cementing agents [J]. Journal of Composite Materials, 2019, 1: 1-8.

[72] Ma H, Jiang C, Dong Z, et al. A bifunctional biomaterial with photothermal effect for tumor therapy and bone regeneration [J]. Advanced Functional Materials, 2016, 26 (8): 1197-1208.

[73] Pinto A M, Gon A I C, Magalh F D. Graphene-based materials biocompatibility: A review [J]. Colloids & Surfaces B Biointerfaces, 2013, 111: 188-202.

[74] Ali O, Haleh B K H, Abdolreza M, et al. Graphene oxide and montmorillonite enriched natural polymer-

ic scaffold for bone tissue engineering [J]. Ceramics International, 2019, 45 (12): 15609-15619.
[75] Jeevan J, Abhimanyu K, Manjit S, et al. Improved nanomechanical and in-vitro biocompatibility of graphene oxide-carbon nanotube hydroxyapatite hybrid composites by synergistic effect [J]. Journal of the Mechanical Behavior of Biomedical Materials, 2021, 117: 104376.
[76] Amiryaghoubi N, Pesyan N N, Fathi M, et al. Injectable thermosensitive hybrid hydrogel containing graphene oxide and chitosan as dental pulp stem cells scaffold for bone tissue engineering [J]. International Journal of Biological Macromolecules, 2020, 162: 1338-1357.
[77] Norhayati A, Mohammad Y, Rabiatuladawiah M. Synthesis and characterization of poly (HEMA-co-EGDMA-co-VBC) by modified suspension polymerization: effects of polymerization parameters reaction on chemical and thermal properties of polymer [J]. Materials Today: Proceedings, 2018, 5: 22010-22019.
[78] Fabio A C S, Leandro L G O, César R T. Restricted access copper imprinted poly (allylthiourea): The role of hydroxyethyl methacrylate (HEMA) and bovine serum albumin (BSA) on the sorptive performance of imprinted polymer [J]. Chemical Engineering Journal, 2018, 350: 714-728.
[79] Celine A F, Monchau F, Hivart P. Acrylic bone cement and starch: Botanical variety impact on curing parameters and degradability [J]. Materials Science and Engineering: C, 2016, 69: 1328-1334.
[80] Shahrousvand M, Ghollasi M, Aak Z, et al. Osteogenic differentiation of hMSCs on semi-interpenetrating polymer networks of polyurethane/poly (2hydroxyethyl methacrylate) /cellulose nanowhisker scaffolds [J]. International Journal of Biological Macromolecules, 2019, 138 (5): 262-271.
[81] Rasuli R, Mokarian Z, Karimi R, et al. Wettability modification of graphene oxide by removal of carboxyl functional groups using non-thermal effects of microwave [J]. Thin Solid Films, 2015, 589 (5): 364-368.
[82] Afsaneh A, Ghassem A, Mohamadreza B E, et al. VEGF delivery by smart polymeric PNIPAM nanoparticles affects both osteogenic and angiogenic capacities of human bone marrow stem cells [J]. Materials Science and Engineering: C, 2018, 93: 790-799.
[83] Hong Y L, Ryu S, Jeong H S, et al. Surface functionalization effect of graphene oxide on its liquid crystalline and assembly behaviors [J]. Applied Surface Science, 2019, 480: 514-522.
[84] Gonçalves G, Cruz S M, Ramalho A, et al. Graphene oxide versus functionalized carbon nanotubes as a reinforcing agent in a PMMA/HA bone cement [J]. Nanosacle, 2012, 4 (9): 2937-2945。
[85] Yang Z, Chen L, Hao Y, et al. Synthesis and characterization of an injectable and hydrophilous expandable bone cement based on poly (methyl methacrylate) [J]. ACS Applied Materials & Interfaces, 2017, 9: 40846-40856.
[86] Jacobs E, Saralidze K, Roth A K, et al. Synthesis and characterization of a new vertebroplasty cement based on goldcontaining PMMA microspheres [J]. Biomaterials, 2016, 82: 60-70.
[87] Staiger M P, Pietak A M, Huadmai J, et al. Magnesium and its alloys as orthopedic biomaterials: a review [J]. Biomaterials, 2006, 27: 1728-1734.
[88] Ryan G, Pandit A, Apatsidis D P. Fabrication methods of porous metals for use in orthopaedic applications [J]. Biomaterials, 2006, 27: 2651-2670..
[89] Li J P, Habibovic P, van den D M, et al. Bone ingrowth in porous titanium implants produced by 3D fiber deposition [J]. Biomaterials, 2007, 28: 2810-2820.
[90] Aubrun F C, Monchau F, Hivart P. Acrylic bone cement and starch: botanical variety impact on curing parameters and degradability [J]. Materials Science and Engineering: C, 2016, 69: 1328-1334.
[91] Hoey D A, Taylor D. Statistical distribution of the fatigue strength of porous bone cement [J]. Biomaterials, 2009, 30: 6309-6317.
[92] Rai M, Yadav A, Gade A. Silver nanoparticles as a new generation of antimicrobials [J]. Biotechnology

Advances, 2009, 27: 76-83.
[93] Santoro M, Tatara A M, Mikos A G. Gelatin carriers for drug and cell delivery in tissue engineering [J]. Journal of Controlled Release, 2014, 190: 210-218.
[94] Ignatius A A, Ohnmacht M, Claes L E, et al. A composite polymer/tricalcium phosphate membrane for guided bone regeneration in maxillofacial surgery [J]. Journal of Biomedical Materials Research, Part B. Applied, 2001, 5: 564-569.
[95] Lin A S P, Barrows T H, Cartmell S H, et al. Microarchitectural and mechanical characterization of oriented porous polymer scaffolds [J]. Biomaterials, 2003, 24: 481-489.
[96] Yadav N, Srivastava P, Bioengineering B. Osteoblast studied on gelatin based biomaterials in rabbit bone bioengineering [J]. Materials Science and Engineering: C, 2019, 104: 109892.
[97] Hou L X, Yvonne P, Xiao W W, et al. Surface patterning and modification of polyurethane biomaterials using silsesquioxane-gelatin additives for improved endothelial affinity [J]. Science China-Chemistry, 2014, 57: 1-9.
[98] Lim K S, Alves M H, Poole-warren L A, et al. Covalent incorporation of non-chemically modified gelatin into degradable PVA-tyramine hydrogels [J]. Biomaterials, 2013, 34: 7097-7105.
[99] Paz E, Sanz R P, Abenojar J, et al. Evaluation of elution and mechanical properties of high-dose antibiotic-loaded bone cement: comparative "In vitro" study of the influence of vancomycin and cefazolin [J]. Journal Of Arthroplasty, 2015, 30: 1423-1429.
[100] Miola M, Bruno M, Maina G, et al. Antibiotic-free composite bone cements with antibacterial and bioactive properties. A preliminary study [J]. Materials Science and Engineering: C, 2014, 43: 65-75.
[101] Shen S, Kong W, Dong Y, et al. Nanostructured material formulated acrylic bone cements with enhanced drug release [J]. Materials Science and Engineering: C, 2016, 58: 233-241.
[102] Chang M C, Ko C C, Douglas W H. Conformational change of hydroxyapatite/gelatin nanocomposite by glutaraldehyde [J]. Biomaterials, 2003, 24 (18): 3087-3094.
[103] Meng B, Ming Q, Xia S X, et al. Biomechanical characteristics of cement/gelatin mixture for prevention of cement leakage in vertebral augmentation [J]. European Spine Journal, 2013, 22 (10): 2249-2255.
[104] Teyssédou S, Saget M, Pries P. Kyphopasty and vertebroplasty [J]. Orthopaedics & Traumatology Surgery & Research, 2014, 100 (1): 169-179.
[105] Feng S, He F, Ye J. Hierarchically porous structure, mechanical strength and cell biological behaviors of calcium phosphate composite scaffolds prepared by combination of extrusion and porogen burnout technique and enhanced by gelatin [J]. Materials Science & Engineering: C, 2017, 82: 217-224.
[106] Li Q, Jiang G, Dong W, et al. Porous magnesium loaded with gentamicin sulphate and in vitro release behavior [J]. Materials Science and Engineering: C, 2016, 69: 154-159.
[107] Kondaveeti S, Damato T C, Carmona R A M, et al. Sustainable hydroxypropyl methylcellulose/xyloglucan/gentamicin films with antimicrobial properties [J]. Carbohydrate Polymers, 2017, 165: 285-293.
[108] Wers E, Oudadesse H, Lefeuvre B, et al. Evaluation of the kinetic and relaxation time of gentamicin sulfate released from hybrid biomaterial Bioglass-chitosan scaffolds [J]. Applied Surface Science, 2015, 353: 200-208.
[109] Chaisri W, Ghassemi A H, Hennink W E, et al. Enhanced gentamicin loading and release of PLGA and PLHMGA microspheres by varying the formulation parameters [J]. Colloids and Surfaces B: Biointerfaces, 2011, 84 (2): 508-514.
[110] Saha D, Spurri A, Chen J, et al. Controlled release of alendronate from nitrogen-doped mesoporous carbon [J]. Microporous and Mesoporous Materials, 2016, 229: 8-13.
[111] 项明源．聚甲基丙烯酸甲酯、磷酸三钙和庆大霉素复合型骨水泥的生物力学研究 [D]．天津：天津

医科大学，2019.

[112] Wang C, Shen H, Tian Y, et al. Bioactive nanoparticle-gelatin composite scaffold with mechanical performance comparable to cancellous bones [J]. ACS Applied Materials & Interfaces, 2014, 6 (15): 13061-13068.

[113] 王上元．载阿伦磷酸钠丙烯酸骨水泥的生物相容性研究 [D]. 长沙：中南大学，2008.

[114] Miola M, Bruno M, Maina G, et al. Antibiotic-free composite bone cements with antibacterial and bioactive properties. A preliminary study [J]. Materials Science and Engineering: C, 2014, 43: 65-75.

[115] Lau T T, Wang C, Wang D A. Cell delivery with genipin crosslinked gelatin microspheres in hydrogel/microcarrier composite [J]. Composites Science & Technology, 2010, 70 (13): 1909-1914.

[116] Santoro M, Tatara A M, Mikos A G. Gelatin carriers for drug and cell delivery in tissue engineering [J]. Journal of Controlled Release, 2014, 190: 210-218.

[117] Kruppke B, Farack J, Wagner A S, et al. Gelatine modified monetite as a bone substitute material: An in vitro assessment of bone biocompatibility [J]. Acta Biomaterialia, 2016: 275-285.

[118] Wu I T, Kao P F, Huang Y R, et al. In vitro and in vivo osteogenesis of gelatin-modified calcium silicate cement with washout resistance [J]. Materials Science and Engineering: C, 2020, 117: 111297.

[119] Patil K D, Bagade S B, Bonde S C. In-vitro and ex-vivo characterization of novel mannosylated gelatin nanoparticles of linezolid by Quality-by-Design approach [J]. Journal of Drug Delivery Science and Technology, 2020, 60: 101976.

[120] Aderibigbe B A, Varaprasad K, Sadiku E R, et al. Kinetic release studies of nitrogen-containing bisphosphonate from gum acacia crosslinked hydrogels [J]. International Journal of Biological Macromolecules, 2015, 73: 115-123.

[121] Dong J L, Tao L, Mohammed A S, et al. Design and development of novel hyaluronate-modified nanoparticles for combo-delivery of curcumin and alendronate: fabrication, characterization, and cellular and molecular evidences of enhanced bone regeneration [J]. International Journal of Biological Macromolecules, 2018, 116: 1268-1281.

[122] Liang Z C, Yang X, Ding X, et al. Carboxylic acid-functionalized polycarbonates as bone cement additives for enhanced and sustained release of antibiotics [J]. Journal of Controlled Release, 2021, 329, 871-881.

[123] Mallesh K, Koteswara G S N. Pharmaceutical assessment of polyvinylpyrrolidone (PVP): As excipient from conventional to controlled delivery systems with a spotlight on COVID-19 inhibition [J]. Journal of Drug Delivery Science and Technology, 2020, 60: 102046.

[124] 李燕玲．改性丙烯酸骨水泥材料的力学性能和生物相容性测试 [D]. 广州：华南师范大学，2012.

[125] Pahlevanzadeh F, Bakhsheshi R H R, Hamzah E. In-vitro biocompatibility, bioactivity, and mechanical strength of PMMA-PCL polymer containing fluorapatite and graphene oxide bone cements [J]. Journal of the Mechanical Behavior of Biomedical Materials, 2018, 82: 257-267.

[126] Zhu W B, Liu F, Yu B, et al. Preparation of antibacterial acrylic bone cement with methacrylate derived from benzothiazole [J]. Journal of the Mechanical Behavior of Biomedical Materials, 2021, 117: 104403.

[127] Russo T, Gloria A, Santis R, et al. Preliminary focus on the mechanical and antibacterial activity of a PMMA-based bone cement loaded with gold nanoparticles [J]. Bioactive Materials, 2017, 2 (3): 156-161.

[128] 侯明明．聚甲基丙烯酸甲酯骨水泥作为化疗药物复合载体的研究 [D]. 武汉：武汉大学，2016.

[129] Phakatkar A H, Shirdar M R, Qi M L, et al. Novel PMMA bone cement nanocomposites containing magnesium phosphate nanosheets and hydroxyapatite nanofibers [J]. Materials Science and Engineering: C, 2020, 109: 110497.

[130] Chi Z, Zhu J, Zhang T, et al. Small intestinal submucosa/polymethyl methacrylate composite bone cement for vertebral repair [J]. Materials & Design, 2018, 154: 254-265.

[131] Liu Z, Tang Y, Kang T, et al. Synergistic effect of HA and BMP-2 mimicking peptide on the bioactivity of HA/PMMA bone cement [J]. Colloids and Surfaces B: Biointerfaces, 2015, 131: 39-46.

[132] Fang C, Hou R X, Zhou X F, et al. Surface functionalized barium sulfate nanoparticles: controlled in situ synthesis and application in bone cement [J]. Journal of Materials Chemistry B, 2014, 2 (9): 1264-1274.

[133] Tang Y F, Chen L, Wu Z X, et al. Fabrication of injectable and expandable PMMA/$PAAS_f$ bone cements [J]. Composites science and technology, 2017, 146: 203-209.